职业院校专业文化课程系列教材

计算机思维与专业文化素养

COMPUTER THINKING AND PROFESSIONAL QUALITY

孙湧 主编

商务印书馆
The Commercial Press

2018年·北京

图书在版编目(CIP)数据

计算机思维与专业文化素养 / 孙湧主编 . — 北京：
商务印书馆，2018（2021.1 重印）
ISBN 978-7-100-16054-4

Ⅰ . ①计… Ⅱ . ①孙… Ⅲ . ①电子计算机—高等学校
—教材 Ⅳ . ① TP3

中国版本图书馆 CIP 数据核字 (2018) 第 087993 号

计算机思维与专业文化素养

孙湧　主编

商 务 印 书 馆 出 版
（北京王府井大街 36 号　邮政编码 100710）
商 务 印 书 馆 发 行
艺堂印刷（天津）有限公司印刷
ISBN　978-7-100-16054-4

2018 年 6 月第 1 版　　　开本 787×1092　1/16
2021 年 1 月第 2 次印刷　　印张 15
定价：40.00 元

序　言

　　课程和课堂教学是职业院校人才培养的主渠道，也是文化育人的主战场。近年来，伴随着我国职业教育改革的不断深化，各职业院校纷纷开设形式多样的文化育人课程，对于促进职业院校文化育人，提高学生的文化素质和人才培养质量，发挥了积极作用。然而，从整体来看，职业院校文化育人课堂教学的实际效果还很不理想。究其原因，除了课程设置还不够合理和科学之外，缺乏适应职业院校学生特点、契合职业院校文化育人目标需要的教材是其中一个非常重要的原因。

　　教材是实施教学计划的主要载体。它既不同于学术专著，也不同于一般的科普读物，既是教师教学的重要依据，又是学生学习的重要资料，是"教"与"学"之间的重要桥梁。因此，教材建设是课程建设的重要基础工程，教材建设的好坏，直接影响到课堂教学的效果和学生的学习效果。我们认为，职业院校文化育人课程教材应该具备体现课程本质和精髓、引导学生学习、激发学习兴趣、提高思维能力、提升职业素养等功能和作用。因此，职业院校文化育人课程教材必须贴近生活、贴近实际、贴近学生，融思想性、科学性、新颖性、启发性和可读性于一体，才能发挥教材应有的作用。然而，目前出版的职业院校文化育人相关课程教材，普遍存在内容空洞陈旧、脱离职业院校学生思想实际，结构体例单一呆板、语言枯燥无味、不适应当代职业院校学生阅读特点，知识理论灌输过多、缺乏启发互动环节等弊端，很难引起学生的阅读兴趣和学习兴趣，也大大影响其育人的效果。

　　作为中国高职教育改革发展的排头兵，近年来，深圳职业技术学院（以下简称学校）以高度的文化自觉，担当起引领职业院校文化育人的重任，出台《文化育人实施纲要》，对学校文化育人进行了全面系统的顶层设计，构建了全方位、多层次的文化育人体系，在全国职业院校率先全面推进文化育人。学校高度重视课堂教学作为文化育人主战场的作用，始终把提高育人的实际效果作为文化育人的重点来抓。为此，学校以"基础性、文化性、非职业、非专业、非工具"为原则，精心甄选并科学构建了必修课和选修课并行的"6+2+1+4"文化育人课程体系。其中"6"是指文化素质必修课程，包括毛泽东思想和中国特色社会主义理论体系概论、思想道德修养与法律基础、形势与政策、大学语文、心理健康教育、体育与健康等课程；"2"是指要求文理交叉选课的校级通识选修课程，每个学生必须选修 2 个学分；"1"是指各专业作为限选课开设的"专业 + 行业"文化课程；"4"是指从语言与文学、历史与地理、艺术与美学、科技与社会、哲学与人生、环境与资源、经济与管理、心理与健康、政治与法律等文化素质公共选修课模块中选修至少覆盖四个模块的课程。根据学校文化育人的整体设计和培养目标的需要，我们精心设计了一系列文化育人课程，其中《物理学之美》、《数学文化》、《科技改变世界》等科学素养课程作为全院文科学生的通识选修课；《生活中的经济学》、《中国历史文化》等人文素养课程作为全院理工科学生的通识选修课；《数字艺术概论》、《汽车文化》、《翻译文化》等专业文化课程作为各专业学生的限选课。同时，我们举全院之力，聘请行业企业相关专家，组织全院相关专业和其他协作院校的优秀教师，组成各课程教学团队，开展课程教学研究，编写系列教材。

本套教材是学校倾力打造的专业文化课程系列教材。为了使这套教材能够达到体现专业精髓、引导学生学习、激发学习兴趣、提升职业素养的目标，更好地适应全国各职业院校的教学需要，教材编写过程中，各编写组在坚持科学性、思想性和可读性的前提下，特别注意突出如下特点：

一是力求用学生能够理解的语言充分体现专业文化的核心与精髓。什么是文化？什么是素质？著名科学家爱因斯坦说过："当我们把学校里学习的知识都忘掉后，剩下来的就是素质。"我认为，这种在专业知识忘掉之后能保留下来的东西就是蕴含在专业知识之中的文化。因此，从文化育人角度来说，专业文化最核心的就是蕴含在专业相关知识之中的最基本的思想和精髓。专业知识是有门槛的，是进阶式的，没有学会和掌握前面的知识，就不可能学会和掌握后面的知识。但思想是没有门槛的，只要深入发掘和准确表述，只要能够以合适的方式进行传播，人人都可以理解和掌握。而且一旦掌握了专业的思想和精髓，对于学生提高对专业的认识，理解和掌握专业的知识（技能）是大有帮助的。正因为如此，作为专业文化课程教材，必须尽量用公众理解的非专业语言来揭示和讲清楚专业最基本的思想和最核心的精髓。如专业发展演变的过程、原因及其对人类文明发展做出的贡献，专业的核心价值、理想信念，专业的职业伦理、行为准则、独特的思维方式等等。教材的思想性和科学性也就全部体现其中了。

二是力求最大限度地激发学生的学习兴趣。兴趣是最好的老师。只有充分激发学生对专业的兴趣，才能充分调动学生学习的积极性和主动性。怎样激发学生的学习兴趣？我认为，最为重要的就是要焕发专业本身的魅力。任何专业都有它自身的魅力，关键在于我们能不能充分发现和展示它的魅力，让学生感受到它的魅力。因此，焕发专业自身的魅力，是专业文化课程教材能不能激发学生兴趣的关键。专业的魅力究竟体现在哪里？首先，体现在专业的历史地位和对人类文明发展做出的贡献上。以印刷出版类专业为例，造纸术、雕版印刷术、活字印刷术、激光照排技术是我国印刷技术和印刷文化发展史上最具标志性的技术革新，不仅在印刷发展史上具有重要地位，而且对人类文明的传播和发展产生了深远影响。因此，《印刷出版文化》课程就要以此为主线展示中国古代印刷术起源、发明、发展和外传的历史，彰显中华民族对人类印刷文明的贡献，激发学生的民族自豪感。其次，体现在专业的核心价值上。以护理类专业为例，护理的核心价值可以概括为"真、善、美"，即严守规范的科学精神、忠于职守的责任意识、一视同仁的平等精神、勇于探索的创新精神、以人为本的人道精神、关爱病人的仁慈精神以及全心全意的奉献精神。《护理文化》课程就要紧扣核心价值编写教材，彰显护理人员从行为举止到心灵对真、善、美的追求，增强学生的责任感与使命感。如果专业文化课程能让学生体会到专业的独特魅力，我相信一定能激发学生对于专业学习的浓厚兴趣。

三是注重培养学生独立思考的能力。培养学生独立思考的能力是职业院校文化育人的重要目标，专业文化课程教材也必须充分体现这一培养目标的要求。作为专业文化课程教材，必须让学生了解和掌握专业最基本的思想方法和独特的思维模式，以提高学生的思维能力。如《法律文化》要让学生了解和掌握法律思维模式的严密性和逻辑性。《ICT文化》课程重点培养学生养成创新、创造的思维方式等等。同时，我们力求改变单纯知识灌输教育模式，注重启发式教学，要求各教学单元都要有案例分析、拓展阅读和体验性活动等内容设计，鼓励师生之间开展互动和讨论，调动学生学习的主动性和积极性，培养学生独立思考的能力。

四是突出职业教育特色。作为职业院校专业文化课程教材能否体现职业教育特色是教材质量的关键。为此，各专业广泛吸纳行业（企业）人员参与专业文化课程建设和专业文化教学活动，促进了专业与企业、行业、产业文化相互借鉴与融合。在教材编写过程中，各专业积极寻找专业文化和行业文化的切入点，融入了大量行业、企业和职业先进文化元素，突出了职业道德、职业情感、行为准则、行业规范等职业要素，强化学生的职业素养教育。例如，《会计文化》课程重点介绍会计从业人员"不做假账"的职业道德,对学生渗透诚实守信、廉洁自律、客观公正的职业素养。《旅游文化》注重将旅游行业(企业)的服务理念引入课程。这些职业要素的全面渗透有助于学生更好地适应未来职业岗位的素质要求。

五是力求突出职业院校学生的特点。由于种种原因,职业院校学生入学时文化成绩相对较低。因此,职业院校专业文化课程教材,不能一味引经据典,而要适合职业院校学生的消化能力和文化水平,多采用贴近学生生活的案例来说明问题。在编写体例上,力求做到图文并茂、新颖活泼;在文字表述上,尽量少用专业术语,多用公众语言,力求做到深入浅出,简洁明了,适应职业院校学生的阅读特点。

可以说,这套教材的编写是深圳职业技术学院等职业院校在教育部职业院校文化素质教育指导委员会的指导下,根据新形势下职业教育发展的需要,对职业院校文化育人课程改革和教材编写的一次重要探索,是文化育人理念的真正落地,充分体现了有关职业院校高度的使命意识和历史担当。我们衷心祝愿这套具有引领性、示范性的职业院校文化育人教材越编越好,充分满足各职业院校培养出更多具有较高文化素养、职业素养的技术技能型人才的需要,提升职业院校人才培养质量和水平。

陈秋明

2017 年 7 月

前　言

1679 年，德国的莱布尼茨从远在北京的 Bouvet 神父处获知古老《周易》的阴阳概念，进而发明二进制计算方法，并断言二进制乃是具有世界普遍性、最完美的逻辑语言，成为支撑现代计算机诞生的数学基础。

计算机作为 20 世纪最具划时代意义的科技发明之一，对现代人类的生产和社会活动产生了极其深远的重要影响，并一直遵循"每 18 个月，产品性能增强一倍，成本降低一半"的摩尔定律飞速发展。其应用已从最初的密码破译和原子弹爆炸计算等军事科研领域扩展到整个社会的所有角落，并形成规模巨大的计算机产业，进而带动全球范围的科技进步，引发深刻的社会经济和生活方式变革。目前，计算机已渗透到寻常百姓生活的方方面面，成为当今信息社会必不可少的基本工具。伴随我们每时每刻的手机、数字电视其实就是个微型电脑，同样拥有遵循冯·诺依曼架构的非标准化硬件、支撑操作系统和各种应用软件。

试想一下我们从早到晚的生活，哪一点可以离开计算机的控制？早晨起床后的洗漱和早餐，可以同时用手机收听广播和音乐，了解近期发生的天下大事。出门上班，途中可以用手机观看视频和浏览网页，与人在线沟通和网店购物。在办公室和家中，可以借助便捷的互联网和办公电脑与客户沟通，进行文件处理和权限审批，再也不用手工修改和誊抄文件。"互联网+"必然催生的智能空调、智能冰箱、数字电视等智能家电，正改变着我们未来的衣食住行。

当然，面对全覆盖的物联网，我们在大数据分析下再无隐私；方便快捷的在线沟通，让人类交流更加虚拟；信息的获取和发布精准便利，人人都是自媒体。此外，计算机积极推动电子政务与办公自动化，全领域辅助设计工具化，物流生产的软件信息化，"中国制造 2025"之智能化，超算能力的仿真实用化，以及资源配置与收费流量化，同样正在改变我们的工作方式，这也是不争的事实。

本书作为高校计算机类专业的学生使用的科学文化素质类专业课程教材，同时适合对自然科学史有兴趣、迫切想要了解计算机和社会发展、计算机和人类生活关系的人士阅读。计算机类专业师生在阅读本书时，可以了解过去曾经辉煌过的技术和企业，了解计算机软硬件技术的内在演变，想必也会有所获益。特别是当前"大众创业，万众创新"的时代达人可以史为鉴，通过了解微软、甲骨文、联想、惠普、戴尔、思科、苹果、华为、ARM、谷歌、脸书、推特等计算机通信行业的初创和成功发展历程，以及王安、康柏、DEC、SUN、Sybase、摩托罗拉、诺基亚等计算机先驱的早期辉煌及后期衰败的经验教训，少走弯路。

写作团队努力从三个方面做好本书的编撰工作。首先是没有刻意构建严密的知识技能体系，并以多维度发展方式来有效组织本书内容，即以计算机硬件发展和品牌培育脉络，来体现计算机的前世今生是一大维度；计算机如何影响当今产业发展和人类日常生活，以及揭开支撑各类技术应用所必需的计算机思维和人工智能神秘面纱是第二个维度；如何成为一个优秀行业达人则是第三个维度。其次是从多方位撰写格式来有效组织本书内容，正文是一个方位，小贴士是一个方位，拓展阅读是第三个方位。正文主要覆盖老师讲解的内容，以讲为主；小贴士则以介绍著名计算机专家、优秀企业家和重要产品为主，注重了解他们的生平轶事、人文精神和智慧思维方法。拓展阅读为学有馀力的同学提供了更多的精神食粮，供课后自主阅读。第三是兼顾文科学生使用本书，团队在编写过程中尽可能让章节叙事深入浅出，方便普罗大众接受，力求做到图文并茂。

本书编撰团队分工如下：孙湧老师负责本书的目录章节框架设计和前期项目组织，并撰写了第七章；杨欧等老师撰写了第一章；李粤平等老师撰写了第二章；池瑞楠等老师撰写了第三章；肖正兴等老师撰写了第四章；张健等老师撰写了第五章；陈冀东等老师撰写了第六章。

本书编撰得到了商务印书馆苑容宏主任在内容编撰和修改方面的悉心指导，得到了聂哲教授、谭属春研究员、卿中全副研究员、王波副研究员对本书目录框架设计、教材的计算机思维和文化特色体现，以及如何实现文化育人效能等方面的宝贵建议。本书后期修改工作主要由孙宏伟副教授具体负责组织，李明教授和刘兴东高级工程师统一审稿，并为此付出了大量心血，在此一并表示最衷心的感谢。

本书编撰为个人的深职院 22 年职业生涯画上圆满句号。借此机会，我对所有曾经培养、帮助和支持本人工作的领导、同事表示最诚挚的感谢，并对本人过去可能存在的工作失误和无心伤害表示最真诚的歉意。祝福深职院再创佳绩，更上一层楼。

受限于写作团队的知识水平和专业技能，再加上市面尚未有同类书籍可供参考，书中难免有错漏不妥之处，恭请同学、老师、同行和广大读者在使用过程中提出宝贵意见，在此提前致以最衷心的感谢。

孙 湧

2017 年 8 月于深圳

目　录

第一章　追寻计算机的前世今生

> 科学研究本身就是一种美，给人带来愉快是最大的报酬，是一种高级享受。
>
> ——王　选
>
> 每个人应该寻找适合自己的东西，做自己喜欢做的事情，做自己擅长做的事情。
>
> ——李彦宏

【学习目标】

1. 了解中国的《周易》阴阳和二进制 0 和 1 的关系。

2. 了解是战争催生了现代计算机，并由此揭开人类历史发展新篇章。

3. 了解冯·诺依曼提出的"存储程序"概念，以及计算机硬件组成框架，由此奠定了现代计算机的硬件基础。

4. 了解计算机科学家图灵以及图灵机对于现代计算机的贡献。

5. 了解从基于电子管、晶体管、集成电路、大规模/超大规模集成电路的现代电子计算机。

6. 了解摩尔定律是新兴电子电脑产业的"第一定律"，揭示了现代信息技术的飞速进步。

【教学提示】

1. 通过故事引入介绍现代电子计算机的前世今生，并希望通过著名历史人物的介绍使读者产生更多学习、了解计算机的兴趣。

2. 摩尔定律揭示了信息技术的演变速度，尽管这种趋势已经持续了半个多世纪，但摩尔定律仍被认定为是推测，而不是一个自然法则，并日益逼近技术极限。

3. 介绍冯·诺依曼的生平，以及冯·诺依曼计算机体系结构的一些争议。

4. 图灵机是现代通用计算机的最原始模型。图灵机不仅是对计算机领域的贡献，其实更多的是对人工智能的探索。

5. 电子管计算机、晶体管计算机、集成电路计算机、大规模集成电路计算机是计算机硬件的发展脉络。

6. 仙童公司曾经是世界上最大、最富创新精神和最令人振奋的半导体生产企业，为硅谷的成长奠定了坚实的基础。

7. 冯·诺依曼计算机体系结构具有局限性，光子计算机、量子计算机代表了计算机的未来。

第一节 《周易》阴阳与二进制

《周易》相传由周文王姬昌所作，包括《经》和《传》两大部分，是古代汉民族关于自然哲学与人文实践的思想、智慧结晶，内容极其丰富，被誉为"大道之源"，对中国几千年的政治、经济、文化等各个领域都产生了极其深远的影响。

中国早期社会由于生产力低下，科学不够发达，先民们对于自然现象、社会现象，以及人类自身的生理现象不能作出科学的解释，因而产生了对神的崇拜，认为在事物背后有一个至高无上神的存在，支配着世间的一切。屡遭天灾人祸的人类萌发出借助神意，预知人类行为所可能引发未来的旦夕祸福，以达到趋利避害的目的。最能体现神意的《周易》就是在这种环境下产生的。

大约在 1672—1676 年间，德国数理哲学大师莱布尼茨开始了 0 与 1 的二进制思考。1703 年，他将修改后的论文再次送交法国科学院。这是西方第一篇关于二进制的文章，标题为"二进制算术的解说"，副标题为"0 和 1 的用途以及伏羲氏所用古代中国数字的意义"。1716 年，他又发表了《论中国的哲学》一文，专门讨论八卦与二进制，明确指出二进制与八卦有着诸多共同之处。

比如，二进制数可以通过 0 和 1 两个数码的排列组合来实现，而《周易》则将"阴"和"阳"作为基本符号，全面构建 64 个卦象。其中，每卦由三画符号排列组合而成，称之为"八卦"，分别象征天、地、雷、风、水、火、山、泽等八种自然事物。如图 1-1 所示。

0 与 1 相对，阴与阳相对，二者在对立中构建了对世界的认识。日本学者五来欣造认为，

图 1-1 八卦图

莱布尼茨以 0 与 1 表示一切数，《周易》以阴和阳表示天地万物。二进制是对现实世界的理性数字化重构，而阴阳学说则形成虚拟世界与现实社会的有机联系，二者具有形式上的相似，却又导致结果的不同，从而共同推动数字时代的进步，成为人类文明的宝贵财富。如图 1-2 所示。

现代计算机用一个极其微小电子开关的"关"和"开"来实现二进制的基本元素 0 和 1，使之成为现代计算机表示数的最基本范式。人类由 0 和 1 组成的比特洪流，早已架构出一个庞大的虚拟空间，并利用这种虚拟的数字化工具全面解构现实世界，创作出更加丰富多彩的数字文明。

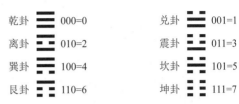

图 1-2 二进制和周易的形似

第二节 战争催生了现代计算机

一、现代立体战争的残酷性

恩尼格玛密码机诞生于 1918 年的德国，其原理很难用几句话解释清楚，因为可以随时变换密码对应关系，从而被认为是无法破译的最先进最安全通讯加密系统，有兴趣读者可自行网上查阅，如图 1-3 所示。

由于英国政府在 1923 年的国际邮政协会大会上，公告一战期间英国破译德国无线电密码所取得的决定性优势。在获得这一重要信息后，恩尼格玛密码机在德国军方登堂入室，并持续进行加密难度升级。

二战期间，德国轰炸机和潜艇执行的战时任务，全部由每 24 小时改变一次密码的恩尼格玛密码机进行指令加密，时刻威胁着民众的生命安全。电影《模仿游戏》正是这种战争背景下的人物传记，讲述英国人艾伦·马西森·图灵在二战期间研制"巨人"计算机，协助盟军破译德国恩尼格玛密码机，进而扭转战局走向胜利的经历，这是图灵一生最辉煌的战绩。丘吉尔说，二战胜利最应该感谢图灵。

图 1-3 恩尼格玛密码机

图灵认为恩尼格玛密码机是人脑无法对抗的，当同事们勤勤恳恳开始以人工方式暴力破解密码时，图灵想的却是抄近道，设计一种全新的计算机来破解它。影片中无数个惊心动魄的情节牵动着观众的心，让观众在感受世界大战冷酷无情的同时，也为图灵坚定的报国情怀、卓越的技术才华而心生崇敬之情，同时也为图灵的悲惨命运而叹惜。

与此同时，为了解救火炮巨大威力下的众人生命，远在大洋彼岸的美国也在积极研发电子计算机来计算炮弹轨道，并以快速计算催生了原子弹。

二、计算能力的变迁史

早期计算机经历了机械式计算机、机电式计算机和萌芽期的电子计算机三个阶段。早在 17 世纪，欧洲一批数学家开始设计和制造以数字形式进行基本运算的计算机。1642 年，法国数学家帕斯卡采用钟表齿轮传动装置，制成了最早的十进制加法器。1678 年，德国数学家莱布尼茨制成的机械计算机，进一步解决了十进制数的乘、除运算。英国数学家巴贝奇在 1822 年制作差分机模型时提出一个设想，将完成一次算术运算分解为自动完成某个特定的完整运算过程。1884 年，巴贝奇设计了一种程序控制的通用分析机。这台分析机已描绘出有关程序控制方式的计算机雏形，但限于当时的技术条件而未能实现。巴贝奇之后的一百多年间，电磁学、电工学、电子学不断取得重大进展，在元件、器件方面接连发明了真空二极管和真空三极管。在系统技术方面，相继发明了无线电报、电视和雷达。这些成就都为现代计算机的诞生准备了必要的技术和物质条件。

与此同时，数学、物理也在蓬勃发展。进入 20 世纪，物理学各领域正经历定量化阶段，描述各种物理过程的数学方程，再用经典分析方法已很难解决。于是，数值分析受到重视，研究出各种数值积分、数值微分，以及微分方程数值解法，把计算过程归结为巨量的基本运算，从而奠定现代计算机的数值算法基础。社会上对先进计算工具的多方面迫切需要，是催生现代计算机的根本动力。

当时，各科学领域和技术部门的计算难题堆积如山，已经阻碍了科学的继续发展。特别是第二次世界大战爆发，军事科学技术对高速计算工具的需要尤为迫切。德国、美国、英国几乎同时开始机电式计算机和电子计算机的研究。1941 年，德国的朱赛最先采用电气元件制造了全自动继电器计算机 Z-3，已具备浮点计数、二进制运算、数字存储地址的指令形式等现代计算机特征。1940—1947 年期间，美国也相继制成了继电器计算机 MARK-1、MARK-2、Model-1、Model-5 等。由于继电器的开关速度大约为百分之一秒，使得计算机的运算速度受到很大限制。

电子计算机的发展过程，经历了从部件到整机，从专用机到通用机，从外加式程序到存储程序的演变。1938 年，美籍保加利亚学者阿塔纳索夫首先制成了电子计算机的运算部件。1943 年，英国成功研制出专门破解恩尼格玛密码机的"巨人"电子计算机，并在二战中得到广泛应用。1946 年，美国宾夕法尼亚大学莫尔学院制成的大型电子数字积分计算机 ENIAC，最初专门用于火炮弹道计算，后经多次改进而成为能进行各种科学计算的通用计算机，其运算速度比继电器计算机快 1000 倍，并成为人们常常提到的世界上第一台电子计算机。

三、计算机软硬件架构确立

1. 冯·诺依曼结构介绍

说到计算机的发展，就不能不提美国科学家冯·诺依曼。20 世纪初，物理学和电子学的科学家们就在争论制造可以进行数值计算的机器应该采用什么样的硬件结构，人们被人类习惯了的十进制计数方法所困扰。为此，冯·诺依曼大胆提出：抛弃十进制，采用二进制作为电子计算机的数制基础。同时，他还提出要预先编制计算程序，然后交由计算机来按照人们事前制定的计算顺序来执行数值计算工作，从而被称为冯·诺依曼体系结构。从 EDVAC 到当前最先进的计算机全都采用冯·诺依曼体系结构，并被统称为冯·诺依曼型计算机，冯·诺依曼是当之无愧的电子计算机之父。

图 1-4 冯·诺依曼工作照

冯·诺依曼结构也称为普林斯顿结构，是一种将程序指令存储器和数据存储器合并在一起的存储器结构。程序指令存储地址和数据存储地址指向同一个存储器的不同物理位置，因此程序指令和数据的宽度相同，如英特尔公司的 8086 中央处理器的程序指令和数据都是 16 位宽。

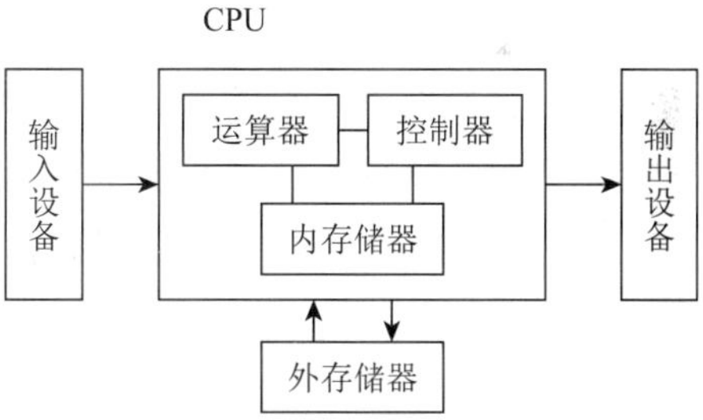

图 1-5 现代计算机系统的冯·诺依曼结构

2. 图灵机的软件设计架构

图灵机只是理论上的计算机，完全没有考虑硬件状态，其考虑焦点均为逻辑结构。图灵在他著作里，进一步设计出通用图灵机模型，图灵机可以模拟其他任何解决某个特定数学问题的计算机工作状态。图灵甚至还想象在磁带上存储数据和程序。通用图灵机实际上就是现代通用计算机的最原始模型。图灵机正是因为抽象而伟大，并被实现在很多不同层次的应用上，大到语言识别器、虚拟机模型，小到自动售货机等等。图灵机不仅是对计算机领域的贡献，其实更多的是对人工智能的探测。

对应于图灵机所阐述的泛义自动机，冯氏模型其实就是专门针对计算机的自动

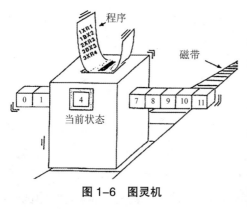

图1-6 图灵机

机理论，在可编程计算机出现之前的所有机器指令都是硬化的，如要为某机器编程，就相当于重置整个机器。

尽管没有计算机研究领域的诺贝尔奖，但美国计算机学会每年会为评选出的本年度最优秀计算机科学家颁发图灵奖，以纪念致力于研究人类思维和计算机之间的关系，对计算机人工智能定义和构想影响深远，被称为"计算机科学之父"和"人工智能之父"的英国人艾伦·马西森·图灵。

四、开放封闭的致命性影响

二战后，美国政府积极推动军用计算机项目民营化，掌握尖端技术的一些谍报团队甚至在政府的支持下，集体转型为商业公司。其中收益最大的就是IBM公司通过"旋风计划"，获得美国政府数十亿美元投资。结果，IBM在处理器、密集储存器件和操作系统等领域迅速处于领先地位，它在提供军用产品的同时，也不忘将这些新技术应用于商用产品的生产上，而美国政府对此持开放态度，并没有加以限制。

相比美国，英国承受了德国更直接的军事打击，参与军事项目的科学家为了头顶上少掉一颗炸弹，少损失一艘军舰商船，研发动力远较美国同行强劲，图灵领导的密码破译团队在计算机这一重要军事项目上的进展尤为迅速，成就突出。当时代表大英帝国计算机领域最高水准的"巨人"计算机，比美国的EDVAC计算机领先了1年多时间，并在二战期间成功破译德国最先进的恩尼格玛密码机，拯救了千万人性命，并左右二战的走向。二战后，英国政府严守秘密，不允许计算机技术的民用和商业化，逼得一个餐饮企业莱昂斯挽起袖子研发商用计算机，甚至图灵的杰出贡献也并不为众人所知。最后42岁的图灵因为同性恋判罚，咬了一口沾有剧毒氰化钾的苹果而身亡。

第三节　计算机硬件的发展脉络

一、起步——电子管计算机

二战期间，美国军方要求宾州大学莫奇来博士和他的学生埃克特设计以真空管取代继电器的电子计算机ENIAC，用于计算火炮弹道。1946年2月14日，世界上第一台电子计算机ENIAC在美国宾夕法尼亚大学诞生。这部机器使用了18800个真空管，长 50 英尺，宽 30 英尺，占地 140 平方米，重达 30 吨。它的计算速度很快，每秒可进行 5000 次加法运算。由于耗电量巨大，据传 ENIAC 每次开机，整个费城西区电灯都要为之黯然失色。此外，真空管的损耗率相当高，几乎每 15 分钟就可能烧掉一支真空管，操作人员必须要花 15 分钟以上时间才能找出坏掉的管子，使用极不方便。

图 1-7 工作中的 ENIAC

二、发展——晶体管计算机

第二代计算机（1959—1964）以 1959 年美国菲尔克公司研制的第一台大型通用晶体管计算机为标志。晶体管具有体积小、重量轻、速度快、寿命长等一系列优点，使得计算机的结构与性能都有了很大的改进。

其中的关键之处就在于 1947 年 12 月，美国贝尔实验室的肖克利、巴丁和布拉顿研制出了点接触型锗晶体管，并同时荣获 1956 年诺贝尔物理学奖。晶体管是 20 世纪一项重大发明，它是微电子革命的先声，并为之后的集成电路诞生吹响了号角。

图 1-8 威廉·肖克利

三、腾飞——集成电路计算机

第三代计算机（1965—1970）以 IBM 公司研制的"360"系列计算机为标志，其特征为集成电路。这个时期的内存储器已用半导体存储器淘汰了磁芯存储器，使得存储容量和存取速度有了大幅度提高。输入设备出现了键盘，用户可以直接访问计算机。输出设备出现了显示器，可以向用户提供立即响应。

第四代计算机（1971—至今）以 Intel 公司研制的第一代微处理器"Intel 4004"为标志，这一时期计算机最为显著的特征是使用大规模集成电路和超大规模集成电路。集成电路是计算机性能快速发展的关键性支撑。

小贴士：摩尔定律

图 1-9　戈登·摩尔

1964 年，仙童半导体公司创始人之一戈登·摩尔博士，以三页纸的短小篇幅，发表了一个奇特预言，即假定价格不变，集成电路上能被集成的晶体管数目，将会以每18 个月翻一番的速度稳定增长，性能也会随之提升一倍，并在今后数十年内保持着这种势头。摩尔所作的这个预言，被随后集成电路的产业发展而验证，并在较长时期保持了它的有效性，被人誉为"摩尔定律"，成为新兴电子产业的"第一定律"，揭示了现代信息技术的飞速进步。

摩尔定律是在一个相当长的时间里，简单评估半导体技术进展的经验法则，IC 制造技术的确也是以此方式向前推进，使得 IC 产品能够持续降低成本，提升性能，增加功能。

第四节　未来光子与量子计算机

一、现代计算机的瓶颈

冯·诺依曼体系结构是现代计算机的基础，然而由于冯·诺依曼计算机体系结构天然所具有的局限性，从根本上限制了未来计算机的发展。

冯·诺依曼型计算机以存储程序原理为基础，其最大特点是共享数据的一维串行计算模型。按照这种结构，指令和数据存放在共享的存储器中，CPU 从中取出指令和数据进行相应运算。由于存储器的存取速度远低于 CPU 运算速度，而且每一时刻只能访问存储器的一个单元，从而大大限制计算机的运算速度，CPU 与共享存储器间的数据交换成为影响高速计算和系统性能的瓶颈。这种顺序控制流结构从根本上限制了并行计算的开发和利用，进而限制了计算机性能的提高。

目前解决冯·诺依曼结构瓶颈的有效对策是哈佛结构。哈佛结构使用两个独立存储器模块，分别存储指令和数据，每个存储模块不允许指令和数据并存，以便实现并行处理。中央处理器首先到程序指令存储器中读取程序指令内容，解码得到数据地址，再到相应的数据存储器中读取数据，并进行下一步操作。程序指令和数据分开存储，可以使指令和数据拥有不同的数据宽度。不同于冯·诺依曼结构处理器，哈佛结构限定读取指令和存取数据分别经由不同存储空间和不同总线，使得各条指令可以重叠执行，从而克服数据流传输瓶颈，提高了运算速度。

那么哈佛结构能够彻底解决电子计算机遇到的瓶颈问题吗？答案是否定的。

首先，现代晶体管发展的摩尔定律已趋于失效，经典计算机的计算能力进而趋于瓶颈。当前 CPU 中的晶体管数量已无法实现 18 个月翻一番的预期。顶级科学期刊《自然》杂志认为，现有芯片设计工艺已达到 10 纳米，预计 2020 年可到达 2 纳米。这个级别的晶体管只能容纳 10 个原子，电子行为将不再服从于传统的半导体理论，此时晶体管将变得不再可靠。

芯片设计工艺	Intel	AMD
65nm	2006年1月	2006年12月
45nm	2008年1月	2008年11月
32nm	2008年12月	2011年3月
22nm	2012年5月	未知
14nm	2013年	未知
10nm	2015年	未知
2nm（电子的行为将不再服从传统的半导体理论，晶体管不再可靠）	预计2020年	未知

图 1-10 现有芯片设计工艺发展趋势

硬件上，基于硅材料的大规模集成电路制造技术逐渐走到尽头。工艺和制程已难以继续支撑集成电路性能的进一步提升。软件上，现有大规模人工协同开发大型软件的模式正在受到人力资源限制和大批量开发需求的双重挑战。

当前，量子计算机、光学计算机、生物计算机是最引人注目的未来计算工具。在生物计算机研究领域，科学家已经勾画出这类计算机的结构模型，其硬件由试管、载体芯片、生物标记设备、凝胶电泳设备、磁珠系统和读序设备构成，并通过对表达数据的生物分子片段施加复性、变性、切割、连接、生物复制、电泳和读序列等生物操作技术进行计算。

二、光子计算机

光子计算机是一种由光信号进行数字运算、逻辑操作、信息存贮和处理的新型计算机。它由激光器、光学反射镜、透镜、滤波器等光学元件和设备构成，靠激光束进入反射镜和透镜组成的阵列进行信息处理,以光子代替电子,光运算代替电运算。光的并行、高速,天然地决定了光子计算机具有很强的并行处理能力和超高运算速度。

在光子计算机中,不同波长的光代表不同的数据,这远胜于电子计算机中通过电子的0、1状态变化进行的二进制运算,可以对复杂度高、计算量大的任务实现快速并行处理。光子计算机运算速度将在目前基础上呈指数上升。毕竟电子的传播速度只有593km/s,而光子的传播速度却高达 3×10^5km/s。就电子计算机而言,即使在最佳情况下,承载信息的电子在导线中的传输速度远低于光速,即使当前电子计算机的运算速度还在持续提高,但其能力极限仍然有限。

用光子代替电子的想法听起来很简单,但实际应用却并不简单。虽然光子计算机能够有效加快数据的传输速度,但硅芯片仍然需要将光子转换成电子,才能进行数据处理。这意味着整个传输过程还是要被减慢速度。此外,系统会在光电转换过程中消耗大量额外能量,其效能甚至比我们一开始就使用电子还要低很多。

显然我们需要打造一个全新的计算机系统,目的就是要提高光子的处理能力。长远来看,使用全光计算机并不可行,毕竟电子擅长计算而光子擅长传输。一些科学家认为结合光子和电子优点能够极大地改进计算机,光电混合计算机将是计算机未来发展的趋势。光子与电子计算机系统结合将提高计算机部件间数据传递的速度。光子开关与电子处理器相结合,在快速传送信息时不会像铜线那样产生过高的热量。目前,IBM、英特尔、惠普以及美国军方已经投资数十亿美元,全力开发光电芯片。这种芯片采用电子计算,用光子传输信息。

虽然光子计算机至今没有得到实际应用,但它在实验室中的研究历史已逾60年。每当出现新的光学技术或光学器件,都会引发一次对光学计算机的研究热潮。激光技术、液晶技术、光纤技术、光强放大技术、光电材料和光学非线性材料的每项进步,都会用于研发光学处理器。在光学计算机研究的起起落落中,孕育了一批新思想、新理论和新技术,其中一些理论可能与人们习惯的计算机理论框架有较大差别。

在这个领域中,全光计算机始终是最美好的愿望。然而,实现这个愿望的技术路线还缺少很多环节,路途遥远。同时,放弃廉价可靠方便的电子芯片、高效率的光电和电光转换器、成熟的电子计算机软硬件、半导体制造技术等工业资源,也不是明智之举。发展光电混合型计算机系统,使光电特性相辅相成,实现低功耗、高性能之目的,已成为光学计算机研究者的共识。

三、量子计算机

量子计算机是一类遵循量子力学规律进行高速数学和逻辑运算、存储及处理量子信息的物理装置。其基本规律包括不确定原理、对应原理和波尔理论等等。

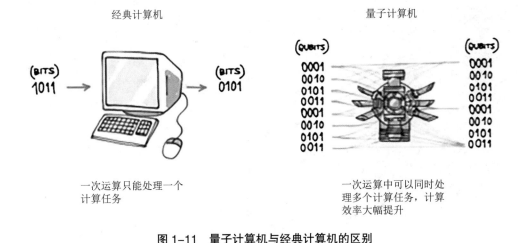

图 1-11 量子计算机与经典计算机的区别

　　1982 年，美国著名物理学家理查德·费曼在一个公开的演讲中提出利用量子体系实现通用计算的新奇想法。1985 年，英国物理学家大卫·杜斯又提出了量子图灵机模型。理查德·费曼当时就想到如果用量子系统所构成的计算机来模拟量子现象，运算时间可大幅度减少，从而量子计算机的概念诞生了。

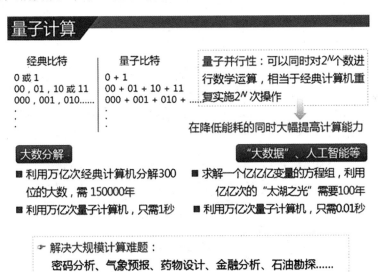

图 1-12 量子计算的应用

　　在少数量子比特的物理体系中，科学家成功演示了量子计算的原理、逻辑门操作、量子编码和量子算法，证实了量子计算的实现不存在原则性困难。但要真正研制出量子计算机，还存在两大主要障碍，其一是物理可扩展性问题，即如何实现成千上万个量子比特，并能有效进行相干操控；其二是容错计算问题，即量子操作的出错率如何能减少到低于阀值，确保计算结果的可靠性。

图 1-13　D-Wave 系统

当前，人们一方面寻找可扩展可容错的量子计算体系，另一方面着手研究技术难度较低的量子仿真。量子仿真的目的就是要发展出一套多体系统相干操控的手段，通过实验直接操控、观测人工多体系统的演化行为，为强关联物理学提供完美的检测场所。量子仿真的研究很可能带来全新的科学发现。

目前能够正式进入商用领域的量子计算机公司当属加拿大的 D-Wave。2007 年 2 月，加拿大 D-Wave 公司宣布研制成功 16 位量子比特超导量子计算机，但其作用仅限于解决一些最优化问题，与科学界公认的能运行各种量子算法的量子计算机仍有较大区别。2011 年 5 月 11 日，加拿大 D-Wave 公司再次发布号称全球首款商用型量子计算机的 D-Wave One。该量子设备是否真的实现了量子计算还未获得学术界的广泛认同。同年 9 月，科学家证明可以采用冯·诺依曼架构来实现量子计算机。2013 年 5 月，D-Wave 公司宣称 NASA 和 Google 共同预定了一台采用 512 位量子比特的 D-Wave Two 量子计算机。

2017 年 5 月 3 日，中国科学院在上海举行新闻发布会，对外发布一则重磅消息：世界上第一台超越早期经典计算机的光量子计算机诞生。这个世界首台货真价实的中国制造，属于中国科学技术大学潘建伟教授团队联合浙江大学王浩华教授研究组攻关突破的成果。

图 1-14　量子计算机的 CPU 部分

小贴士：量子计算机、光子计算机代表了未来计算机硬件发展方向

在空间中利用光实现逻辑门并非不可能，将透镜、反射镜、棱镜、滤波器、光开关等器件加以设计组合，的确可以实现一些数字式计算功能。其实早在上个世纪，这样的光计算机就已问世。但光学元器件的体积往往较大，光路缩小尚且困难，更别提要集成到芯片级别。这使得光计算机大规模替代电子计算机在目前尚不可能。

这些暂时无法消除的障碍让大家冷静下来。科学家逐渐将精力转向挖掘电子计算机潜力和研究量子计算机，全光计算机研究的热度稍减。近十年来，随着加工技术的发展和材料学的进步，光子计算机的热度又有了明显提高，尤其是微纳米加工技术的进步，使得横亘在光子计算机面前的一些阻碍得到了化解。必须指出的是，一些新闻媒体喜欢用类似于"光脑将面世"之类夸张的标题，让大家盲目乐观。实际上就像表面波逻辑门，也只是科学家又解决了一个关键性问题而已，而这样的关键性问题还有很多。因此近几年光子计算机不可能大规模应用，更不可能取代电子计算机，家用光子计算机还有很远的距离。

本章小结

未来的计算机发展趋势是巨型化、专业化、微型化、网络化和智能化。目前的计算机已能够部分代替人的脑力劳动，但是人们希望计算机具有更多人的智能，比如自行思考、智能识别等等。

问题思考

1. 恩尼格玛密码机的工作原理。
2. 图灵机与现代人工智能计算机的关系。
3. 硅谷的产生和发展对于当前中国科技发展的启示。

第二章　计算机品牌是怎样炼成的

> 一个人想做点事业，非得走自己的路。要开创新路子，最关键的是你会不会自己提出问题，能正确地提出问题就是迈开了创新的第一步。
>
> ——李政道

【学习目标】

1. 了解计算机的诞生和几代计算机具有代表性的技术和特征。
2. 认识到科技创新发展在 IT 企业发展中的重要性。
3. 学会从失败的企业和企业家身上分析经验教训。
4. 了解企业文化与企业家精神。
5. 了解开放与开源对行业的影响。
6. 了解不同的企业文化在不同类型企业的促进作用。
7. 了解行业变化与企业决策调整的共振。
8. 未来计算机行业及企业的发展预测。

【教学提示】

1. 学会在困难和逆境中砥砺前行。
2. 从分析他人的成功案例中总结创业经验。
3. 了解朗科、摩托罗拉、诺基亚创新和衰变的历史过程。
4. 了解苹果公司的与众不同的创新。
5. 从成功公司的历程观察创新的艰难。
6. 通过历史提升学习兴趣，培养学生创新的思维。
7. 课后思考题，分小组进行讨论学习。
8. 了解华为成功的艰辛和曲折。
9. 从五笔输入法的发明，理解成功青睐有准备的头脑。

　　企业文化是一个组织由其价值观、信念、仪式、符号、处事方式等组成的其特有的文化形象，简单而言，就是企业在日常运行中所表现出的各方各面，并以品牌的形式出现和存在。企业文化是在一定条件下，企业生产经营和管理活动中所创造的具有该企业特色的精神财富和物质形态。它包括文化观念、价值观念、企业精神、道德规范、行为准则、历史传统、企业制度、文化环境、企业产品等。其中品牌和价值观是企业文化的核心。

　　企业文化是企业的灵魂，是推动企业发展的不竭动力。它包含着非常丰富的内容，其核心是企业的精神和价值观。这里的价值观不是泛指企业管理中的各种文化现象，而是企业或企业中的员工在从事经营活动中所秉持的价值观念。企业的价值观，是指企业职工对企业存在的意义、经营目的、经营宗旨的价值评价和为之追求的整体化、个异化的群体意识，是企业全体职工共同的价值准则。只有在共同的价值准则基础上才能产生企业正确的价值目标。有了正确的价值目标才会有奋力追求价值目标的行为，企业才有希望。因此，企业价值观决定着职工行为的取向，关系企业的生死存亡。只顾企业自身经济效益的价值观，就会影响企业的整体形象；只顾眼前利益的价值观，就会急功近利，搞短期行为，使企业失去后劲，导致灭亡。

　　本章主要阐述计算机企业发展中文化因素的作用，以及介绍不同的文化环境对企业发展的影响。

第一节　信念——持续开辟新领域

一、个人计算机闪亮登场

1. 个人计算机的诞生背景

　　自第一台电子计算机（ENIAC，1946年）诞生开始，计算机就从来都没有停止过其发展的步伐。随着计算机相关领域技术的飞速发展，计算机的制作工艺越做越精致，性能越来越高，关键是价格越来越便宜，操作也越来越简单。而这一系列的突破让计算机这"王谢堂前燕"最终有机会飞入"寻常百姓家"。商家也抓住这个机遇，朝着个人计算机领域前进。

（1）第一台电子计算机

　　1946年ENIAC在宾夕法尼亚大学诞生，这台计算机主要元器件采用的是电子管。该机使用了1500个继电器，18800个电子管，占地170平方米，重量达30多吨，耗电150KW，造价48万美元。开机时需要让周围居民暂时停电。这台计算机每秒能完成5000次加法运算，400次乘法运算，比当时最快的计算工具快300倍，是继电器计算机的1000倍，手工计算的20万倍。它的诞生标志着人类进入了一个崭新的信息革命时代。

（2）从大到小不断蜕变

计算机从诞生开始就是一个大块头，并且只应用到军事和科研领域。计算机步入商用领域时，由于早期产品体积庞大因而被称为大型机。1964 年 IBM 公司花费 50 亿美金开发出了 IBM SYSTEM/360 大型机，开始了大型机的历史。大型机通常采用集中式体系架构，这种架构的优势之一是其出色的 I/O 处理能力，因而最适合处理大规模事务数据。大型机不单纯用来进行传统的海量数据处理和财务事务处理。在一些场合，它可作为企业的中心架构，用来提高安全性、可用性和可管理性。大型机也可用来安装多个操作系统，可以运行所有的主流的软件包。

随着计算机的普及，许多中小企业对计算机也有需求，由此小型计算机应运而生。小型机是指采用 8 至 32 颗处理器、性能和价格介于 PC 服务器和大型主机之间的一种高性能 64 位计算机。在中国，小型机习惯上用来指 UNIX 服务器。小型机的概念最初是由 DEC 公司提出来的，是相对于大型机而言。一般小型机都是基于 RISC 指令集，每一个小型机上都有着不同的体系架构。小型机所采用的 RISC 技术采用等长指令多流水方式实现程序指令流水，不容易被恶意截获或者攻击，这也是小型机很少被病毒与黑客攻击的主要原因。小型机在商业高端稳定运行方面拥有更高的安全性与稳定性。

2.第一款个人计算机

随着计算机技术的不断更新与发展，价格不再是阻拦计算机普及的门槛时，降低计算机的易用性就显得十分重要。由于小型机 UNIX 系统本身的特点，使得其不太适合于运行在个人计算机上，这时就需要一种新的操作系统。

苹果公司是探索个人电脑的先锋。第一款个人电脑 Apple II 于 1977 年 6 月 5 日上市，搭载 MOS 科技 1 MHz6502 微处理器、4KB 内存以及用以读取程序及数据的录音带接口。它的最初零售价是 1298 美元（内存 4KB）或 2638 美元（内存上限可达 48KB）。为了反映其彩色图像显示能力，机箱上的苹果图案着上了彩虹条纹，而这个图案随后成为苹果公司的代表图案。

图 2-1　Apple II 个人计算机

这款计算机开启了个人电脑的时代，它使得电脑不再是工程师、科学家或者专业机构的专利，他操作简单，就算是普通大众也可以轻松上手。这个阶段的个人电脑还是一个小群体的专属，并没有真正实现大众化。

IBM 是个人电脑领域公认的"第一个吃螃蟹的公司"。原本 IBM 的客户都是公司企业，进入个人电脑领域对于 IBM 而言是一次冒险也是一次新的突破。

　　1981 年 8 月 12 日 IBM 公司推出的个人电脑"5150"。同时，IBM 也首次给出了"个人计算机"（Personal Computer，PC）这一概念。这标志着个人电脑真正走进了人们的工作和生活之中，也标志着一个新时代的开始。当时该个人计算机，售价 2880 美元。第一台 IBMPC 采用 Intel 4.77M 的 8088 芯片，仅 64K 内存，采用低分辨率单色或彩色显示器，有可选的盒式磁带驱动器，两个 160KB 单面软盘驱动器，并配置了微软公司的 MS-DOS 操作系统软件。该产品特点是包含多项创新：荧幕每列能显示 80 个字元、拥有大小写字元的键盘、可扩充的记忆体、零件可向其他厂商采购，其他的个人电脑制造商依照 IBM 的标准生产 IBM 的相容机种电脑，称为兼容机或克隆机等。

图 2-2　IBM PC "5150"

　　"5150"的设计抛弃了繁文缛节，脱离了 IBM 正常的工作流程，这是为了对抗当时已经红透半边天的 Apple II。IBM "5150"一面市即取得了巨大的成功，上市仅一个月其订单数已达 24 万台。由于"5150"的问世，IBM 品牌开始跨越专业领域，"飞入寻常百姓家"，为大众所熟知。

　　从商业和科研使用的大型机、小型机到变成个人计算机的今天，我们享受到信息时代带来的诸多成果，很大程度上都要归功于这些在个人计算机领域不懈努力和不断探索的电脑公司。

小贴士：个人计算机诞生的重大影响

　　个人计算机的诞生使得整个世界发生了翻天覆地的变化，它彻底改变了现代人的生活。许许多多新的产业和职业随着个人计算机的诞生如雨后春笋般蓬勃发展起来，PC 已经成了一个常用词。现如今，我们的生活已经离不开电脑。使用电脑网购、游戏、学习、看电影、听音乐、找资料……早已成为我们生活中的一部分。

二、计算机的个性化定制

1. 突破传统的定制销售模式——个人定制

传统统一规格和型号的个人电脑虽然满足了绝大部分普通电脑用户的最普遍的要求，但是并不能满足人们越来越多样化和个性化的需求。为了满足个性化需求，戴尔在个人计算机领域又前进了一步——个人定制机。个人定制机简而言之就是对于同一型号的机子，可以在允许的范围内选择自己适用的配置，还可以允许选择自己喜欢的外观，甚至用户可以发布自己需要的配置给制造商，制造商按照要求生产用户喜欢的机子。个人定制让用户有极大的自由选择的空间，可以最大程度地满足用户的多样化需求。个人定制绝对不是富人的专利，相反，普通大众可以买到性价比更高的机子，这掀起了一场个人计算机领域的大变革。

个人定制的销售模式能让公司生产出来的产品更加符合顾客的需求，同时也为公司赢得了巨大的市场。

2. 依靠个人定制崛起的巨人——戴尔

戴尔是个人定制机领域的领头羊，依靠个人定制迅速崛起，一度成为全球名列第一的个人计算机制造商。

戴尔计算机公司于1984年由企业家迈克尔·戴尔创立。他的理念非常简单：按照客户要求制造计算机，并向客户直接发货，使戴尔公司能够更有效和明确地了解客户需求，继而迅速作出回应。这种革命性的举措已经使戴尔公司成为全球领先的计算机系统直销商，跻身业内主要制造商之列。目前，在美国戴尔是商业用户、政府部门、教育机构和消费者市场名列第一的主要个人计算机供应商及最大的服务器供应商。

戴尔公司设计、开发、生产、营销、维修和支持一系列从笔记本电脑到工作站的个人计算机系统，每一个系统都是根据客户的要求量身订制的。只要你在官网上发布需求，戴尔可以完全满足你的需求只做一台为你自己量身定做的电脑。什么配件，什么外观，都可以完全依照你自己的要求。其他公司的服务大部分仅限于高低配置更换，自由度没有那么大。当然，现在也有不少公司支持个人定制的服务，例如索尼和苹果。

小贴士：怎样获得一台属于自己的个人定制机呢？

用你自己手头上的个人电脑去检索一下吧。每一个品牌都有自己的特色，不过在获得一部自己喜欢的个人定制机之前，首先要明确自己需要的是什么用途的机子；然后，根据自己的需求寻找相应的配件信息。接着就是挑配件，完善配置；再而就是向网站或者供应商发布需求购买了；最后，拿到你自己心爱的专属机子调试，没问题就可以了。

三、民族品牌小蛇吞大象

1. 民族品牌的发展

中国民族品牌，也叫自主品牌，国产品牌或中国品牌，是指由中国（本国）企业原创，产权归中国企业的品牌，民族企业经过改革开放以来的飞速发展，到21世纪初许多企业已经初具规模。信息技术行业的联想集团，从1984年由11名科技人员创办，此后发展迅猛。1996年之后，联想电脑销量一直位居中国国内市场首位。联想集团在2008年以167.8亿美元的销售额进入世界500强，成为中国第一家进入500强的民营企业。

民族企业能取得这么大的发展成就，一部分要归功于国家的政策支持，还有一部分就是要归功于这11位创始科技人员的辛勤付出了。技术更新换代并没有将这个企业淘汰，反而让它茁壮成长最终在世界计算机制造领域占据一席之地。

2. 国际大牌的瓶颈

全球化的大背景下，涌现了许许多多的国际大牌，它们的名字如雷贯耳，它们的品质值得放心，有些甚至成为了身份的象征。但是全球化不可避免地带来价格战、品质战、服务战。这些所谓的国际大牌虽资历深、财力雄厚，却也在这样的大浪潮中备受冲击。

成本和质量的对立统一关系也是这些大品牌的最头疼的问题之一。一方面，为了维护企业形象，赢得良好的口碑，一定要严格把质量关；另一方面，为了企业能有更高的利润空间，成本必须尽可能地做到最低。这些大品牌中有一部分厂家就这样陷在一组关系里徘徊不前，甚至出现了亏损。在个人电脑制造行业百花齐放的时代，国际大牌相互挤占市场，普通名不见经传的小牌子也在夹缝中寻求自己的立足空间。逐渐地，国际大牌已经不再是普通个人电脑用户的首选，相反一些物美价廉的制造厂家的产品开始受到青睐。这些因素构成了一些国际大牌进军个人电脑市场和发展过程中的瓶颈。

3. 民族品牌收购国际大牌

民族品牌起来了，国际大牌却遇上了瓶颈，于是民族品牌收购国际大牌这蛇吞象的现象就在21世纪出现了。这种现象并不是偶然而是历史发展的必然。联想看好国内的个人电脑业务，甚至看好国际的个人电脑业务，因而收购IBM的个人电脑业务。但是在未来市场并不明朗的情况下无疑是极其冒险的，尤其是面对来自诸如苹果、戴尔和华硕等公司的竞争，从IBM手中接过个人电脑业务也许会成为自身品牌价值提升的契机。

下面是联想集团收购IBM个人电脑业务的故事。

2004 年 12 月 8 日上午 9 时，联想集团正式对外宣布以 12.5 亿美元收购 IBM 全球 PC 业务，其中包括笔记本和台式机业务。此次交易包含一个五年期的对全球知名的 IBM 商标的许可使用协议。IBM 将成为联想的首选服务和客户融资提供商，联想将成为 IBM 的首选 PC 供应商，这样 IBM 就可以为其大中小企业客户提供各种个人电脑解决方案。

杨元庆表示，联想与 IBM 公司进行了长达 13 个月的谈判，双方认为各自业务存在互补性，联想在中国市场上拥有客户和完善的市场销售体系，而 IBM 在国际市场上拥有完善的 PC 销售网络。以双方 2003 年的销售业绩合并计算，此次并购意味着联想的 PC 年出货量将达到 1190 万台，销售额将达到 120 亿美元，从而使得联想在目前 PC 业务规模的基础上增长 4 倍。

杨元庆接受记者采访时还透露，在整合的第一阶段，保持联想的 PC 业务和 IBM PC 业务的独立运行，保持双方市场和销售的独立性。18 个月以后，联想和 IBM 将会使用一个联合品牌。杨元庆还提到了 IBM PC 在日本的研发基地，他表示继续保持这个研发基地在公司中的重要位置。他承认，自己清楚这是一次绝无仅有的并购，整合难度相当之大，摆在新公司面前的还有一道又一道坎。在完成收购之后，联想已经成为全球第三大 PC 厂商，但联想对未来的希望不止于此，联想并不满足世界第三的位置，已经准备好向主要的竞争对手发起挑战。

联想和 IBM 业务的整合大致分为三个阶段：

第一阶段是从 2004 年到 2005 年，时间大约为 18 个月，在此阶段双方的 PC 部门将保持独立运作，但全球采购将实现共同采购；

第二阶段，双方将开始产品线、销售的整合；

第三阶段，双方品牌完成整合，届时双方将进入到各自此前没有进入过的市场，比如以整合后品牌的消费电脑进入到欧美市场等。

联想的并购无疑是 2004 年中国财经领域也是计算机制造领域最引人注目的大事件之一，这也是我们中国的企业实践着国际化、希望成长为国际巨人的一次勇敢的尝试。中国的企业都在逐渐地走向成熟，所以并购远远没有结束。无论是联想，或者是以联想为代表的一大批中国优秀 IT 的企业，从此都将会有一个跨国经营的新开始。

小贴士：联想的广告词

除了技术上的进步，一方面也要得益于他们的宣传策略，从联想的广告词中可见一斑：

1. 联想，连想都不敢想。

2. 更逸，更自由。（模仿 TOYOTA：更远，更自由。）

3. 沟通从"芯"开始。

4. 联想，无限天逸；天逸，无限联想。

5. 我有我天逸。

6. 任你看，任你摸，任你打；陪你聊，陪你玩，陪你学习和工作。取我吧！只要几千元。

7. 有联想，有生活。

8. 我没有电脑，但我不能没有联想！

9. 心随我动，联你所想。

10. 即使不懂电脑，也要知道联想！

11. 谁能创造联想，中国！

四、施崇棠三次再造华硕

1. 施崇棠

施崇棠，1952 生，华硕集团董事长，宏碁创始人之一，研究技术出身，为人低调，甚少在公众和媒体面前曝光。施崇棠的父亲是台湾心算冠军，受其影响他很喜欢深入地想事情。

2. 首造华硕——打造主板代名词

回望过去，施崇棠经历太多。那些外人眼中的"难行门"，最终他都闯了过来。1979 年，施崇棠与施振荣等七人一起开始创业宏碁，任职宏碁个人计算机事业处总经理。1993 年底，施崇棠决心加入华硕，出任董事长兼总经理。当时，由他四个学生于 1989 年创立的华硕，体量并不大。

从几百片的电脑主板生意做起，华硕慢慢步入了代工业务。施崇棠曾因一款产品未能达到华硕的品质标准，主动要求召回，尽管这事给华硕造成不少经济损失，也在当年引起轰动，但华硕坚持住了自己的"诚"。

因为执着于技术，华硕创立初期，就独立开发出了彼时市场上还没有的"486"主板，一经面市即成为市场上优质主板的代名词，订单雪片般飞来。然而，IT 产业从发轫到群雄逐鹿，越来越多的大厂开始横刀跨入电脑主板业。

1995 年，全球 IT 巨人 Intel 进军主板市场，扬言出货 1000 万片，并且重点出击中高端市场，对于此时全部身家集中于主板业务的华硕而言，遭遇战已然不可避免。施崇棠回忆起当时的场面说："唯一的出路是迎战。"

由此，华硕一边联手全台湾众多主板厂商拒绝向 Intel 采购微处理器，一边采取温和策略，迂回成立"崇硕科技"，采购升扬微处理器，迅速变相应战。

一场硬仗下来，遭挫败的 Intel 决定撤军。而 Intel 的订单大户惠普发现了与众不同的华硕。拿着这块大大的敲门砖，华硕迅速打开国际市场，并于 1996 年底一跃成为全球主板第一品牌及最大的主板厂商。同年，华硕上市，成为"股王"。

3. 再造华硕——突击笔记本市场

1997年，华硕进军自主品牌笔记本电脑领域，这是一个比同行晚了近十年的时间点。但是施崇棠决断：华硕必须出击，而且必须打赢，就像面对今天的移动互联网浪潮，这是决定企业未来生死的一仗。

第一款产品出来了：又厚又重，同行们大多瞧不上眼，"像坦克车"。

一开始，华硕曾希望能发货30万台，但残酷的是，这款让华硕自豪的产品第一个月才卖出3台，最终也只卖掉2万台。第一年，华硕在笔记本市场占有率不到1%。

半路出家，天黑路滑。施崇棠意识到，华硕需要新的基因。

新的基因，于当时的华硕而言，是在精通理论、系统架构之余，也要懂得创新和美学。这也即是后来助力华硕在多条产品线上赢得出色战果的"设计思维"。

渐渐地，终端消费者们发现，华硕的笔记本电脑不再那么像坦克了，后来甚至还有点艺术感了。再后来，不到六年的时间，华硕跃升为台湾笔记本电脑大厂，并逐步蚕食市场份额，超越老大哥宏碁而成为台湾市场第一名。

谁都没想到，这个当初被业界嘲笑的后来者，在2013年进入了全球笔记本市场前三。

数据和排名毕竟是生硬的。一块屏幕一块键盘，在产品形态固化的笔记本领域

图2-3 华硕 Eee PC

要想创新其实很难，时至2006年，施崇棠希望能够推出一种"够用"的产品，为了够用，它得同时具备不太大的尺寸却又不太小的屏幕、全尺寸键盘、快速启动功能，超长的电池续航能力，同时它还得够轻够便宜。其间的研发过程无需赘述。但最终华硕 Eee PC 诞生，一个全新的上网本市场被华硕切分了出来。这一创新轰开了台式机与笔记本多年的陈腐格局，其他 PC 巨头纷纷跟进。

在当年，Eee PC 被西方媒体称作唯一能够对垒苹果 AIR 的笔记本产品。

从主板业务到笔记本业务，起初的产品推出市场并不受市场欢迎，这冒险的一步，后来却居然在业界的嘲笑声中逐步做到能与苹果对垒。在这当中，华硕"新基因的注入"是最关键的一点，值得所有计算机公司的学习和借鉴。

4. 三造华硕——紧追世界一流公司

2009年初，当施崇棠拿到华硕2008年第四季度的财务报表时，沉默了好一会儿，华硕净亏损达到27.98亿新台币（约合8224万美元），这也是华硕自创立19年以来的首次单季亏损。

抛开金融危机等外部环境因素，施崇棠也开始检讨，华硕在企业越来越大的同时，在效益管理、库存问题，乃至对欧洲渠道商报价策略等方面都出现失误。事实上，此前施崇棠已经退居二线，其后，老帅重新出山，2009 年第一季度结束时，华硕扭亏为盈。

2013 年，施崇棠再次针对产品已经相对固化的笔记本市场，推出了全球第一款将笔记本、平板二合一的"变形本"，俨然是当年上网本 Eee PC 的重生。T100 优异的市场表现最终成为了施崇棠渴望的英雄产品。

今天，传统 PC 厂商纷纷想要在移动互联网时代完成逆袭转身，华硕如何在市场混战中打开未来局面？施崇棠的回答是：新脑袋装旧智慧。

在施崇棠的领导下，华硕做到了不可能的事情：2013 年，华硕的笔记本电脑和平板电脑的出货量均进入了全球前三名。

目前，华硕正在全力实施"巨狮计划 2"，计划在 2013—2017 这 5 年时间里将整个 PC 产品（包括台式机＋笔记本电脑）的出货量翻一番，这也意味着必须保持每年不低于 15% 的复合增长率。2013 年华硕做到了，而今年的华硕看起来也相当乐观，有望实现 20% 以上的出货量增长。

如今的华硕从上到下，一直在以苹果的极致设计作为自己努力的目标。最近，从董事长施崇棠、CEO 沈振来，到一线的设计人员，都在读 *Design Like Apple*（像苹果那样做设计）这本书，他们还经常组织内部讨论。

不知多少个夜晚，施崇棠和工程师围在一起反复权衡，用左脑的思维方式走不通，施崇棠不断鼓励他们揣摩高手的杰作，用右脑思考。为了锻炼自己的右脑，之前对时尚从不关注的施崇棠，开始参加服装秀、研究宾利汽车的设计理念，他对韩剧《来自星星的你》、大陆音乐类节目《我是歌手》和《全能星战》亦不错过。

华硕 25 年，62 岁的施崇棠依旧不知疲倦地冲杀在一线，他试图第三次再造华硕，在历史进程中，华硕除了前进，别无他路。施崇棠的专业是物理学，自小就懂得编程，非凡的勇气和眼光使得他走上了一条跨领域发展的传奇道路。

华硕一直在追逐世界一流品牌的道路上成长，注重细节，注重创新，从主板做起到现在的 PC 再到手机，每一步前进都是一次冒险，每一步前进也都是一个突破，一次成功！

第二节 包容——失败是成功之母

一、法律赦免企业跳槽者

1. 硅谷包容文化的起因

硅谷（Silicon Valley），位于美国加利福尼亚州北部、旧金山湾区南部的加州圣塔克拉和圣马刁。

1930 年之前，硅谷还不叫硅谷。虽然这里有斯坦福大学等较好的大学，可是学生们毕业之后，都选择到美国东海岸去寻找工作机会。斯坦福大学的前副校长 Frederick Terman 教授发现了这一点，于是他在学校里选择了一块很大的空地用于不动产发展，并设立了一些优惠方案来鼓励学生们在当地发展创业投资事业。William Hewlett 和 David Packard 在 Terman 的指导下，于 1939 年在一间车库里凭着 538 美元启动资金建立了惠普公司（Hewlett-Packard）。惠普创业的车库，如今已经被美国政府命名为硅谷的诞生地，如图 2-4。

Terman 当时做了一个十分重要的决定，为了获取更多的科研经费出租学校的大片土地，并让这片土地建成工业园区。Terman 在 1951 年开始推动斯坦福工业园区的建立，同时他特别宣布，这个工业园区仅供高科技企业进驻。学校因此不仅从经济上受益，还从应用科技方面受到启发和激励。这些租金收入成为了斯坦福大学的重要经济来源之一，斯坦福大学也因此得到进一步的发展。这片土地后来就发展成了现在的硅谷。

图 2-4　惠普公司的创业车库

正是在这种氛围感染之下，被称为"晶体管之父"的著名物理学家威廉·肖克利搬到了这里。1953 年威廉·肖克利由于与同事的分歧离开贝尔实验室，孤身一人回到他的母校加州理工学院，1956 年他又搬到了加利福尼亚山景城（Mountain View）建立肖克利半导体实验室。肖克利的这次搬家可以称得上是半导体工业的里程碑，也正中 Terman 教授为硅谷网罗天下英才之下怀。因仰慕"晶体管之父"的大名，各地求职信像雪片般飞到肖克利办公桌上。当年即 1956 年，八位年轻的科学家从美国东部陆续到达硅谷，加盟肖克利实验室。他们分别是：诺依斯（N.Noyce）、摩尔（R.Moore）、布兰克（J.Blank）、克莱尔（E.Kliner）、赫尔尼（J.Hoerni）、拉斯特（J.Last）、罗伯茨（S.Roberts）和格里尼克（V.Grinich）。当时他们的年龄都在 30 岁以下，风华正茂，学有所成，处在创造力的巅峰。他们之中，有获得过双博士学位者，有来自大公司的工程师，有著名大学的研究员和教授，这是当时美国西部从未有过的英才大集合。肖克利慧眼识英才，青年人也都由衷地感到，今后要与肖克利一起，去改写人类电子世纪的历史。可惜因为肖克利不懂管理，脾气暴躁，还不支持用廉价、稳定的硅材料来替代昂贵、不稳定锗材料的技术研究，导致他们想大量生产晶体管，并把成本降到 5 美分的美梦破碎。

图 2-5　诺依斯等"八叛逆"

一年之中，实验室连一只三极管都没有造出来。1957 年，八位年轻人中的七人偷偷聚在一起，瞒着肖克利商量"叛逃"的办法。想来想去，他们决定自己创办一家公司。可他们也都不懂生产管理，大家一致同意"策反"诺依斯，他看起来是唯一有点儿管理才能的人。没料到诺依斯也早就萌生了"外心"。在诺依斯带领下，八个年轻人向肖克利递交了辞职书。肖克利怒不可遏地骂他们是"八叛逆"。在硅谷许多著作中，"八叛逆"的照片与惠普的车库照片，具有同样的历史价值。

肖克利这梧桐树引来这八个天才的叛逃者，这样的故事在美国的加利福尼亚州（也就是硅谷所在的州）却是受到保护的，《加利福尼亚商业与职业条例》第 16600 条，禁止任何劳动合同对员工离职后从事什么工作加以限制。这八位天才离职之后做了一件让肖克利也不得不服的事……

肖克利的实验室失败了，但是集中起这"八叛逃"却为未来一家新的伟大的公司的成功奠定了坚实基础，这一部分也要归功于法律对离职员工的保护。

2. 仙童半导体公司的诞生

诺依斯等"叛逆者"并没有放弃，他们下了决心要在硅谷创业。天道酬勤，一位名为费尔柴尔德（Fairchild，中文直译为"仙童"）的照相器材公司愿意为他们在硅谷投资办实业，从事半导体的研究与开发。于是"八叛逆"新开张的这家公司被命名为仙童半导体公司。

在诺依斯精心运筹下，公司业务迅速发展，员工很快增加到了 100 多人。同时，一整套制造硅晶体管的平面处理技术也日趋成熟。

1959 年 2 月，德克萨斯仪器公司（TI）工程师基尔比（J.kilby）申请第一个集成电路发明专利的消息传来，诺依斯十分震惊。仙童半导体公司开始奋起疾追。1959年 7 月 30 日，他们也向美国专利局申请发明专利。为争夺集成电路的发明权，仙童与 TI 两家公司开始了旷日持久的争执。

"八叛逆"中的赫尔尼、罗伯茨和克莱尔不满母公司不断把利润转移到东海岸去支持费尔柴尔德摄影器材公司的盈利，首先负气出走，成立了阿内尔科公司。随后，"八叛逆"另一成员格拉斯也带着几个人脱离仙童创办西格奈蒂克斯半导体公司。从此，之前纷纷涌进仙童的大批精英人才，又纷纷出走自行创业。正如苹果公司乔布斯比喻的那样："仙童半导体公司就像个成熟了的蒲公英，你一吹它，这种创业精神的种子就随风四处飘扬。"

作为支撑硅谷崛起的"神话"，仙童半导体公司不愧是电子、电脑业界的"西点军校"，是名副其实的"人才摇篮"。从原本创立仙童半导体的"八叛逃"离开仙童开始，一批又一批精英人才也从这里出走和创业，然而，正因为人才的大量流失，也造成了这家公司历经坎坷的商海浮沉。

3. 包容文化的直接好处

对于硅谷的工程师和员工来说，多样性和包容性的问题使他们成为众人注目的中心，也迫使大家重新思考对标榜精英管理的硅谷的看法。多样性和包容性的问题已经成为科技工作者未来共同关注的焦点。例如，硅谷女员工的参与率，精英管理的概念和现实中科技公司女工程师的真实处境相比，仍然存在着巨大的差距。

这种意识提高的背后意味着越来越多关于硅谷不良行为的消息被传出。虽然有人对文化的包容性提出反对意见，但值得庆幸的是，女性开始采取措施来保障她们在科技领域的职业生涯。揭露真相虽然很重要，但真正要改变这种性别歧视文化，最终还是要靠社会力量不断地培育下一代女工程师和女企业家来完成。

比如像 Hackbright Academy 这样的训练营专门为女性提供编程课，引领她们涉足科技行业。其他像 Dev Bootcamp 的训练营则为女性和其他少数族裔提供了有优惠的课程，旨在建立一些更有代表性的劳动力。谷歌、Facebook 和其他科技公司也会通过一些会议和活动来积极促进这种包容性的文化。

文化的改变从来不是一蹴而就的，但所有人都有责任确保每个社会成员，不论男女，都有机会发挥他们的能力让社会变得更好。如果硅谷想真正引领一个创新的世界，就需要让所有有天赋的人各展所长，打造出更加伟大的产品。

缺乏多样性的意识一直困扰着硅谷顶尖的科技公司，而近期受到重视的女性员工比例的事件提升了这种意识。多个公司公布了关于多样性的报告，从中我们能够看出，少数民族裔的员工只占了所有劳动力很少的一部分，尤其是在工程部门。但实际上少数民族裔的人口却占了美国总人口的四分之一。

在过去 20 年间成立的硅谷初创公司中，超过一半的创业团队中都有移民成员。人才在硅谷的企业中是共享的，一个人从一个公司跳槽到另一个公司就会引起文化和技术的激荡和传承。地理意义上的硅谷并不大，硅谷人享受着一种群落血缘。在某人创业初期，他必定会受到某些人的教益，而当他成功时，又会给下一代创业者建议。硅谷的包容文化使其成为一个一个薪火相传的理想国。

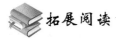 **拓展阅读**

在硅谷也有失败的公司

Everpix 被誉为"最佳大量图片储存方案之一"。公司两名创始人都是法国人，分别是 Pierre-Olivier Latour、Kevin Quennesson.Latour，都曾经在苹果工作过。这家公司的致命伤是将 180 万的启动资金几乎全部投入到产品上，没有给营销推广留下充足资金。在其他图像服务获得上百万用户的时候，Everpix 的用户量还不到两万。从 5 月份开始，Everpix 走向崩坏。最终因为融资问题，彻底破产。

Wesabe 创立于 2006 年，是一家提供财务管理服务的互联网公司，主要技术为运用电脑科技分析用户的财务资料，并借此提供适当的理财建议。在 2007 年时曾获得 400 万美金的 A 轮融资，但后来不敌主要竞争者 Mint，在 2010 年中宣布关闭服务。失败在团队意见太过单一和放弃使用 Yodlee，选择自己开发系统。

Devver 创立于 2008 年，主要提供开发者云端测试的服务，他们开发出了一套独家的技术，让开发者可以把测试工作分布在多台远端服务器上处理，这比在本地单一机器处理快许多。测试工作常常耗掉开发者许多时间，透过这个方式开发者可以把测试时间降低到只剩原来的三分之一，大大地提升了开发者的工作效率。经过评估，这项服务的市场估值高达数十亿美金。可是因为始终没搞清楚市场大小跟技术上会遇到的问题，最终也难逃失败的厄运。

二、企业宽容产品破解者

1. 乔布斯破解电话机

在 1971 年，苹果联合创始人乔布斯和史蒂夫·沃茨尼亚克（Steve Wozniak）就通过制造蓝匣子（Blue Boxes）投身商界。蓝匣子是一种可以模拟 AT&T 电话信号的设备，主要用于免费通话。

苹果创始人并不只是制造蓝匣子，乔布斯还将其面向加州大学伯克利分校的同学销售。为了展示自己的产品，他们经常拨打恶作剧电话。

显然乔布斯并未因为破解了电话机而被 AT&T 起诉，相反，乔布斯一开始的苹果采用的就是定制机的方式和 AT&T 合作进行销售的。

2. 霍兹破解苹果手机

2007 年夏季，世界上的第一台 iPhone 手机诞生。不过这款 iPhone 手机不久就被有"天才小子"之称的乔治·霍兹（George Hotz）破解了。苹果公司在发布 iPhone 的时候，是以 AT&T 合约机的形式发布的，也就是说 iPhone 的用户只能使用 AT&T 公司的网络服务，而霍兹是 T-mobile 的用户，为了能使用 T-mobile 的网络服务，于是对自己的 iPhone 进行改装，实际上也就是破解。

霍兹认为，破解的核心在于让硬件能够接收到你的指令，并按接收到的指令去做，这有点像是催眠。几周后，他找到了基本的思路。霍兹将自己破解 iPhone 的视频录下来，并把视频发送到 Youtube 上。这段视频很快就获得了 200 万的访问量。霍兹也因此一举成名，成为"青年才俊击败苹果帝国"的知名黑客。马上，他通过网络将自制的破解 iPhone 进行拍卖，换得了一辆 Nissan 350Z 跑车和 3 台新 iPhone。

霍兹破解苹果手机，并未受到苹果手机的起诉。霍兹之所以未被苹果起诉，是因为乔布斯也干过同类事（上一小节介绍的乔布斯破解 AT&T 电话），出于惺惺相惜，乔布斯表示："那我们就魔高一尺，道高一丈，让他们破解不了。"

苹果的这种自信源于技术的强大，对破解者的宽容，从另一个侧面更彰显企业的技术实力。所以，这种现象也就合乎情理了。

三、资本青睐经营失败者

1. 乔布斯成立 NeXT 公司

1984 年底，随着苹果 Mac 电脑（Macintosh，简称 Mac）销量的下滑，以及 Macintosh 开发团队部分成员及沃兹尼亚克的离去，公司员工甚至董事会都将乔布斯视为公司发展的障碍。约翰·斯卡利（John Sculley）应董事会要求调动乔布斯，乔布斯曾试图与斯卡利角力，却最终不能赢得公司大部分员工的支持。此时的乔布斯，被自己创立的公司抛弃，此时的他无异于一个失败者，即便斯卡利任命乔布斯为"全球架构师"，也改不了这个实质。后来在乔布斯一次出差时，打定了成立新公司的主意。为了成立公司，乔布斯回到苹果挖走部分重要的成员，卖掉绝大部分的股份以获得创建公司的资本，为此他也不得不辞去苹果电脑的董事长职务。随后，他创立了 NeXT 公司——以生产工作站为主业的公司。

乔布斯挖走的部分员工，主要是负责设计 Big Mac 项目，一个设计工作站的项目。这个项目在乔布斯失去开发主管职务后，被继任者让-路易·加西取消。此外，原本负责校园推广的丹·卢恩也加入其中。

2. 发布 NeXT Computer

欧洲核子研究组织的蒂姆·伯纳斯·李使用的 NeXT 工作站成了世界上第一台互联网服务器，由于业务与苹果公司一样，苹果公司曾入禀法院控告 NeXT。最后

NeXT 在 1986 年中期改变经营策略，改为发展电脑软件、硬件，不再仅限于低阶的工作站。NeXT 电脑公司的主要产品是 NeXT 电脑及基于 UNIX 的 NeXTSTEP 操作系统。1985 年年底，乔布斯曾对公司员工称产品应该定在 18 个月内推出。一年后，产品推出时间遥遥无期，面对现金周转不灵的问题，他开始寻找风投。最后，他得到亿万富豪罗斯·佩罗的关注，罗斯·佩罗为公司注资之余还协助其推广产品。

当乔布斯被询问到是否因为此电脑的推出延迟数月而不高兴时，他回答道："延迟？这部电脑可是超前五年！"

1987 年在加州落成 NeXT 建立首个工厂。1988 年 10 月，NeXT 电脑发布，并于次年正式销售，其正式名称是 NeXT Computer，但一般称为"The cube"。公司原计划每月销售 10000 台，最终却只收获每月 400 台的实际销量。

1989 年 NeXT 与经销商 Business Land 达成协议，由后者在全美国销售 NeXT 电脑。这改变了 NeXT 原本的销售模式——仅直接将电脑销售给学生与教育机构。同年日本佳能也投放一亿美元资金于 NeXT，占股为 16.67%。

1990 年乔布斯与 NeXT 推出两款个人电脑——NeXT cube 以及 NeXT station。两者皆加入了 2.88MB 的磁盘机，以方便使用者把磁盘机插上电脑。然而 2.88MB 的磁盘机在当时还未普及，而技术上使用成本也比较高昂。后来两款电脑又加装了光驱。两款电脑在 1992 年售出了 20000 台，相比起同行业对手还不算多，但也因此使销售金额达一亿四千万美元，刺激股东之一的佳能再向 NeXT 注资三千万美元作运营资金。

3. NeXT 转向软件

NeXT 由于硬件销售不畅，于 1992 年起开始授权其他硬件生产商使用 NeXTSTEP 系统，并在 1993 年中止亏损严重的硬件业务，转为专注于与 Sun 的 OPENSTEP 的软件市场开发上。

1996 年苹果电脑公司的经营管理陷入困局，市场份额由鼎盛时的 16% 跌到 4%。业务的衰退、市场份额的丢失，使得各界开始期盼有能者管理苹果公司。由于 Copland 的开发计划陷入僵局，阿梅里奥急需与外间公司合作以开发一套替代系统，让路易·加西的 BeOS 和乔布斯的 NeXTSTEP 成了选择对象。经过乔布斯的公关手段，苹果最终决定以收购 NeXT 的方法获取了他们公司的 OPENSTEP 操作系统及开发人员，并最终导致其公司老板乔布斯回归至苹果并于 1997 年取代阿梅里奥。苹果公司的操作系统 Mac OS X 就是奠基于 OPENSTEP 的基础上，而 WebObjects 则整合到 Mac OS X Server 和 XCode 中。

四、政策限制行业垄断者

1. 美国反托拉斯法

2000 年 6 月 7 日，世界软件业巨头微软公司被美国哥伦比亚特区联邦地区法院初审裁定违反谢尔曼反托拉斯法，因此将被一分为二。国内不少人感到不解的是，在90年代美国企业并购高潮中，一直在鼓励甚至支持并购的联邦反托拉斯检察机构为什么要对微软穷追猛打？由此也产生了"美国的反托拉斯法是否存在矛盾"的疑惑。

鉴于近年来美国加强了对外国在美公司的反托拉斯调查，因此，该案的审判对于有意在美国发展的我国企业了解美国反托拉斯法律及司法状况，具有重要的参考价值。

微软因何败诉？

微软公司历经25年的发展，主要依靠自己的科技开发和成功的经营，从一家不知名的小软件公司成为世界软件业巨头，如今为什么会被判定违反联邦反托拉斯法？究竟什么是垄断？什么样的商业行为会违反反托拉斯法？

其实，在美国反托拉斯法存在的100多年时间里，随着政治形势、工商业和经济形势以及人们观念的不断发展，对于什么是违反反托拉斯法的垄断和垄断行为的判断也在不断变化。反托拉斯法制定之初，垄断与否是根据企业规模和产品在相关市场上的份额来判断的：一个企业如果规模很大，产品在全国市场上占有大部分份额（如80%），那么它就很可能被判定是妨碍竞争和贸易的垄断企业。在早期的几次著名的反托拉斯诉讼中，北方证券公司解散案（1904年）、标准石油公司分解案和美国烟草公司分解案（1911年）中的被告均是由于企业规模过大，妨碍或限制了竞争和贸易而被判违反联邦反托拉斯法的。

自由竞争是市场经济的基石，而市场经济制度则是美国经济保持活力和强盛的体制保障，也是美国现行政治制度的基础。在联邦执法者的心目中，自由竞争的法则是绝不允许破坏的，正是在这样一种转变了的反垄断环境下，才出现了今天联邦反托拉斯检察机构一手批准波音兼并麦道案、一手狠打微软垄断的看似矛盾但二者却并行不悖的局面。

众所周知，在新技术领域中，技术的标准化是至关重要的；没有它，就不可能有新技术的大规模市场。

然而，新技术领域的标准化往往是通过公司或厂商间的协议而形成的。通常，这种标准化很可能会导致一家或几家公司取得市场优势或支配权。如果通过反托拉斯法对公司或厂商间的这类协议加以限制或者对这种市场优势和支配权进行限制，则可能威胁到技术创新及新经济的发展，因此，既要提高国际竞争能力，又要不违反反托拉斯法成为企业在美国发展的难题之一。

2. 网景的破产与起诉微软

关注度和创造财富这两点，没有一家公司比得上网景。这是一家位于硅谷的初创公司，其推出了称之为"网景领航员"（Netscape Navigator）的网络浏览器产品，该软件立刻获得了巨大成功，吸引了数以百万计的新网民。网景的成功和它的联合创始人——马克·安德森（Marc Andreessen）密不可分，程序员出身的他有着思维敏捷、语速飞快且极具说服力的性格特点。安德森成长于威斯康星州的一个小镇，后来进入伊利诺伊大学，主修计算机专业，并在学校的国家超级计算机应用中心兼职。在那里，他与其他几位程序员同伴共同开发了 Mosaic 浏览器。Mosaic 诞生于 1993 年，通过点击访问的方式，其将原先晦涩难懂的万维网以相对简单的方式呈现。

毕业后，安德森动身前往加州，并于 1994 年遇到詹姆斯·H. 克拉克（James H.Clark），后者是 SGI 公司的发起人，当时正在寻找下一个激动人心的项目。他们相谈甚欢，两人迅速决定成立一家公司，开发远胜于 Mosaic 的浏览器。他们找到了数名安德森以前的大学同学作为公司的核心程序员，新公司名为 Mosaic 通讯公司，即网景公司的前身。在经历了与伊利诺伊大学关于专利权方面的法律诉讼之后，他们更改了公司及产品名称，也就是人们后来熟知的网景。

网景的产品堪称划时代的发明。网景浏览器 2.0 较其前身在速度和性能上有了大幅提高，据称一度占据了 70% 的浏览器市场份额。其具备的插件架构让第三方程序员可以自行开发附加功能。网景浏览器 2.0 同时还支持 Java applet（运行于网页上的小程序），让静态网页更加生动，为用户提供动态效果体验。

1995 年的夏季和秋季对于这家初创公司来说是最好的时光，公司员工数量增加至 500 人，五倍于年初的数量。当年第四季度，公司收入超过 4000 万美元，较上一季度增长 100%。公司的销售收入主要来自于浏览器的许可费用，其他的互联网服务器及相关软件也贡献了一部分收入。当时，网景被比作"互联网领域的微软"，似乎有盖过软件巨人及其主席比尔·盖茨的势头。

1998 年美国司法部与 20 个州的司法部门在 5 月 18 日对微软提起了诉讼（这恰好也是 Windows 98 的 OEM 发布日）。政府方面的起诉理由是："在有关 Windows 方面妨碍竞争及排他性行为，以及将这一行为扩展到 IE 的活动不正当地排斥了 Netscape 等竞争对手的产品。"其内容包括"微软为普及本公司的 IE，向各个人电脑厂商施加压力，强迫他们将 IE 与 Windows 非法捆绑销售，从而排斥了竞争对手网景公司"等。

随后联邦地方法院进行了审理，1999 年 11 月，该地方法院法官 Thomas Penfield Jackson 认定"微软为垄断企业"，认为"微软为非法阻止网景的浏览器软件，利用了其在 OS 中的垄断地位"，并做出了将 IE 捆绑到 Windows 也是违法的判决。

接着到 2000 年 4 月，该法官对微软违反反垄断法做出了事实认定（但当时没有认可政府方面提出的"微软强迫个人电脑厂商签订排斥网景浏览器合同"的主张）。当年 6 月，该法官下达了将微软一分为二的修正命令，但微软对此不服，提起上诉。这样，案件的审理就转移到了联邦高等法院。

2001 年 1 月，布什入主美国白宫，此时开始有报告称布什总统做过"反对分割微软"的发言。尽管布什总统的这一意见究竟产生了多大影响还不得而知，但结果是联邦高等法院在 2001 年 6 月推翻一分为二的修正命令，下令进行重新审理。

微软与司法部在 5 个月后，即 2001 年 11 月宣布和解。与此同时，在原告方面，剩下的 18 个州中，纽约等 9 个州同意了和解案，而马萨诸塞州等另外 9 个州认为和解案对微软过于宽大，要求进行修正。

从上述例子可看出计算机行业和其他行业一样限制垄断者，如何提供企业的竞争力和市场支配力，而又不被反垄断法"惩罚"是广大计算机巨头需要思考的问题。

第三节　开放——齐心协力谋发展

一、股权制度与企业发展

1. 王安破产教训

1951 年，王安离开哈佛大学，以仅有的 600 美元，创办了名为王安实验室的电脑公司。1964 年，他推出最新的电晶体制造的桌上电脑，在其后的 20 年中，因为不断有新的创造和推陈出新之举，在生产对数电脑、小型商用电脑、文字处理机以及其它办公室自动化设备上，都走在时代的前列。至 1986 年前后，王安公司达到了它的鼎盛时期，在美国《幸福》杂志所排列的 500 家大企业中名列 146 位，王安成为美国第五大富豪，1986 年荣获美国总统自由奖章，1988 年荣登美国发明家名人堂。

在 20 世纪 80 年代末期，王安公司由于一连串的重大失误，由兴盛走向衰退。至 1992 年 6 月 30 日，王安公司的年终盈利降至 19 亿美元，比过去 4 年总收入额下降了 16.6 亿美元。同时，王安公司的市场价值也从 56 亿美元跌至不足 1 亿美元，正如十几年前王安公司神奇的崛起一般，它又以惊人的速度衰落了。

王安，一个到美国闯天下的中国人，用短短 20 多年的奋斗，创造了一个价值几十亿美元的现代神话，而仅仅不到 10 年的辉煌，这个神话又破灭了，为什么呢？

首先是王安未能激流勇退，推出新人。晚年的王安在经营上故步自封，没有发现向更廉价和多功能化方向发展的个人电脑，必将淘汰他的功能单一的文字处理机和大体型的微机。当 IBM 等公司致力发展个人电脑之际，王安未听下属劝告，拒绝开发这类产品。当电脑行业向更开放、更工业化、标准化的方向发展时，王安却坚持自己固有的专有的生产线。这时王安公司的产品不但未赶上发展兼容性高的个人电脑这一电脑新潮流，而且失去了王安电脑原有的宝贵特征和性能。在电脑这一高科技含量且高速发展的行业中，新产品开发与市场脱离必然导致一个公司的失败。

图 2-6　勇闯美国的王安

此外，王安公司衰落的另一重要原因是背离了现代化企业"专家集团控制，聘用优才管理"的通用方式，反而像许多华人企业一样，延续传统的家族管理方式，造成用人不当。首先是王安本人，青年乃至中年的王安，雄心勃勃，有胆有识。他作为一个电脑博士，有常人难以比拟的创造性。而这种独到的创新能力对电脑这个日新月异的行业来说是必不可少的。这个阶段的王安公司也因此以惊人的速度崛起了。晚年的王安，不但失去了敏锐的判断力，而且故步自封，王安公司也因此失去了电脑行业中领先的地位，开始走向衰落。他沿用家族管理方式，让大儿子接替自己，不但不能弥补过去的失误，而且使公司雪上加霜，江河日下。

2. 微软股权激励

股权激励就是把公司的股份作为员工的奖励工具，是一种较为先进的激励方式。据统计，美国的 500 强企业里，有 90% 通过实施股权激励之后，生产效率提高了三分之一，利润提高 50%，几乎所有的 IT 企业实行了股票期权激励机制，股权激励的主要好处就是吸引和留住人才，尤其是企业核心与关键性人员，通过股权激励将员工与企业捆绑在一起，形成双赢的效果，这个做法从硅谷的诸多 IT 公司创业之初便已开始，国内 IT 公司也基本沿用。

IT 类企业实施股权激励的特点：

● IT 企业对技术和技术人才依赖性强

IT 中小企业对技术和技术人才的依赖性尤为突出，如果 IT 中小企业一旦拥有某项关系到企业发展前景的核心技术，发展将非常迅速，并且这种核心技术往往掌握在极少数技术骨干手中。

● 专业技术人才流动性强

IT 企业，特别是初建时期的中小 IT 企业，没有能力像上市 IT 企业那样支付给核心技术人员高薪报酬，要想留住核心技术人才，还必须在物质上对这些人才给予特殊的激励，激励要有力度，激励要有长期性，使核心技术人才能长期地发挥作用。

● 高风险性

由于技术创新的不确定性和市场竞争非常激烈，中小 IT 企业面临着很大的风险。美国中小 IT 企业 10 年间的存活率在 5%~10% 之间，新创业企业意欲上市并最后成功上市的概率为百万分之六，计划上市并最后上市的概率为千分之六，十年后约有 25% 的新技术企业由于种种原因不复存在。

● 高回报和高成长性

中小 IT 企业往往凭借其良好的概念、市场前景和业绩成长性成为资本运作的热点追逐对象，IT 科技产品或服务一旦在市场上获得成功，企业能有明显的市场竞争优势，产品和服务的回报率高，企业能以超常速度成长。

小贴士：微软公司的股权激励

微软公司很早就采用股权激励，前期阶段以股票期权为主，后期主要以限制性股票为主，股权激励的对象为：董事、管理人员和雇员，几乎覆盖全员。到 2000 年时，微软公司 80% 的员工拥有认股权，然而它给员工的认股权，不纯粹属于福利性质，而是带有一定的竞争性。认股权的获得，是以员工对公司的贡献作为基础的。微软通过这种股权激励计划，在全球 IT 行业持续向上的时候，吸引和保留了大量 IT 行业内的顶尖人才，公司的核心竞争力得到了极大的提高，使公司持续多年保持全行业领先地位。

从 2003 年开始，微软公司的激励标的物转而采用向其 5 万名员工发放限制性股票的方式。微软之所以这么调整，是因为随着高科技行业的衰落，吸引和留住人才的压力和成本都在下降，而若继续使用股票期权激励会由于其高昂费用造成公司的成本劣势，竞争力下降，因此随着行业景气度的变化，微软及时调整了激励标的物。

3. 合伙人制度

（1）合伙人

合伙人是公司最大的贡献者与股权持有者，是既有创业能力，又有创业心态，在公司未来一个相当长的时间内能全职投入预期的人，合伙人之间是长期的深度绑定，合伙人的重要性超过了商业模式和行业选择，比你是否处于风口上更重要。

创业其实是个高危选择，大家看到成功的创业公司背后都倒了一大片。不少今天很成功的企业，当初都经历过九死一生。比如说阿里巴巴，马云带领的团队 1995 年做中国黄页，失败。接着 1997 年做网上中国商品交易市场，算是阿里巴巴雏形，还是失败了。阿里巴巴今天的商业帝国，大家看到的是淘宝、支付宝和天猫等明星产品，其实最有价值的是背后的团队，尤其是马云和他的 18 个联合创始人。

（2）众筹模式

"众筹"一词源于"Crowd Funding"，即大众筹资，指"利用网络平台集中个体力量以支持由某些个人或组织发起项目的一种筹资形式"，回报众筹主要为了募集运营资金、测试需求。随着互联网及移动通讯的迅速普及、社交媒体的盛行、电子商务的快速发展，众筹逐渐进入公众的视野，成为初创企业和个人为自己的项目争取资金的一个渠道。

二、苹果电脑与 PC 兼容机

1. 苹果电脑

苹果电脑就是苹果公司，原称苹果电脑公司（Apple Computer，Inc.）设计制造的电脑，搭载苹果公司自主研发的苹果系统 Mac OS X、OS X、macOS 的电脑。目前苹果电脑主要有 MacBook、MacBook Air、MacBook Pro、IMac 和 iMac Pro 这几款。

苹果电脑凭借其性能优良的操作系统和美观时尚的外形设计获得世界范围内"果粉"的喜爱，2017 年第一季度苹果电脑占据全球个人电脑份额为 6.8%。

性能超好的苹果电脑，价格也是让许多消费者望而却步。苹果电脑的平均售价在一万元人民币上下。

2. 苹果销售瓶颈

苹果系统是封闭系统，也不授权他人生产。这种封闭性在某种程度上有利于苹果，显得更加安全，也使得盗版软件无处遁形。由于苹果电脑硬件和其他品牌电脑不兼容，要达到苹果电脑的最佳使用效果就需要全套苹果配件，这种封闭使得苹果电脑销售量始终上不去，并直接导致乔布斯的离职。

相反，PC 兼容机（兼容机，就是由不同公司厂家生产的具有相同系统结构的计算机，简单点说，就是非厂家原装，而改由个体装配而成的机器，其中的元件可以是同一厂家出品，但更多的是整合各家之长的计算机）就开放许多，硬件接口相互兼容，自己组装一台兼容机或委托第三方组装一台兼容机的难度大大降低。随着计算机硬件知识的不断普及，个人兼容机市场发展十分迅速，甚至大有挤压苹果电脑市场份额的势头。

 拓展阅读

乔布斯的"海盗"创新

1. "海盗"式的原始积累

创办苹果公司后，乔布斯在办公室里挂了一面海盗旗，他对海盗的理解是："忘掉一些规则，尽可能地以最极端的思维方式来思考。"因为这种"狂妄"的性格，乔布斯在 1985 年推出 Mac 机时"过分夸大"了优点。但缺乏软件等缺点使 Mac 机销售不佳，随后他被自己创建的公司放逐。

失去苹果公司后，乔布斯创立了 NeXT 公司。不久他又从《星球大战》导演卢卡斯那里购买了皮克斯工作室，皮克斯的动画生产方式颠覆了现有的电影流水线，但由于 NeXT 电脑成本过于高昂，皮克斯的动画软件销售又不顺利，NeXT 和皮克斯在 1991 年都陷入山穷水尽。

绝境中的乔布斯向动画巨头迪士尼推销了皮克斯的作品，借助《玩具总动员》的巨大成功，皮克斯成功上市，乔布斯重新证明了自己。陷入困境的苹果公司在 2007 年通过收购 NeXT，再一次请回乔布斯。

2. 从"海盗"到"创新"

乔布斯重返苹果公司后，选择数字音乐播放作为突破口。这使他面临强敌——大

唱片公司。他仍然保持早年的"海盗精神"，孤身闯入当时的唱片分销体系，采用几乎已被大公司在法律上判死刑的 MP3 格式，开创了音乐在线销售的新领域。

此后使乔布斯屡创辉煌的 iTunes、iPhone 等系列产品，均延续了乔布斯的"海盗风格"：使用优秀的工业设计和功能推出新品，颠覆原有格局，开创全新领域。乔布斯在每一款苹果产品优雅秀丽的外表下，注入的都是一个挑战既有规则、探索未知领域的"海盗灵魂"。当这位高举海盗旗的领袖溘然长逝的时候，也许最期待的祝词就是"船长远行"。

三、开源与技术封闭之争

1. 开源与封闭理念之争论

软件业一直存在两种模式，一种为开源模式，一种为封闭方式。开源模式是软件业发展的起点，电脑刚开始出现的时候，软件并不以独立的形式出现，而是跟某种硬件绑定的，而且门槛很高，非专业软件人员玩不转，那时的软件是开源的，各位编程者也乐于将自己的软件代码分享给其他人，这样也促进了软件的发展。

自从微软和苹果出现以后，软件业走进了封闭模式，原因在于，软件已经独立于硬件，而形成了一个独立产业，围绕该产业的发展和利益，软件的封闭化也成为必然。

但开源模式也没有消减，一直有发展，最近的发展是 Linux 操作系统和 Android 手机操作系统，这两大开源系统吸引了众多的开发人员和硬件厂家，形成了一个开源生态环境。

企业开源，必须自顶向下，最高领导必须切实赞同，仅仅是"随便他们去玩玩吧"是不够的。而最高领导的切实赞同，又取决于一个企业是否真正意识到（并且相信）开源能够给企业带来好处。较之专利与基础研究，开源对于企业的价值，会以更加复杂、交错、间接的方式体现出来。由于涉及不可控的外部交流，开源是有利有弊的。这使得企业评估开源为企业带来的利益，更加困难。所以，在获得实际的回报之前，对于开源，是需要有某种信仰。

企业开源，必须持之以恒，个人玩开源，随时可以加入，随时可以退出，不仅仅是软件自由，人也是自由的。但是，企业开源，绝对不能玩玩而已，高兴的时候办一个网站，没兴致了，就随手一关，这种事情，对于企业的形象和声誉，是有相当大损害的。

企业开源，必须在内部找到持久的动力，开源不仅仅是开放源代码，更重要的是由此引发的企业技术文化的演进，如何在企业内部传播并推进一种开放、活泼、自由、创新的文化，是必须在制度层面解决的大问题。

开源大致包括以下几个方面：

● 操作系统开源，以 Google 的 Android 为例。由于 Google 的开源政策，Android

在移动领域的占有率一直在持续上升，则将为 Google 移动领域的领导地位，奠定坚实的基础，由此带来的价值难以估量。

● 平台类开源，以 Firefox 和 Chrome 为例。作为上网的入口，浏览器的市场占有率对于企业的利益有着战略级别的影响，如果不以开源的方式来做，IE 的地位几乎是不可撼动的。

● 语言开源，Google 开源了 Golang，爱立信开源了 Erlang，Sun 开源了 Java，其中以 Java 占据了最为广阔的开发者市场，可以毫不客气地说，如果没有 Java，Sun 早就不存在了。而 Sun 公司围绕 Java 进行的一些开源项目的开发和推广，也是 Sun 公司能够持续扩大 Java 影响力的关键。

● 参与或赞助开源项目的开发，由于企业原本就会用到某个开源项目，比如 Linux，比如 OpenStack，比如 Hadoop，比如 MySQL。企业的内部员工，会参与到这些开源项目中去，共享全球开源协作的开发成果，同时也对这种重量级的项目施加符合自己利益的条款。

● 被迫开源，由于授权协议（License）的限制，企业在使用、修改、分发了某个开源项目时，必须遵守相应的开源协议，以避免不必要的利益损失和形象损失。

当然，企业参与开源的形式还有很多，以上五种，可以说是比较能够向 CEO 们讲得明白的价值。任何企业，如果不能找到参与开源带给自己的价值，他们的开源终归是无法长久的。

2. Windows 的发展历程

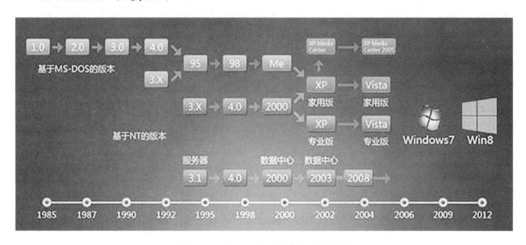

图 2-7　Windows 系统的发展历史

Microsoft Windows，是美国微软公司研发的一套操作系统，采用了图形化模式 GUI，比起从前的 DOS 需要键入指令使用的方式更为人性化。它于 1985 年问世，起初只不过是 DOS 模拟环境，随着电脑硬件和软件的不断升级，微软的 Windows 也在不断升级，也慢慢地成为家家户户最喜爱的操作系统，Windows 改变了世界。

1975 年，19 岁的比尔·盖茨从哈佛大学退学，和他的高中校友保罗·艾伦一起卖 BASIC 语言程序编写本。后来，盖茨和艾伦搬到阿尔伯克基，并在当地一家旅馆房间里创建了微软公司。1977 年，他们微软公司搬到西雅图的雷德蒙德，在那里开发 PC 机编程软件。1980 年，IBM 公司选中微软公司为其新 PC 机编写关键的操作系统软件，这是公司发展中的一个重大转折点。由于时间紧迫，程序复杂，微软公司以 5 万美元的价格从西雅图的一位程序编制者帕特森手中买下了一个操作系统的使用权，再把它改写为磁盘操作系统软件（MS–DOS）。

IBM–PC 机的普及使 MS–DOS 取得了巨大的成功，因此在 80 年代，它成了 PC 机的标准操作系统。微软的 Windows98/NT/2000/Me/XP/Server 2003 成功地占有了从 PC 机到商用工作站甚至服务器的广阔市场，为微软公司带来了丰厚的利润。公司在 Internet 软件方面也是后来居上，抢占了大量的市场份额。甚至在 IT 软件行业流传着这样一句告诫："永远不要去做微软想做的事情。"微软的巨大潜力已经渗透到了软件界的方方面面，无孔不入，所向披靡。

3. UNIX 和 Linux

（1）UNIX 与类 UNIX

UNIX（尤尼斯）操作系统，是一个强大的多用户、多任务操作系统，支持多种处理器架构，最早由 Ken Thompson、Dennis Ritchie 和 Douglas McIlroy 于 1969 年在 AT&T 的贝尔实验室开发。目前它的商标权由国际开放标准组织所拥有，只有符合单一 UNIX 规范的 UNIX 系统才能使用 UNIX 这个名称，否则只能称为类 UNIX（UNIX–like）。

（2）Linux 和 UNIX 的区别和联系

Linux 和 UNIX 的最大的区别是，前者是开发源代码的自由软件，而后者是对源代码实行知识产权保护的传统商业软件，这种不同体现在用户对前者有很高的自主权，而对后者却只能去被动地适应；这种不同还表现在前者的开发是处在一个完全开放的环境之中，而后者的开发完全是处在一个黑箱之中，只有相关的开发人员才能够接触到产品的原型。

● Linux 支持的硬件范围和商业 UNIX 不一样，一般来说，商业 UNIX 支持的硬件多一些，可是 Linux 支持的硬件也在不断扩大。

● Linux 是免费软件，用户可以从 Internet 网上下载；商业 UNIX 除了软件本身的价格外，用户还需支付文档、售后支持和质保费。

● 许多商业公司和大学等单位已经发现，在实验室用廉价的 PC 机运行 Linux 比用工作站运行商业 UNIX 还好，Linux 可以在 PC 机上提供工作站的功能，而 PC 机的价格是工作站的几分之一。

（3）UNIX、Linux 阵营与 Windows 阵营的较量

UNIX、Linux 阵营和 Windows 阵营孰优孰劣一直是被长久争论的话题，而从其

原点来看，Windows 和 Linux 以个人用户为起点，面向个人和家庭用户。Windows 以便利和友好的优点基本达成了对桌面系统的统治，而 Linux 由于硬件驱动和娱乐软件的缺乏，用户集中在软件开发者和科研人员，市场占用率远不及 Windows。另一方面，UNIX 系统初始是为小型机、服务器所设计，但过去若干年也开始向桌面扩展，并靠 Android 和 IOS 的崛起统治了智能终端。

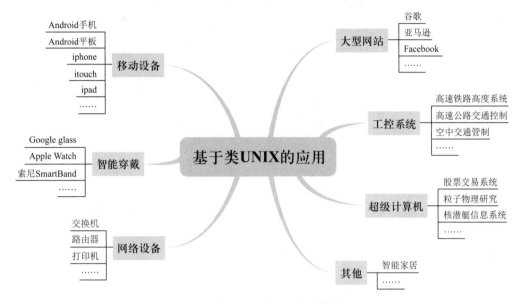

图 2-8　类 UNIX 在不同领域的应用

下面，我们主要比较同样是面向个人用户的 Linux 和 Windows 的区别。

● 闭源与开源

Windows 下面的程序基本都是封闭源代码的，在 Windows 下面开发，不太容易找到可以参考的类似你要完成功能的开源项目。很多 Linux 下面开源的程序被移植到 Windows 下面来，但是 Linux 下面开源的程序增加得更多了。

在 Linux 下面开发，当你要开发一个新项目时，可以寻找类似功能的开源项目源代码来做参考，对其中的算法、架构设计等做一个详细的了解，然后自己开发的时候就会比较得心应手了，可以规避别人犯过的错误，少走很多弯路。

● 收费与免费

Linux 与其他操作系统的区别在于 Linux 是一种开放、免费的操作系统，而其他操作系统都是封闭的系统，需要有偿使用。当我们访问 Internet 时，会发现几乎所有可用的自由软件都能够在 Linux 系统上运行。有来自很多软件商的多种 UNIX 实现，UNIX 的开发、发展商以开放系统的方式推动其标准化，但却没有一个公司来控制这种设计。因此，任何一个软件商（或开拓者）都能在某种 UNIX 中实现这些标准。

微软的 WinCE 向手机商收授权费而谷歌的 Android 却是完全免费的，可以看到，

WinCE 到目前为止都没有什么大的进展，相反 Android 却早早地占领了移动设备的一大片。两者的优点十分明显，免费的 Android 简单、便宜而且应用丰富，收费的 WinCE，封闭性和安全性较好，较为稳定也容易和 Windows 系统集成。缺点也是显而易见的，Android 太吃硬件，过于占用内存，WinCE 设备后续芯片厂家不再出货，导致体统上的设备无法保障。

小贴士：Linux 不如 Windows 普及的原因

Linux 不容易上手，多数时候是使用文字界面，靠键盘输入命令来进行操作，虽然也有 GUI 界面，可在其使用和外观上没有 Windows 做得精细、美观和便捷。而 Windows 则是使用鼠标、图形界面来完成大部分的操作，这对于大多数用户来说，是很关键的。

对于 Linux 来说，其外部支持的软件不是很多，大多数公司因为软件开发成本、市场销售等原因，往往只推出 Windows 版本，市面上公开销售的 Linux 版本软件寥寥无几。而 Windows 版本的则是漫天乱飞，特别是对于游戏软件来说，支持 Linux 的真是如凤毛麟角般难找。

四、模仿扼杀与开放共赢

创新可分为三类：建立在前人研究基础之上的创新、完全颠覆式的创新和渐进式的创新。互联网领域很多所谓的创新大都是对他人的模仿。

1. 模仿只会扼杀创新

细小的创新根本不能为处于创业初期的小企业带来任何防止被模仿的技术壁垒。往往一些新事物出现，都会冒出非常多的模仿者，"共享单车"就是个最好的例子。这时候，许多大公司就往往依靠雄厚的资本和实力，从模仿逐渐到超越，再到扼杀。这样为了前期创新而投入的公司就会血本无归，无法构建技术壁垒，更无法继续创新，形成恶性循环。

如此说来，小公司创新是不是没有出路了？其实不是，大公司对创新的小公司进行收购就是一个很好的模式。因为创新被溢价收购后，更有动力进行新的创新，同时才有资源构建技术的壁垒，这样就会形成良性循环。例如，DeepMind 是一家主要从事博弈研究的人工智能公司，被谷歌收购后，获得了更多的经费和硬件资源。其人工智能的技术也得到了飞速的发展和强大的计算资源的支撑，几年后便开发出 AlphaGo，横扫人类棋手，震惊围棋界。

2. "3Q 大战"事件及带来的启示

2010 年 9 月 27 日，"360"发布"隐私保护器"，专门搜集 QQ 软件是否侵犯用户隐私。随后，QQ 立即指出"360"浏览器涉嫌借黄色网站推广。2012 年 11 月 3 日，腾讯宣布在装有"360"软件的电脑上停止运行 QQ 软件，用户必须卸载"360"软件才可登录 QQ，强迫用户"二选一"。双方为了各自的利益，从 2010 年到 2014 年，上演了一系列互联网之战，并走上诉讼之路。

"3Q 大战"引发的"腾讯垄断案"前后历经四年，"360"诉腾讯反垄断的最终结果已无关紧要。这四年恰逢 3G 技术、智能手机、云计算、大数据的普及。针对腾讯的反垄断调查，客观上迫使巨头放弃"模仿＋捆绑"模式，为中国互联网创业、创新营造了更为良好的环境。反垄断催生互联网新生态、促进互联网回归创新本质。

通过这场激烈的"3Q 大战"，腾讯开始反思过去的商业模式，逐渐由此前的"封闭平台、模仿对手、伺机超越"的自建网络模式，开始向中小企业甚至个人创业者开放自己的互联网平台，通过收购、投资和兼并方式，积极构建以腾讯为核心的产业生态圈。

同样，"360"这家互联网创业型企业，也完成了自身发展跨越，继续稳居杀毒软件市场首位、突破搜索市场百度一家独大格局、进军安全浏览器等产品领域。

此后，阿里、新浪等众多中国互联网公司纷纷宣布实施开放平台策略，中国互联网就像久旱逢甘霖一般，大踏步地进入开放时代，2011 年因而被誉为中国互联网的"开放元年"。

3. 互联网企业的开放共赢思维

（1）"平台现象"不新鲜

近年来，国内外大型互联网企业纷纷开放其业务平台，共享入口、数据、用户等资源，吸引业界主体入驻，构建起多方深度协作、利益共同分享的服务平台，进而以自身平台为核心来打造产业生态系统，形成了一个以某家企业为主导的产业生态体系。

实际上，"平台现象"在大型机、个人电脑时代早已有之，IBM、思科、微软等公司依托核心软硬件能力称霸一个时代，但当时的平台以封闭平台为主。到互联网时代，纵观各类互联网业务应用的商业模式，除少数业务外，绝大多数互联网企业在深耕某项核心业务并巩固龙头地位之后，往往采用平台化的业务扩张战略。比如，2007 年，Facebook 高举开放平台大旗，掀起了新一轮的互联网平台战略热潮，其双向开放的特征进一步汇聚了供给方的资源，Facebook 的巨大成功，引起谷歌、微软等巨头的高度重视，随即快速跟进。BAT（百度、阿里巴巴、腾讯的简称）等国内互联网企业随后也认识到了这一趋势，并着手全面实施开放平台战略。

（2）开放平台四种路径

各类企业在转型打造平台的过程中，采取了不同路径，具有新的特征。依据平台的发展路径和开放的资源，可以分为以下四类模式。

● 依托核心软硬件能力，打造从软硬件向应用拓展的纵向一体化平台。以谷歌、苹果、小米等企业为代表，着力打造以操作系统为基础、以智能终端为纽带、以应用商店为载体的产业生态体系。

● 依托强大的基础设施实力，打造云服务平台。以亚马逊、微软、阿里巴巴为代表，通过宽带网络为中小企业提供低成本、动态可扩展的云计算服务，包括计算能力、存储能力、研发环境等。

● 依托强势应用，打造应用平台。以腾讯、阿里为代表，凭借微信、淘宝等"超级应用"，以灵活多样的方式，形成了集即时通信、互联网金融、O2O电子商务、媒体于一体的应用平台。

● 依托行业优势主动转型，打造跨界融合平台。以海尔为代表，在传统产品销售遇到瓶颈的情况下，海尔发挥品牌和供应链优势，搭建第三方互联网平台，通过众包、个性化定制、移动O2O等方式，在产品研发、生产、销售、服务全周期与用户互动，汇聚用户需求与创意，形成了传统行业与互联网跨界融合的平台。

（3）开放共赢

近年来互联网浪潮的到来，并没有对家电等传统实体产业造成毁灭性打击，一些传统的实体企业充分借助线上的互联网平台资源，积极打造"线上线下一体化"融合模式，来自于互联网的冲击足以改变传统的商业模式：要打造一个开放共赢的大平台，而不是谋求"一家独大、一家独享"。

如果回到过去10年甚至5年前，两个不同领域的老大跨界合作，都会被认为是绝对不可能发生的事情。但进入互联网时代发展的新阶段，围绕用户需求和商业利益的最大化，不同领域之间企业与企业间合作将成为一种常态。

未来，互联网不会成为一个新兴产业，而是会在对传统产业的激活过程中，变成传统产业"升级转型"的工具和平台。如今，已经成长为行业巨头的腾讯、阿里们应该更加清醒地认识到，在与竞争对手的较量中，封闭、保守、独享只会让自己变得越来越小，而不是越来越大。只有继续坚持"开放共赢"的理念，才能真正满足已经步入移动互联网时代的产业环境和消费。

第四节　创新——持续颠覆换新颜

一、硬件"城头变换大王旗"

在个人计算机的发展历史上，涌现了许多生产商，它们的成功和失败都蕴含着一个不变的真理——创新。只有持续的创新，才能在激烈的竞争中生存下来和发展自己。本书将以DEC、Sun和康柏公司为例，讲述它们的成败和贯穿其中的创新真理。

美国数字设备公司（Digital Equipment Corporation，简称DEC）于1957年成立。1959年12月，DEC公司向市场推出了它的第一台计算机PDP-1的样机。这是一种人机对话型计算机，其售价低廉到只是一台大型机的零头，而且体积较小。它的推出受到市场的欢迎。1962年是DEC的第五个财政年度，公司销售额为650万美元，净利润807000美元。

在生产PDP-1的同时，DEC开始考虑研制两个新产品PDP-2和PDP-3，不料都失败了。PDP-4艰难上市，但却受到冷遇。1963年到1964年度，DEC生产状况开始每况愈下，利润也大幅度滑落。当计算机朝着复杂而昂贵的方向发展时，DEC总裁奥尔森却大胆创新。在1965年秋季，DEC公司推出了小巧玲珑的PDP—8型计算机，价格便宜。许多计算机经销商被它吸引住了，希望把它纳入自己的系统，按照自己的要求添置硬件，编写软件，作为自己的产品整体出售。奥尔森支持这种改装，因为这样做可以使公司免去高成本、高强度的软件编写工作。因此，计算机行业里一种新的销售方法——销售原始设备（OEMS）就应运而生了。不久，原始设备的销售额占了DEC销售总额的50%，公司财源滚滚而来，甚至连奥尔森和他手下的决策者们也始料不及。

1981年8月IBM公司首次将其个人计算机公布于世，整个市场被席卷。留给DEC的时间已经不多了，必须奋起直追。忙中出乱，在这个关键的时刻奥尔森又犯了一个致命的错误。他决定同时研制、生产并向市场推出三种机型Professl-on-al、彩虹100及DECmate Ⅱ型，他认为这种机型各自的性能不同，要让市场去发现哪种最适用。可惜市场的确是发现了哪种最适用，那正是IBM，不是DEC。个人机的失败使DEC受到沉重的打击。

当时DEC的工程师贝尔认为，IBM的宗旨是为专门化的新市场提供以不同结构为基础的、用途单一的各式计算机，并没有考虑到这些机器的兼容性，使得这些机器无法自由交谈，也无法交换使用软件，但用户迫切要求打破规则和功能的类别界限。贝尔提出VAX战略，目标就是通过使用单一结构而达到简化，而不会受到硬性分类的束缚。贝尔认为，利用这些优势，DEC一定会在80年代迎头赶上IBM。不出所料，DEC推出VAX战略的第一个产品VAX8600后，公司的收入和利润开始迅猛上升，并于1985年跃至《幸福》杂志500家首富的第65位。正如贝尔所预料的那样，IBM陷入了自己无意间设下的陷阱中而难以自拔。

但是从20世纪80年代末到90年代这段时间，DEC作出了许多糟糕的决定。到1998年5月18日，康柏公司收购了有着38000名雇员的DEC，结束了DEC在历史舞台的演出。DEC的失败原因有许多，这里我们列出主要的几条：

①销售观念落后：DEC公司的创始人，也是一直的CEO奥尔森，工程师出身的他，对于销售并不了解。他曾说过"一款优秀的产品能够自己被卖出去"。这句话深刻地反映了DEC公司对于产品宣传和销售的立场。他同时还认为"每家每户都拥有一台电脑是不可能的"。也许这些想法放在以前是正确的，因为当时的计算机产量很少，价格高昂。不过进入20世纪末，当时每年要销售数百万台计算机，计算机的销

售网点遍布全美，消费者可以很轻松地买到适合自己的电脑。与此同时，购买计算机的消费对象也发生了变化，消费的主体从技术/专业人员转移到了普通人群中。对于市场变化不够敏感，仍然用向专业人员销售的方法，向普通消费者兜售产品，是注定失败的。

② 故步自封错失良机：1991 年 2 月，DEC 公司推出了 EV4 处理器。与此同时，Apple 的工程师们正在为公司的产品寻求一款性能更好的处理器，而 EV4 的推出给他们留下了深刻的印象。于是 Apple 公司曾在同年 6 月向 DEC 提出希望能够在今后的Apple 电脑中，使用 DEC 的新处理器。不过 DEC 认为 EV4 推出市场的时机还不成熟，而且 VAX 架构的潜力也还没有充分挖掘出来，因此拒绝了 Apple 的请求。数月之后，Apple 就推出了基于 IBM 和 Motorola 所开发的 PowerPC 的 Macs。因此，DEC 不接受新的计算机生产模式，故步自封导致错失良机，为最终的破产埋下了伏笔。

Sun 公司（Sun Microsystems）创建于 1982 年，主要产品是工作站及服务器，1986 年在美国成功上市。1992 年 Sun 推出了市场上第一台多处理器台式机SPARCstation 10 system，并于 1993 年进入财富 500 强。Sun 工作站早期采用摩托罗拉公司的中央处理器。1985 年，Sun 公司研制出自己的 SPARC 精简指令集（RISC）处理器，将工作站性能提高了一大截，并且保证了工作站在对 DEC 和惠普小型机的竞争中最终胜出。在 90 年代前期很长的时间里，Sun 公司的竞争对手是小型机公司和 SGI 等图形工作站公司，虽然在具体的商业竞争中，Sun 和 DEC 等公司互有胜负，Sun 公司的胜利，实际上是基于 UNIX 服务器和工作站的系统对传统集中式中小型机（以 DEC、惠普为代表）和终端系统的胜利。前者淘汰后者是计算机和网络技术发展的必然趋势。

在 90 年代末由于互联网的兴起，Sun 公司的服务器和工作站销路太好了、太挣钱了。虽然 Sun 公司的中小企业市场份额不断被微软与英特尔的联盟侵蚀，但是它也在不断占领原来 DEC 和惠普小型机的市场并有足够的新市场可以开发。因此，它的整体业务还在不断扩大。从 1986 年到 2001 年，Sun 公司的营业额从 2.1 亿美元涨到183 亿美元，成长率高达平均每年 36%，能连续十五年保持这样高速度发展，只有微软、英特尔和思科做到过。在这种情形下，很少能有人冷静地看到高速发展背后的危机。Sun 公司当时不自觉地沉溺于在硬件市场上的胜利，忽视了来自操作系统领域（主要是微软）的新威胁。但当 2000 年互联网泡沫破碎时，Sun 公司以服务器和工作站为主的硬件业务便急转直下。2002 财政年度，它的营业额就比前一年跌掉了三成，并且从前一年盈利九亿美元跌到亏损五亿美元。Sun 公司找不到稳定的利润来源和新的增长点，便江河日下，一下从硅谷最值钱的公司沦为人均市值最低的公司。

Sun 公司从 1982 年成立到 2000 年达到顶峰用了近二十年时间，而走下坡路只用了一年，足以令经营者引以为戒。2009 年 4 月 20 日甲骨文以现金 74 亿美元收购了Sun 公司。

康柏电脑于1982年2月成立，最初的产品是IBM的第一个版本的兼具便携性与兼容性的个人电脑，算得上是当今笔记本电脑的始祖了。尽管它不是世界上生产出的第一种便携型电脑，但它却是IBM生产的第一种便携型电脑，依靠IBM这个蓝色巨人的影响力，很快得到了市场的认可。康柏电脑第一年就卖出了53000台。

当年，随着IBM286电脑上市，许多电脑公司也推出了IBM兼容电脑，其中康柏286电脑由于图形能力更强，外观设计精巧，很快受到市场瞩目。康柏立即成为美国商界的成功典范，开业第一年销售额高达1亿多美元。

后来，IBM公司推迟发售装有英特尔386芯片的个人计算机，以保护自己的低端大型计算机销售市场。但是，IBM这一次却错误估计了市场形势。一马当先的就是康柏。康柏在1987年推出了第一台采用由英特尔公司设计的新一代计算机——x86系列中的第一种32位处理器——80386PC机。1988年销售收入报告销售额高达12亿美元。1997年康柏公司的收入高达250亿美元，年增长速度为24%，位居世界前列。

1998年康柏收购DEC，并最终走向失败，最主要的教训，第一是文化方面的冲突，双方没有足够的准备；另外一方面，销售渠道充满冲突，康柏对销售的整合是不成功的。康柏是卖个人计算机的，预期月销量就是几万台。而DEC的代理都是行业大客户，做的主要是小型机，一年也就卖三五台机器，然而这个机器价格都特别高，每台都几百万元。DEC和康柏的代理，是两种不同的模式，代理商的前线比较混乱。结果，在康柏收购了DEC的三年中，销售队伍、销售渠道折腾来折腾去，销量直线下降。没用几年时间，在2001年康柏公司和惠普合并，站着今天的角度实际上是惠普吃掉了康柏这个品牌。

二、五笔字型的速录革命

在五笔字型输入法发明之前，汉字输入方法主要有拼音输入法、语音输入法和手写输入法。这些输入法都有输入速度慢的通病，语音和手写输入法还有一定的识别错误率。因此，在个人计算机迅速普及的20世纪80年代，亟须一种快速的汉字输入法。

王永民，教授级高级工程师。以五年之功研究并发明出五笔字型，以多学科之集成和创造，提出"形码设计三原理"，首创"汉字字根周期表"，发明25键4码高效汉字输入法和字词兼容技术。在世界上，首破电脑汉字输入每分钟100字大关，获中、美、英三国专利。他发明的五笔字型，开创了电脑汉字输入的新纪元，被誉为"把中国带入信息时代的人"。

这位至今仍自称是"一介书生、半个农民"的名人，始终关注着信息时代的汉字命运，并将毕生精力和智慧投入了汉字产业。

他认为，在电脑和手机上用拼音输入汉字，实际上是在"用拼音代替汉字"。长此以往，必然使越来越多的人提笔忘字，甚至不会写字，报纸、书籍、电视屏幕上的错别字将越来越多。他认为，造成这一严重危机的根源，就是人们把"拼音字母"

当成了思维和书写的载体，而汉字的灵魂笔画和结构，却蜕变成了汉字的"第二层衣服"，亦即成了"拼音字母"的衣服。这种主客易位、本末倒置的做法，是对汉字的自我疏远，对汉字文化的自动阉割。

五笔字型输入法的问世和应用，对于我国的汉字技术、汉字文化走向世界，使国际人士更容易在电脑时代学用汉字，都具有重大意义。

王永民1962年参加高考时，以南阳地区第一名的成绩考入中国科技大学无线电电子学专业，给他上课的老师是华罗庚、严济慈、钱学森、马大猷等人。王永民在中国科技大学的六年里，聆听了老一代科学家的教诲，养成了科学家必备的严谨的思维习惯和认真态度，同时他还具备了传统知识分子的爱国精神与忧患意识，兼具发明家的头脑和文人的情怀。

技术创业，即使产品再好，推广初期都会有一段艰辛之路。在研究五笔字型的日子里，王永民很少休息，每天工作十多个小时。长期的营养不良，使得王永民经常旧病复发。为了让社会认可并普及五笔字型这项发明，王永民1984年前往北京，连住地下室的7元房租都出不起。那段时间，王永民穿梭于北京各大部委机关，早出晚归努力推广五笔字型。两年下来，五笔字型被部委机关接受并开始普及，联合国50个打字员，49个都在使用五笔字型。

在公司20多年的发展历程中，王永民经历过很多事情，自己做过原告，也做过被告，资金紧张、员工辞职等事情，他也遭遇过不止一次。但是，他认为，要想做好一件事情，就不能惧怕别人的诽谤和争议，必须得执着和务实。

三、朗科的移动 U 盘革命

软盘驱动器曾经是电脑一个不可缺少的部件，在没有硬盘的年代，它为我们启动计算机，还能用它来传递和备份一些比较小的文件。软盘开始是 5.25 寸，后来发展成 3.5 寸。软盘内部的磁性盘片上涂有一层磁性材料（如氧化铁），它是记录数据的介质。在外壳和盘片之间有一层保护层，防止外壳对盘片的磨损。通常使用的软盘容量是 1.44M。如图：

图 2-9　5.25 寸和 3.5 寸软盘

使用软盘存储数据需要很多注意事项，例如数据在遵守以下诸多规则时，仅仅可以保存 5 至 8 年的时间：不能划伤盘片，盘片不能变形、不能受高温、不能受潮、不能靠近磁性物质等等。这在我们现在看来是不可思议的事情，但当年软盘盛极一时。

计算机技术的发展总是为解决一些用户痛点而发生变革，这个变革之一就是不起眼的 U 盘。

朗科在发明了 U 盘之后以最快的速度在国内申请了专利（2002 年 7 月，朗科公司"用于数据处理系统的快闪电子式外存储方法及其装置"，获得国家知识产权局正式授权，专利号：ZL 99 1 17225.6）并且在美国也申请了专利（2004 年 12 月 7 日，朗科获得美国国家专利局正式授权的闪存盘基础发明专利，美国专利号：US6829672）。这个申请的专利后来成了运用专利盈利并最终实现上市的利器。

2002 年以前，朗科几乎垄断了 U 盘市场。然而随后，"爱国者"凭借其庞大的 IT 渠道和市场营销优势，迅速占据了朗科的半壁江山。2002 年朗科申请的 U 盘发明专利正式获得中国知识产权局的授权，于是朗科立即发动了一场行动，以此告知整个 U 盘行业，谁是 U 盘的主人。这场行动以对爱国者的起诉拉开序幕，这场官司从 2002 年持续到 2004 年，虽然从法律上讲，朗科是战胜全行业乃至全球行业的，但是，由于牵扯行业面积过大，而且也不可能一个行业市场只有一个品牌在垄断经营，经过中国电子商会介入调停，双方握手言和，也标志朗科开始走入专利运营阶段。随后，朗科转向国际，面对任何一个美国销售的 U 盘，如果论侵权本身，朗科必定胜利，甚至就连随后兴起的 MP3 播放器，也有部分侵权在内，一定意义上，就连苹果的播放器，也悉数在内。截至 2009 年 6 月 30 日，朗科累计全球专利及专利申请量达 331 件，其中发明专利申请量为 228 件，覆盖全球几十个国家及地区，并且计划每年新增申请 100 项发明专利。目前，朗科已经分别与美国 PNY、金士顿、东芝、中国台湾群联电子等多家业内顶尖企业通过诉讼侵权形成签订专利授权使用许可协议，以多种专利运营的模式获取巨额的专利费及良好的商业合作机会。至此，朗科已经成为技术为专利服务，以专利授权带来商业合作的技术企业。

四、移动手机的跨越式发展

1. 摩托罗拉模拟机——模拟手机移动化

如果说 iPhone 代表了一种时尚，那摩托罗拉则代表了一个时代。摩托罗拉生产第一代模拟手机时，木材加工厂起家的诺基亚尚未涉足无线通信。摩托罗拉被中国人熟知，靠的是寻呼机（BP 机）。

在手机普及之前，摩托罗拉推出的"bravo"数字寻呼机给大众一个享受最新移动通信产品的机会。1983 年，上海开通中国第一家寻呼台，BP 机进入中国，"摩托罗拉寻呼机，随时随地传信息"的广告打得街知巷闻。当年能拥有一部摩托罗拉的数字寻呼机曾经是无数人的愿望。机身竖向和文字单排置顶造型，除了能够显示呼叫人的电话号码外，还能显示简单的数字和字母信息。

20 世纪 90 年代初，浪潮与摩托罗拉合作研发出第一款汉字传呼机（汉显），人们再也不用满街找电话回寻呼了，一位跟踪了电信业 10 多年发展的记者回忆当年不胜唏嘘："我当年一个月工资才 200 元，不吃不喝存两年才够买个汉显。"

寻呼业创造了一个暴利时代，1995 年到 1998 年的四年间，全国每年新增寻呼用户均在 1593 万户以上，2000 年寻呼业发展到顶峰。摩托罗拉在天津成立公司，建工厂。当年中国市场把摩托罗拉推上了行业之巅，其一度占据寻呼机市场份额 80%。

（1）开启"大哥大"时代

模拟通信时代，摩托罗拉手机像块大砖头，1973 年，摩托罗拉发明了约有两块砖头大小的全球第一款无线移动电话，价格贵得令人咋舌，此后在整个模拟通信时代，摩托罗拉几乎是世界上唯一的手机制造商和顶级无线设备提供商。

第一代移动通信是基于模拟信号的，天线技术和模拟信号处理技术的水平决定了产品的好坏，而产品的外观式样根本不用考虑。在技术方面，没有公司能挑战摩托罗拉。因此，摩托罗拉的手机虽然形状"丑陋"像块大砖头，但售价均在两万元以上，只有大老板们才用得起，拿在手里就像身份标志一样，因此造就了"大哥大"一词，也成为那个年代香港电影的重要道具之一。1987 年，当时国内约有 3000 人拥有大哥大，中国移动电话时代从此开始。

1994 年，世界 500 强企业的摩托罗拉在全中国顶级的国贸写字楼办公。能衣着光鲜地进出国贸，进入摩托罗拉公司当前台是当年大学毕业生的梦想。

1997 年，在摩托罗拉 297 亿美元的收入中，半导体业务占比下降到 21%，蜂窝移动电话及寻呼机等无线通信业务则占到 53%。其他公司要想和摩托罗拉竞争，只能寄希望于下一代了。

（2）迷失在铱星计划

数字移动通信的 GSM 标准源于欧洲，20 世纪 90 年代初，当以诺基亚为代表的欧洲厂商忙着开垦 GSM 处女地之际，摩托罗拉在构想宏大的铱星计划，并把大量的技术人员调往负责铱星的部门。

铱星计划始于 1987 年，摩托罗拉提出用 77 颗环绕地球的低轨卫星构成一个覆盖全球的卫星通信网，由于不需要专门的地面基站，可以在地球上任何地点进行通信。铱星计划宣布后震惊了全球，中科院还把此事评为当年全球十大科技新闻之首。

耗时 11 年，投资 50 多亿美元后，1998 年，这个全球首个大型低轨卫星通信系统，也是全球最大的无线通信系统运营。铱星曾在科索沃战争、台湾大地震时使用过，但庞大的前期投资和每年几亿美元的设备维护费用，使得铱星手机收费高昂，不再是面对老百姓的产品，2000 年公司宣布破产保护时才发展了两万多客户。

铱星在通信史上仅留下一个美丽的泡沫，摩托罗拉由于把精力分散到了铱星上，失去了和诺基亚在数字通信时代竞争的最佳时机。另外，技术驱动型的摩托罗拉对于 GSM 标准甚为不屑，他们当年押宝在美国占有一半市场份额的 CDMA 标准上。CDMA 标准俗称 2.5G，通话质量和保密性更好，辐射更低。

摩托罗拉判断，选择 CDMA 将延续其在模拟时代的老大地位。但 1993 年，包括中国在内的四十几个国家均采用了 GSM 标准。1996 年，数字技术对模拟技术实现了全面替代。此时，摩托罗拉才投入市场 GSM 数字电话，比欧洲厂商整整晚了四年。

其后命运是悲惨的，2011 年谷歌 125 亿美元收购摩托罗拉移动的消息，震惊整个 IT 界。有着 83 年历史的美国国宝级企业摩托罗拉被年仅 13 岁的谷歌收编。2015 年 1 月 30 日，联想宣布斥资 29 亿美元收购谷歌旗下子公司摩托罗拉移动。

2. 诺基亚的功能机——数字手机平民化

在提到"无创新即死亡"的咒语时，人们最常举的两个例子就是诺基亚和柯达。

从某些方面来说，诺基亚曾经与今天的谷歌很相似。在诺基亚的鼎盛时期，它的手机及移动 OS 曾占据了手机市场的大半江山，每天都创造着惊人的销售额。但遗憾的是，仅仅关注设备本身是不够的，所以缺乏互联网基因的诺基亚手机部门最终被微软收购。那么，诺基亚曾经取得了怎样辉煌的成绩呢？一起来了解一下。

（1）诺基亚的 Symbian OS 曾是最受欢迎的智能系统

90 年代末，由诺基亚、摩托罗拉、爱立信及 Psion 合资成立了 Symbian 公司，而诺基亚则在 2008 年完成了对 Symbian 的全资收购。彼时，Symbian OS 占据了超过 50% 的市场份额，而当时的 Android 仅有 0.5% 的占有率。

当然，以 S60 为代表的 Symbian 手机可能并不被认为是真正的"智能手机"，而 Symbian 的市场领先仅仅持续了两年。2010 年第三季度，采用触摸屏、性能及功能更全面的 Android 成功超越 Symbian，成为市场中最受欢迎的智能手机系统，市场份额一度超过 80%，而 Symbian 则最终消失于历史舞台。

（2）曾经流行的诺基亚导航

谷歌地图是目前世界上最受欢迎的地图及导航服务，但手机导航市场曾是诺基亚的天下。通过收购 NAVTEQ 公司，诺基亚的 Ovi 地图在 2007 年至 2011 年之间广泛内置于 Symbian 手机中，取得了非常好的成绩。即便是今天，诺基亚的导航服务依然存在，并且拥有 Android 版本。

（3）手机游戏平台

手机游戏方面，诺基亚同样具有一定的前瞻性，但遗憾的是碍于 Symbian 本身的限制并未真正发展起来。2003 年，诺基亚便推出了 N-Gage 游戏手机，基于 S60 平台，获得了不小的关注。但这款游戏手机及后续机型并未获得成功，所以诺基亚在 2007 年将 N-Gage 构建成一个游戏平台，并提供了更多设备兼容性，比如 N81、N85、N96 等机型。这种策略仍未获得成功，最终诺基亚宣布废除这一平台。最终，是苹果和谷歌，将手机游戏打造成可媲美游戏机的新型业务。

小贴士：诺基亚智能手机时代的痛

图 2-10　诺基亚 5800 手机

诺基亚曾经推出几款备受关注的触摸屏手机，比如 5800、N97 等，但显然，不论是 S60 V5 还是 Symbian 3，都未能真正抓住触摸屏设备的精髓。诺基亚的早期发明历史（从造纸厂到电子产品再到智能手机）已被遗忘。虽然诺基亚曾有无数辉煌的业绩，却因未能有效地把握未来，错失发展良机，使诺基亚在智能手机的激烈竞争中失去主导权，成为智能手机时代诺基亚挥之不去的痛。

3. 苹果创新智能机——智能手机电脑化

乔布斯有句经典名言：领袖和跟风者的区别就在于是否创新。从苹果公司的发展历程来看，每一次的飞跃发展都是由创新带动。过去的 10 年，苹果获得了 1300 项专利，相当于微软的一半，相当于戴尔的 1.5 倍。

（1）产品和技术创新

最早苹果是以电脑公司发家，但在其后的发展过程中，不断推出的创新产品才是让苹果公司屹立不倒的重要原因。从 iPod、iMac、iPhone 到 iPad，苹果公司不断地推陈出新，引领潮流。苹果也从最初单一的电脑公司，逐步转型成为高端电子消费品和服务企业。

更重要的是，在微软 Windows 操作系统和 Intel 处理器独霸市场的时候，苹果依然坚持推出了自己独立开发的系统和处理器。一开始得到了大批设计人员的青睐，到最后得到大众的认可。

在这些产品中，最重要的是 iPhone 的推出。手机智能化是移动电话市场的发展趋势，苹果正是抓住了这一机会，或者说苹果推动了这一趋势的普及。2007 年 1 月，苹果公司首次公布进入 iPhone 领域，正式涉入手机市场。苹果在 MP3 市场上依靠 iPod+iTunes 大获成功后，紧接着在手机市场依靠 iPhone+APP Store 的组合，通过在产品、性能、操作系统、渠道和服务方面的差异化定位，一举击败其他竞争对手。2011 年 2 月，苹果公司打破诺基亚连续 15 年销售量第一的垄断地位，成为全球第一大手机生产厂商。

（2）营销创新

苹果的"饥饿营销"策略让很多消费者被它牵着鼻子走，同时也为苹果聚集了一大批忠实粉丝。

在市场营销学中，所谓"饥饿营销"，是指商品提供者有意调低产量，以期调控供求关系、制造供不应求的"假象"、维持商品较高的售价和利润率，也达到维护品牌形象、提高产品附加值的目的。从 2010 年 iPhone 4 开始到 iPad 2 再到 iPhone 4S，苹果产品全球上市呈现出独特的传播曲线：发布会—上市日期公布—等待—上市新闻报道—通宵排队—正式开卖—全线缺货—黄牛涨价。

与此同时，苹果一直采用"捆绑式营销"的方式，带动销售量。从 iTunes 对 iPod、iPhone、iPad 和 iMac 的一系列捆绑，让用户对其产品形成很强的依赖性。

（3）商业模式创新

最初苹果就通过"iPod+iTunes"的组合开创了一个新的商业模式，将硬件、软件和服务融为一体。在"iPod+iTunes"模式的成功中，苹果看到了基于终端的内容服务市场的巨大潜力。在其整体战略上，也已经开始了从纯粹的消费电子产品生产商向以终端为基础的综合性内容服务提供商的转变。

此后，推出 APP Store 是苹果战略转型的重要举措之一。"iPhone+APP Store"的商业模式创新适应了手机用户对个性化软件的需求，让手机软件业务开始进入一个高速发展空间。与此同时，苹果的 APP Store 是对所有开发者开放的，任何有想法的 APP 都可以在 Apple Store 上销售，销售收入与苹果七三分成，除此之外没有任何的费用。这极大地调动了第三方开发者的积极性，同时也丰富了 iPhone 的用户体验。这才是一种良性竞争：不断拓展企业的经营领域和整个价值链范围，使得市场中的每个玩家都能获益。

乔布斯不仅是苹果公司的灵魂人物，更是苹果品牌不可分割的一个重要元素。

五、微软成功完成大转型

过去十多年中，微软一直是 IT 行业中对研发投入最多的公司之一，早在微软研究院成立的前十年，就投入了超过 80 亿美元的资金。靠着 Windows 系统、Office 软件等拳头产品，微软取得了市场上独一无二的垄断地位。长期以来，全球仍有大约90% 的企业和个人桌面运行 Windows 系统。但是，微软包括 Windows 和 Office 在内的多款产品，正面临来自其他软件公司的挑战。如，操作系统有 IOS 和 Chrome OS，办公软件有 WPS，浏览器更是有 Chrome、fireFox 等功能强大的浏览器。

特别值得注意的是微软 Windows 和 Office 系列产品需要不断更新，以应对不断出现的安全漏洞和适应新的需求，但是这些更新绝大部分是需要付费的。例如，Windows 7 只有家庭版和专业版可以升级到 Windows 10，而且特定升级时间为期一年。由于业内苹果 iOS、安卓和 Chrome OS 的软件升级是免费的，硬件和附加服务才需要付费，用户对微软这种升级需要付费的模式已经"深恶痛绝"。此外，当用户有多台使用 Windows 系统或 Office 的计算机时，每一台上面的升级都需要收费，对广大用户来说可谓"苦不堪言"。因此，微软公司在"升级瓶颈"里越陷越深。

企业在经营与发展过程中遇到挫折和危机是正常和难免的，危机是企业生存和发展中的一种普遍现象。微软到了不进则退的地步，于是微软模仿谷歌，凭借行业领先的企业云计算服务技术和经验，在 2011 年 6 月 28 日正式发布 Office 365。Office 365 是一种订阅式的跨平台办公服务，基于云平台提供多种服务，并包括最新版的 Office 套件，支持在多个设备上安装 Office 应用。Office 365 采取云计算时代按时间收费的模式，可灵活按年或月续费，获得最新服务和软件，不必再为多台设备升级而多次付费。目前，最新版的 Office 365 最多可安装到 5 台个人电脑上，最多可在 5 台平板电脑和 5 部手机上下载移动应用。

微软凭借 Office 365 实现了在办公软件上的大转型，在操作系统方面 Windows 10 也不断在探索适合云计算时代的升级模式，对 Windows 7 和 Windows 8 部分版本的免费升级就是一个开端，成功完成微软赢利模式转型。

第五节 执着——亮剑精神勇者胜

华为几十年坚定不移只对准通信领域这个"城墙口"冲锋。华为只有几十人的时候就对着一个"城墙口"进攻，几百人、几万人的时候也是对着这个"城墙口"进攻，现在十几万人还是对着这个"城墙口"冲锋。密集炮火，饱和攻击。每年 1000 多亿元的"弹药量"炮轰这个"城墙口"，研发近 600 亿元，市场服务 500 亿元至 600 亿元，最终在大数据传送上我们领先了世界。引领世界后，我们倡导建立世界大秩序，建立一个开放、共赢的架构，有利于世界成千上万家企业一同建设信息社会。

一、程控交换机率先起步

1944 年，华为的创始人任正非出生于贵州安顺地区镇宁县的山区。1963 年，任正非通过刻苦学习，考上了重庆建筑工程学院（现并入重庆大学）。1968 年，他从学校肄业，直接应征入伍，成了一名工程兵。任正非在部队有不少技术创新和发明，1978 年，他因获得全军技术成果一等奖被选为军方代表，到北京参加全国科技大会。

20 世纪 80 年代，中国进行大规模裁军，任正非以副团的身份转业，来到改革试验田深圳，开始在南油集团工作。工作不顺，做生意失败，再加上后来无处就业，1987 年 9 月，43 岁的任正非用凑来的 2.4 万元人民币，在南油新村一间居民楼里创立了华为技术有限公司，取意"中华有为"。

1987 年的深圳，几乎还处于一个倒买倒卖的年代，最大的优势是背靠香港——从香港进口产品到内地一转手，便可赚取差价。华为公司于是成为香港康力公司 HAX 交换机的代理。

当时我们国家特别需要交换机，所以一直在研究。国外产品长期垄断中国通信市场，价格居高不下，是造成国内电话装机费用居高不下、电话不能迅速普及的重要原因。80 年代中后期，国内出现了 200 多家小型的国营交换机厂家，但是，技术落后，只能生产一些小型交换机，主要销售到酒店、厂矿等用户。交换机当时每门成本只要 70 元人民币，售价是 450 元美金。而且客户要买交换机，要排长队，要预付定金，一般半年后才能到货。华为产品投放市场第二年，就赚了 3 亿元人民币。 1992 年华为推出了 2000 门大型网络交换机，这宣告华为终于推出了自主研发、拥有知识产权的交换机。几年的市场运行证明，华为采用的防护方案效果十分理想，彻底解决了我国电信网络线路条件复杂的问题。用户直接搭接 220 V 交流电，用户电路丝毫不损，拆除高压后，用户照样能够正常通话。

但是，华为在起步阶段，资金短缺成为一大难题。为了解决此问题，华为与当地运营商和政府共同投资成立合资公司，当地的运营商和政府主要是靠"当地的资源优势"入股。正是这些合资公司的成立，使华为资金短缺的局面真正得到缓解。除了以有政府背景的合资公司争取贷款外，华为还采取在各省市成立邮电职工持股会、邮电工会等多种方式，吸纳邮电干部职工入股，给予丰厚的红利。这样，先后有 100 多家地方邮电部门的职工成为华为电气公司的股东。

二、华为的四种企业文化

① 狼性文化

在华为的发展历程中，任正非对危机特别警觉，在管理理念中也略带"血腥"，他认为做企业就是要发展一批狼。因为狼有让自己活下去的三大特性：一是敏锐的嗅觉；二是不屈不挠、奋不顾身的进攻精神；三是群体奋斗。正是这种凶悍的企业文化，使华为成为让跨国巨头都寝食难安的一匹"狼"。

② 垫子文化

1991 年 9 月，华为租下了深圳宝安县蚝业村工业大厦三楼，倾囊投入之前的全部利润，50 多人的团队一起研制程控交换机。当时每个员工的桌子底下都放有一张垫子，就像部队的行军床，除了供午休之外，更多是为员工晚上加班加点工作时睡觉用。这也是后来华为著名的"垫子文化"的由来。

③ 不穿红舞鞋

在《华为公司基本法》开篇，核心价值观第二条就做了如此描述："为了使华为成为世界一流的设备供应商，我们将永不进入信息服务业。通过无依赖的市场压力传递，使内部机制永远处于激活状态。"在任正非眼里，红舞鞋虽然很诱人，就像电讯产品之外的利润，但是企业穿上它就脱不了，只能在它的带动下不停地舞蹈，直至死亡。因此任正非以此告诫下属要能经受住其他领域丰厚利润的诱惑，不要穿红舞鞋，要专注于公司的现有领域。

④ 华为的冬天

2001 年 3 月，正当华为发展势头十分良好的时候，任正非在企业内刊上发表了一篇《华为的冬天》，这篇力透纸背的文章不仅是对华为的警醒，还适合于整个行业。接下来的互联网泡沫破裂让这篇文章广为流传，"冬天"自此超越季节，成为危机的代名词。这种危机意识已经自上而下，融入到华为的企业文化中。

任正非在 2016 年华为高速成长的时候第四次提出危机和寒冬。任正非作为一个清醒看世界的商业思想家，在过去近 15 年来曾先后三次提出了寒冬论和过冬警示。无论是在华为的业务上升期，还是在平缓发展期，他都预先判断了全球经济形势和华为面临的问题，并且每次判断都扭转了华为的命运。正如任正非所言"没有预见，没有预防，就会冻死。那时，谁有棉衣，谁就活下来了"。华为不但活下来了，还活得很好。

"华为要注意冬天"这种常态意识俨然已固化为一种企业文化。

三、技术优先经费大投入

华为之所以不断推出新产品，跟其重视研发投入是密不可分的。在 2004 年至 2014 年的十余年，华为的研发投入达到 250 亿美元。到了 2016 年，华为以 91 亿美元（608 亿元）研发投入位居中国第一、世界第八。

华为除了投入资金量大，而且投入的项目也具有高瞻远瞩的视野。我们以下面的事例加以说明。

2000 年前后，在日本风靡的小灵通技术被 UT 斯达康引进国内后，迅速掀起了小灵通热。当时手机是双向收费，较为昂贵。小灵通不仅具有手机移动性特点，而且单向收费，便宜好用。2002 年底中兴迅速切入小灵通市场，并做得特别成功，甚至超过了 UT 斯达康，赚到了不少快钱。但华为经过慎重分析判断后，认为小灵通技术比较落伍，不出 5 年就会被淘汰，于是宣布放弃。

与此同时，在 3G 技术路线的选择上，也体现了华为的独到眼光。

1995 年，CDMA 项目初露端倪，中兴开始与联通结盟开发 CDMA，主攻 CDMA95。华为认为 CDMA 专利集中，授权费用较高，大规模普及困难，CDMA95 相对落后，所以选择了产业更成熟、专利更分散的 WCDMA。在 CDMA 上，任正非撤掉了原来的 CDMA95 小组，转攻更为先进的 CDMA2000。华为把目光放到海外，CDMA2000 产品线是东方不亮西方亮，虽然丢了联通小单，却在海外市场上连续攻城拔寨，特别是在亚非拉等发展中国家和地区，获得巨大成功，为日后立足海外市场立下汗马功劳。

2008 年前后，中国开始进入 3G 时代。由于在 CDMA2000 和 WCDMA 上的充分准备，华为成为大赢家，首轮争夺，成功地将自己在国内 CDMA 市场份额提升到 25%。2009 年初中国联通启动 WCDMA 建网招标，华为拿到 31% 份额的订单，由于中兴在 WCDMA 领域表现一般，只获得平衡性的 20% 份额。

我们目前使用的移动通信网络处于第四代即 4G 时代，但是业界早已开始 5G 网络的研发和调试。5G 不仅仅是下一代移动通信网络基础设施，而且是未来数字世界的主要载体，它将实现一千亿级别的连接、10Gbps 的速率以及低至 1 毫秒的时延，可以应用于自动驾驶、超高清视频、虚拟现实、万物互联的智能传感器。

在此领域，华为"早布局，大投入"的战略，使其已成为 5G 技术的领跑者。2012 年，华为在巴塞罗那世界移动通信大会上展示了供 50Gbps 基站使用的 5G 原型机。2013 年 11 月，发布 5G 愿景与需求白皮书。2014 年初，华为宣布在高频段无线5G 空中环境下实现 115Gbps 的峰值传输速率，刷新无线超宽带数据传输纪录。2017年 6 月，华为率先完成中国 5G 技术研发试验第二阶段测试，基于真实网络及业务环境下的大规模业务验证，不仅是中国 5G 研发试验的关键里程碑，也是 5G 产业化进程迈出的重要一步。

四、基于技术的资本运作

到目前为止，华为的资本运作是十分出色的，里面有一个显著的特征是"技术驱动"。也就是说，在资本运作决策时，首要考虑的是该技术是否企业所需要的技术，如果不需要则考虑出售或转让，如果需要但独立研发成本高，则采取成立合资公司的方式联合其他企业研发。

2001 年，以 7.5 亿美元的价格将非核心子公司 Avansys 卖给爱默生，该子公司主要从事电源和机房监控业务；2003 年，与 3Com 合作成立合资公司 H3c（又称华三），专注于企业数据网络解决方案的研究；2004 年，与西门子合作成立合资公司，开发 TD-SCDMA 解决方案，获得荷兰运营商 Telfort 价值超过 2500 万美元的合同，首次实现在欧洲的重大突破；2006 年，以 8.8 亿美元的价格出售 H3C 公司 49% 的股份，与摩托罗拉合作在上海成立联合研究中心，开发 UMTS 技术；2007 年，与赛门铁克合作成立合资公司，开发存储和安全产品与解决方案，与 Global Marine 合作成立合资公司，提供海缆端到端网络解决方案，成为欧洲所有顶级运营商的合作伙伴；2011 年，华为计划以 5.3 亿美元收购赛门铁克在合资公司华为赛门铁克中所持的 49%股权。

这一系列的例子表明，华为依靠技术将旗下产品"养大"再出手无疑是华为最主要的资金来源。

华为是世界 500 强中唯一没有上市的一个，为何放弃上市这一资本运作的常用方式呢？本书作者认为主要有以下几方面的原因：

首先，华为是一个全员持股的企业，总裁任正非仅占全部股权的 1.4% 左右。我国 IPO 的一个重要条件就是不允许内部员工持股。而华为全员持股，并且持股比例不透明，这种独特的股权结构使得在当前的现状下是不符合我国上市条件的。

其次，市场对于上市公司财务信息的披露要求十分严格，一旦上市就意味着要将企业受限于资本市场之下，这对于企业的发展一定程度上有着不利影响。举例来说，华为在巴西拓展初期，连续 8 年亏损直到第 9 年才开始大规模盈利。试想如果华为是一家上市公司，亏损第三年说不定就被迫撤掉了，所以不上市一定程度上也有利于企业长远战略的发展和实施。

再次，华为不上市也能筹集到足够的资金来支持企业的发展和扩张。除了上述依靠专利和技术换资本的融资手段，华为一直在开展应收账款转让业务，将巨额应收账款转让给银行等金融机构，从而达到曲线融资的目的。公开资料显示，2004 年，华为与国家开发银行曾签订过一项协议，根据这项协议，国开行在未来 5 年，向华为提供合计 100 亿美元的融资额度，将应收账款提前转变成企业真正的现金流，解决企业的资金问题也是华为很重要的一项融资手段。

五、海外"攻城略地"大战略

华为在海外的业务类似"农村包围城市"式扩张。

① 1996 年试水香港：华为与长江实业旗下的和记电讯合作，提供以窄带交换机为核心的"商业网"产品。华为的 C&C08 机打入香港市话网，开通了许多国内未开的业务，使华为大型交换机进军国际电信市场迈出了第一步。

② 1997 年进入俄罗斯：华为抓住中俄达成的战略协作伙伴这一国际关系变化中隐藏的商机，加快与俄罗斯的合作。历时三年间，华为在莫斯科与西伯利亚首府诺沃西比尔斯克之间铺设了 3000 多公里的光纤电缆。

③ 2000 年进入亚非拉：华为海外路线采用了一个重要的策略，即沿着中国的外交路线走，尤其在亚非市场的开拓更为典型，巩固和发展同周边国家友好合作关系，加强与广大发展中国家的传统友好关系。拉美市场的开拓更加艰难，由于拉美地区金融危机、经济环境的持续恶化，拉美国家的电信运营商多是欧洲或美国公司，采购权不在拉美当地。

④ 2001 年进入欧洲：华为一边在发展中国家"蚕食"，一边在发达国家逐渐扩大"战果"。对于通信领域领先的欧洲市场，华为进入的策略是首先与欧洲本土著名的一流代理商建立良好的合作关系，并藉此来进入本地市场。

⑤ 2002 年决战美国：华为在国际市场上攻占的最后堡垒就是美国市场。思科当时是全球最大的电信设备市场，也是华为强大的对手。华为作为年轻崛起的公司，刚进入美国市场就遭遇到年销售额 8 倍于自己的思科的阻截，挑战是巨大的。

2003 年初，思科公司正式向华为公司提出诉讼，标志着华为公司正式成为一个有影响力的世界级公司，这是华为公司发展历程中的一个重要里程碑。

2016 年，华为公司上半年的销售收入达 1027 亿元（约合 162 亿美元），超越爱立信成为全球销售额第一的电信设备制造商。当年那个一心想博得北美市场欢心的华为，去年在这个市场上收获了 13 亿美元，而 2010 年只有 7.6 亿美元。当下欧美各国正在大力推进的新一代无线通信技术 LTE 中，华为持有 15% 以上的基本专利，华为通过低价策略打入高清视频会议系统领域后，也将直接威胁到在这一领域处于领先地位的思科。

北美市场是思科的战略重镇，为思科贡献了 60% 的收入。如今，雄心勃勃的中国对手华为试图破门而入，思科又将如何应对？华为同思科的十年战争正在延续。

六、移动终端的异军突起

华为的移动终端业务开始于 2011 年，华为做出架构调整，从单一的运营商业务演化成包括运营商业务、企业业务和消费者业务在内的业务群，其中移动终端业务就属于消费者业务。但是，经过短短的五年，在 2016 年华为智能手机的销量达到了 1.393 亿台，在三星和苹果之后，排列第三。

仅仅比较出货量意义并不大，相对于出货量而言，其实高端市场才是更为重要的市场，这是获得产品利润与品牌认知度的关键所在。整个 2016 年，在高端智能手机上，华为共推出了 Mate8 和 P9 这两款高端机型。华为数据显示，P9 是华为历史上首款销量超过一千万台的高端智能手机，而在 2017 年 4 月份举办的华为分析师大会上，华为宣布 P9 的销量达到了 1200 万部，成为了华为历史上旗舰销售之最。

目前，华为在核心元器件上是具备自给自足能力的。从第一款自主研发的处理器海思到麒麟，通过几代的发展，麒麟处理器的性能已经达到了业界的领先水平。而依托于华为在通信业务上的强势，相对而言，当下的麒麟处理器在基带方面，要强于三星的猎户座处理器。

华为在智能手机业务上的确是取得了长足的进步，其全球第三的位置也是相对稳固，但是其与三星、苹果的差距，还是显而易见，在整体出货量、高端智能手机销量、盈利能力、供应链掌控、品牌价值等多方面，华为要超越苹果三星，都还有较长的一段路需要走。不过，凭着处理器、芯片和电池等技术的进步，华为必将奋力追赶，我们拭目以待。

七、华为云战略的关键变化

2017 年 8 月 28 日华为突然宣布此前属于 P&S（产品与解决方案）部门的 Cloud BU 迁移至华为集团下。作为一层组织，这标志着云计算业务成为华为继运营商 BG、企业 BG 和终端 BG 之后的第四大业务单元。特别的，Cloud BU 不用执行华为统一的 IPD 流程和管理体系，根据云业务的特点，构建新的商业模式和管理制度。这些表明华为高层对于云业务的本质认识跨越了传统 IT 巨头。到目前为止，除了微软没有一家传统 IT 巨头在云业务上转型成功。是什么原因导致这种现象呢？一个关键原因，是 IT 巨头们已经习惯于传统 IT 业务观念和制度已经固化，继续沿袭原有的管理模式和考核机制不愿意为云业务做太多的改变。

华为总结前车之鉴，拿出比传统巨头更大的魄力去实施云战略，是华为面临的挑战倒逼的。目前，华为云业务主要有以下几方面的挑战：

① 许多开展云业务早的竞争对手已占领地盘，华为只能虎口夺食。2016 年中国公有云 IaaS（基础架构）市场总价值为 100 亿元人民币。份额排名从高到低是阿里云（40.67%）、中国电信（8.51%）、腾讯云（7.34%）和金山云（6.02%）。

② 云计算产业占据市场速度快，留给华为的时间短。云计算产业有着对市场渗透速度快的特点，目前国内市场的渗透率已经超过 20%。占据整个国内市场的时间也就三至四年时间。如果在这窗口期华为抓不住机会，那就没办法在云计算市场内分到"蛋糕"了。

上述的挑战可谓形势严峻，为什么华为要啃这硬骨头呢？我们认为华为瞄准了云业务未来的一大批用户，有的放矢。在国内云业务的用户群体基本成一个长尾分布。主体部分用户是科技类企业，尾部部分用户是采用公有云意愿较低的企业和组织。需要指出的是，主体部分的用户数是相对较少的，尾部用户数大，而且未来的用户大多集中在尾部。华为就是看重未来用户这部分"蛋糕"，并在这战场上和现有巨头展开大战。

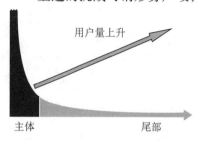

图 2-11　云业务用户的长尾分布

八、华为面临的自身危机

华为面临的自身危机中，最大的就是对成功路径的依赖。华为和其他优秀的公司一样普遍有对已有成功模式的依赖，也就是对商业模式、技术模式、管理模式的依赖，从而变得保守和封闭。现有的成就，很容易在公司的内部文化上形成丛林法则，一切外来的、异类的、新生的事物都会被固有的生态秩序扼杀掉。所以一个人（总裁）、一个文化（华为文化）和一个管理架构，是目前华为存在较大风险的因素。

任正非也知道此弊端，因此华为现在实施轮值 CEO，一方面利用自己的经验去培养"新人"，另一方面让"新人"站在 CEO 的角度审视整个华为，发现更多靠个人不能发现的问题和隐患，集思广益。

华为面临的自身危机中，有一个就是商业能力的短板。华为的研发和销售实力在业内毋庸置疑，但是在商业能力上略显不足。

首先，是战略规划能力。技术出身的很多人往往不能理解，战略规划能力对于一个公司来说很重要，正确、完整和实用程度，往往决定了一家公司的生死，甚至不是技术优势所能克服的。多少公司因为一个方向走错，即便有最先进技术也无力回天，而另外一些公司一旦战略正确，即使技术不是领先也能迅速崛起。作为一个公司，其战略能力的培养，不是招人就能解决的，是需要时间、洞察和方法来建设的。

其次，是引领创新能力。华为之前可以跟着老大走，现在自己成为了业界老大，就需要确定前面应该朝哪个方向走了。直到今天，华为研发团队中的不少管理层人员，还是多个场合不停在问："爱立信是怎么做的？""诺基亚是怎么做的？"这样看来华为在引领创新的意识上，还有很长的路要走。

第六节 分享——开源社区谋发展

一、开源社区的发展因由

开源社区又称开放源代码社区，一般由拥有共同兴趣爱好的人所组成，根据相应的开源软件许可证协议公布软件源代码的网络平台，同时也为网络成员提供一个自由学习交流的空间。开源社区是在开放源代码运动的发展下应运而生的。开源社区开始是一个在线的社区，目的是为了持续地为开放源代码提交和修改提供平台。程序员（代码的发布者）可以简单地从中获益，例如其他程序员可以帮忙发现错误，优化代码或者提出改进的思路。因此，开源社区在推动开源软件发展的过程中起着巨大的作用。

我国开源社区几乎和我国互联网建设同时起步。20 世纪 90 年代初，开源软件传入中国，逐渐产生了一些开源社区组织，这其中包括上海的 Linux User Group、北京 Linux 俱乐部、南京 LUG、中国 JavaUnion 等，也都吸引了大量的开发人员参加，并且产生了一定的社会影响力。

从 1999 年开始，在国家产业政策的扶植下，随着互联网的迅速普及，大批具有开源社区特征的网站和组织在全国各地大批涌现，其中比较引人注目的包括共创软件联盟（COSOFT）和 LinuxSir、ChinaUnix 等。一批具有一定技术含量、在国际上有一定影响力的开源软件也应运而生，例如 Linux 虚拟服务器 LVS、小型化图形接口 MiniGUI 等。

二、开源社区的常见分类

① 门户型：提供与开源软件的信息、资源、交流、开发相关的软硬件平台，包括共创软件联盟、LUPA 社区、开源中国社区 OSS 等。

② 传播型：引进国外开源项目，以信息汇聚、技术交流为主，如 Javaunion、LinuxSir、ChinaUnix、兰大开源社区等。

③ 项目型：社区的支持方主要包括企业或组织（如 Lupa、Linuxaid）、松散团队（如 Javaunion、Huihoo）、个人（如 Linuxsir、Chinajavaworld）等。

三、我国开源社区的现状

从国际开源形势看，开源已经是一种能够被普遍接受、行之有效的商业模式。

但由于国内缺乏典型成功案例，很多愿意从事开源的企业或个人不愿意在开源方面投入过多资源。通过建设能够创造商业价值和社会效应的示范性社区，以点带面，进而带动更多企业和个人参与到开源运动中是当务之急。

我国的开源社区已从最初的爱好者社区发展到具有开发、应用、服务功能的稳定社区。但总的来说，发展仍处于一个无序和无目标的状态，具有项目缺少、人气不旺和商业模式缺失等问题。要解决这些问题，需从以下几方面着手：

① 人才培育

具有奉献精神的开源人才是开源社区发展的动力，但我国程序员大都生活压力大，影响对社区的投入和贡献。需加大开源人才培育工作，并加强对开源运动和开源社区的宣传普及工作。

② 运营经费

由于开源社区域名和主机费用主要由个人或组织承担，经常由于经费困难等原因导致社区的消失和不稳定。若能解决运营经费问题，将有力推进开源社区的发展。

③ 资源整合

我国的开源社区普遍存在分散、规模较小等问题，这种状况需要整合分散的资源，尽快形成大型、人气旺的成熟社区。

四、国内的知名开源社区

① Linux 中国：Linux 中国是广大的 Linux 爱好者自发建立的以讨论 Linux 技术、推动 Linux 及开源软件在中国的发展为目标的技术型社区网站。Linux 中国的宗旨是给所有的 Linux 爱好者、开源技术的朋友提供一个自由、开放、平等、免费的交流空间。

② 开源中国社区：开源中国社区是工信部软件与集成电路促进中心创办的一家非盈利性质的公益网站，其目的在于建立一个健康有序的开源生态环境，促进中国开源软件的繁荣，推动中国的信息化进程。社区提供了论坛、协同开发、软件资源库、资源黄页等资源。

③ LUPA：LUPA 是开源高校推进联盟（ Leadership Of Open Source University Promotion Alliance ）的英文缩写，于 2005 年 6 月 12 日在杭州成立。LUPA 是中国开源运动的探索者和实践者，也是"中国开源模式"的缔造者。LUPA 主张软件自主创新，围绕学生"就业与创业"搭建起学校与企业沟通的桥梁，给在校学生或社会群体提供一个直接与产业对话的平台。

④ 共创软件联盟：共创软件联盟自 2000 年 2 月份成立运作至今，通过灵活的开放源码策略实现广泛的智力汇聚和高效的成果传播，推进创新软件技术的迅速发育和成长，促进我国软件产业在先进的机制上实现跨越式发展。

⑤ ChinaUnix.net：ChinaUnix.net（以下简称 CU）是一个以讨论 Linux/UNIX 类

操作系统技术、软件开发技术、数据库技术和网络应用技术等为主的开源技术社区网站。CU 的宗旨是给所有爱好 Linux/UNIX 技术、开源技术的朋友提供一个自由、开放、免费的交流空间。

⑥ 红旗 Linux 技术社区：红旗 Linux 技术社区是为了让更多的用户通过技术社区得到更好的用户体验而创立的社区。注册人数众多，发挥了促进产品技术创新和广泛吸引用户的作用。

⑦ PHPChina：PHPChina 是一个以 PHP 为中心、面向软件开发者、程序爱好者的开源技术网站及交流社区。作为 PHP 语言开发公司 Zend Technology 是在大中华区的唯一授权官方网站。

五、国外的知名开源社区

① GitHub：GitHub 是为开发者提供 Git 仓库的托管服务。这是一个让开发者与朋友、同事、同学及陌生人共享代码的完美场所。GitHub 除提供 Git 仓库的托管服务外，还为开发者或团队提供了一系列功能，帮助其高效率、高品质地进行代码编写。

② SourceForge：是全球最大开源软件开发平台和仓库，网站建立的宗旨，就是为开源软件提供一个存储、协作和发布的平台。SourceForge 上拥有大量非常优秀的开源软件，事实上，这些软件完全可以代替一些商业软件。

③ Apache 开源社区：这个社区的开源软件项目就是 Apache 项目。它受 Apache 软件基金会这个组织管理，而不是简单地在一个服务器上共享的一组项目。目前流行的 Spark 和 OpenStack 项目就在 Apache 的开源社区中。

④ ONAP：开放网络自动化平台 ONAP（Open Network Automation Platform）开源社区由 OPEN-O 和 ECOMP 合并而成，该社区将凝聚全球产业资源，面向物联网、5G、企业和家庭宽带等场景，打造网络全生命周期管理平台，助力运营商下一代网络的全面转型与升级。

本章小结

本章从个人计算机的诞生与发展、民族品牌的涌现与蓬勃发展、业界的开源与封闭之争、现在与未来的开放共赢的新常态等方面进行阐述，也列举了极其丰富的案例，包括中外品牌企业的发展、企业家精神、行业的风云变幻等内容。

创新是所有科技和企业发展的推动力和核心竞争力，无数企业因此而崛起，无数企业因此而倒闭，创办成功的企业是众多创业者的梦想，但所创办的企业能否持续成功是由多方面因素共同作用的结果。成功的计算机品牌取决于多种因素，企业文化的选择、创业者的理想信念与企业家精神、市场的变幻、行业的转型、时代的机遇与选择等因素，从千万个创业公司与创业者中沙里淘金，涌现出了推动时代前进的计算机品牌。

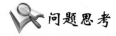 **问题思考**

1. 如果本地科技园的龙头企业走向没落，假设你是科技园区管理人员，你会采取什么举措？

2. 谈谈你如何甄别有前途的失败者和真正的失败者。

3. 你了解当前主流计算机的类型和性能参数吗？如果有亲友让你帮他们选购计算机，你能给出合适的建议吗？

4. 请你任选某一领域调研计算机的使用情况，并将你的结论告诉同学们。可能大家的新点子就是创业的契机，不要错过。

5. 在为目标奋斗的路上，遇到挫折，有哪些应对的心理准备？

6. 谈谈你如何理解"华为的冬天"这种表述。

7. 如果腾讯走向没落，假设你是腾讯高级管理人员，你会采取什么行动？

8. 小米和华为的创新之路有何异同？

9. DEC 衰败的原因是什么？

10. 华为手机迅速占领市场靠的是什么？

11. 你认为在现阶段计算机领域新的创新点在哪里？

第三章　计算机快速推动产业发展

存在物就像是奔腾不息的河流，事物处于不断变化之中。

——马可·奥勒利乌斯

【学习目标】

1. 通过办公自动化软件、管理信息系统、电子政务系统的应用，理解计算机推动产业发展的过程。

2. 理解电子政务、办公自动化的概念、特点和应用形式。

3. 了解几种典型的计算机辅助设计技术。

4. 理解计算机技术对物流生产各环节的推动作用。

5. 了解"工业4.0"与"中国制造2025"的概念以及它们之间的关系。

6. 掌握"中国制造2025"的目标、主要内容和特点。

7. 掌握超算的概念。

8. 了解中国超算的发展情况以及应用情况。

9. 了解云计算的基本概念、特点、三种基本服务模式和未来格局走向。

10. 理解云计算给隐私保护、服务收费带来的新挑战。

【教学提示】

1. 实例引入，通过生活中典型的电子政务和办公自动化的例子，了解计算机是如何影响我们的工作的。

2. 通过讲故事的方式，学习计算机技术在版面设计等辅助设计方面的作用。

3. 以一个物流企业的业务管理、现场作业、物资流通、货物仓储需求为例，讲解信息化技术在物流生产中的应用。

4. 通过"工业4.0"和"中国制造2025"的对比，引导学生理解实施"中国制造2025"意义。

5. 从超算的概念入手，理解强化超算能力的战略意义，并了解我国目前的超算能力。

6. 通过讲解云计算的基本概念和特点、比较云计算的三种不同服务模式以及讨论云计算会给隐私保护、服务收费带来的新挑战等问题，引导学生逐步进入云计算这一全新的计算技术领域、了解云计算的未来发展格局。

第一节　电子政务的办公自动化

随着计算机技术、尤其是互联网技术的发展，我们已经进入了"互联网＋"时代，以互联网技术为核心的计算机技术正改变着我们工作生活的方方面面。其中，电子政务、办公自动化等技术的出现和发展，极大地影响了我们的工作方式，推动了计算机产业的发展。

一、个人文字处理电脑化

最先影响我们工作方式的计算机技术应该算是 WPS 和 Office 这样的办公自动化软件，它们使得我们对文字的处理实现了电脑化，人们不再需要使用纸、笔来书写文字、绘制表格，而可以直接通过办公自动化软件完成。WPS 和 Office 是文字编辑、表格处理和演示幻灯片的套件，其中 WPS 是由金山软件股份有限公司自主研发的一款办公软件套装，全称为 WPS Office；而 Office 则是微软公司开发的一套基于 Windows 操作系统的办公软件套装，全称为 Microsoft Office。这两款办公软件套件，直接推动了办公自动化的发展。

1988 年，金山公司开发了第一款产品——WPS，它出自 24 岁的求伯君之手，是金山公司和求伯君的成名作。WPS 的诞生，填补了我国中文文字处理软件的空白，从此中国开启了中文字处理时代。

1988 年到 1995 年的七年间，WPS 迅速发展，1994 年 WPS 的用户超过千万，占领了中文文字处理市场的 90%，当时几乎所有的打印店用的都是 WPS 排版软件，学校教的是 WPS 软件，公司用的也是 WPS 软件。

也就是在同年，Microsoft 公司的 Windows 系统在中国悄然登陆。起初，Microsoft Office 在中国的用户数很少，Microsoft 公司在 1996 年主动上门找金山公司，和金山公司签订了一份协议——金山公司将 WPS 格式与 Office 共享，并且是两者互相兼容，双方可以互相读取对方的文件。

然而，正是这份协议，成为了 WPS 由盛到衰的转折点。随着 Windows 操作系统的普及，Microsoft 公司通过宣传、捆绑销售等方式，将很大一部分原来的 WPS 用户转移到 Word 平台上来，快速占领了中国的市场份额，差点把金山公司置于倒闭的困境，WPS 的发展进入历史最低点。

后来的事情大家都知道了，从 Windows 97 开始，Office 迅速崛起，很多企事业单位使用 Office 处理文字表格，国内也出现了大量的 Office 教材，学校教的是 Office，很多年轻人第一次接触的办公软件就是 Office，有些人甚至觉得 WPS 是抄袭或者模仿 Office 的一个山寨软件，殊不知 WPS 的诞生要早于 Office。

自从雷军从求伯君手中接过金山公司董事长的接力棒以后，WPS 一改过去宣传不到位、没有培养一批新生用户的失误，加大了宣传的投入，同时推出了移动平台和 Linux 平台的多个版本，抓住办公领域，实现了跨平台办公的梦想，市场份额慢慢恢复起来了。WPS 用不到 Office 十分之一的软件体积，实现了 Office 几乎全部的常用功能，成为不可多得的国产精品软件。

现在，WPS 和 Office 成为几乎每个人日常处理文稿的办公软件，是我们日常工作必不可少的工具，推动了我们的日常工作向无纸化方向发展。

二、管理信息系统业务化

随着全球经济的发展和信息化水平的提高，企业所需要管理的信息越来越多。如何对这些信息实现有效的管理，众多经济学家提出了各种管理理论。其中最著名的是 1985 年管理信息系统的创始人——明尼苏达大学的管理学教授 Gordon B.Davis 给管理信息系统（Management Information System，简称 MIS 系统）下的定义，即"管理信息系统是一个利用计算机软硬件资源，手工作业，分析、计划、控制和决策模型以及数据库的人机系统。它能提供信息支持企业或组织的运行管理和决策功能"。这个定义全面说明了管理信息系统的目标、功能和组成，而且反映了管理信息系统在当时达到的水平。

从这个定义可以看出，所谓 MIS 系统，就是利用计算机软硬件、网络通信设备以及其他办公设备，以人为主导，进行信息的收集、传输、加工、储存、更新、拓展和维护，并将处理的信息及时反馈给管理者的一套网络管理系统。

MIS 系统都是为了完成某一项或一类特定的业务功能而开发的，例如单位人事部门为了进行人事管理而开发的人事管理系统，学校教务部门为了管理学校的教务信息而开发的教务信息管理系统，等等。MIS 系统通常用于系统决策，例如通过 MIS 系统找出目前迫切需要解决的问题，并将信息及时反馈给上层管理人员，使他们了解当前工作发展的进展或不足，以便做出正确的决策，不断提高企业的管理水平和经济效益。

随着信息化程度的提升和各种业务需求的增加，MIS 系统得到了广泛的应用，对一个企业的发展起到非常重要的作用。这是因为：首先，信息是一个现代企业除了人、财、物等有形资源之外的一种重要的无形资源，特别是进入信息社会和知识经济时代以后，信息资源就显得更加重要了，只有掌握并管理好信息资源，才能更好地发挥有形资源的效益。其次，管理信息是一个现代企业实施决策、管理控制的基础。最后，管理信息是企业和外界进行联系以及企业内部各个职能部门之间联系的纽带，没有信息就不可能很好地沟通内外的联系和步调一致的协同工作。

起初的很多 MIS 系统都是单机版，只对企业内部的信息进行管理。而随着计算机网络技术的发展，才逐渐发展成为网络版的 MIS 系统。

三、电子政务网络化

将 MIS 系统应用到政务管理上，就发展成为了电子政务系统。

1. 电子政务系统

或许你曾经通过深圳市公安局出入境便民网办理过港澳通行证（签注），如图 3-1 所示；抑或你拿起手机，通过"深圳交警"的移动 APP 查询了交通违章情况，如图 3-2 所示；再如你通过微信进行了水电费的缴纳，如图 3-3 所示……这些都是电子政务的具体应用。

图 3-1　深圳市公安局出入境便民网主页

图 3-2　深圳交警 APP

图 3-3　微信缴纳水电费

那么，什么是电子政务呢？所谓电子政务，是指政府机构应用现代信息和通信技术，将管理和服务通过计算机网络技术进行集成，在互联网上实现政府组织机构和工作流程的优化重组，超越时间、空间与部门分隔的限制，全方位地向社会提供优质、规范、透明、符合国际水准的管理和服务。相对于传统政务和电子商务，电子政务是快速发展的现代电子信息技术与政府改革相结合的产物。

在传统的政务模式下，无论是个人、企业办理各种政府相关业务，还是政府内部上下级或不同职能部门之间办理业务，都需要通过政府办事柜台或纸质公文流转的形式办理，办事效率低下，成本高，而且工作透明度低，容易滋生贪污腐败等不良现象。实施了电子政务后，可以通过政府网站、手机 APP、微信等各种信息化手段办理各种政府业务。电子政务在提高办事效率、节省办事成本的同时，有效提升了政府工作的透明度和公开公平公正性，有利于塑造良好的政府形象。

和传统政务相比，电子政务有着鲜明的特点：

① 办公手段不同。信息资源的数字化和信息交换的网络化是电子政务与传统政务最显著的区别。

② 行政业务流程不同。电子政务的核心是实现行政业务流程的集约化、标准化和高效化。

③ 与公众沟通的方式不同。直接与公众沟通是实施电子政务的目的之一，也是与传统政务的重要区别。

④ 存在的基础不同。传统政务与实物经济相联系，是大工业生产的产物，而电子政务是信息产业发展到一定阶段的产物，是政务管理信息化的结果。

起初的电子政务系统，大多是服务于某个政府部门的。例如交警局的电子政务系统只服务于交警，人事局的电子政务系统只负责人事管理。系统运行在局域网的环境下，各个系统之间缺乏信息的共享（例如，交警局的电子政务系统无法从人事局的电子政务系统中得到车主的人事信息），各个系统形成了信息孤岛。

2. 办公自动化系统

办公自动化（Office Automation，简称 OA）系统，也是一种典型的电子政务系统，它是将现代化办公和计算机网络功能结合起来的一种新型的办公方式。对办公自动化的定义，1985 年我国的专家学者在全国第一次办公自动化规划会议上，经过反复的比较和讨论，将其定义为：办公自动化是基于先进的网络互连基础上的分布式软件系统，它利用先进的科学技术，不断地使人的一部分办公业务活动物化于人以外的各种设备中，并由这些设备与办公人员构成服务于某种目标的人机信息处理系统。

在行政机关中，大多把办公自动化叫作电子政务，企事业单位就都叫 OA，即办公自动化。通过实现办公自动化，或者说实现数字化办公，可以优化现有的管理组织结构，调整管理体制，在提高效率的基础上，增加协同办公能力，强化决策的一致性，最后实现提高决策效能的目的。

OA 的出现和发展，是计算机技术和通信技术发展的产物，是现代信息社会的重要标志。一个企业实现办公自动化的程度，是衡量其实现现代化管理的标准。

OA 系统的核心应用有：流程审批、协同工作、公文管理（国企和政府机关）、沟通工具、文档管理、信息中心、电子论坛、计划管理、项目管理、任务管理、会议管理、关联人员、系统集成、门户定制、通讯录、工作便签、问卷调查、常用工具（计算器、万年历等）。它一般包括：文字处理功能、数据处理功能、图像处理功能、网络通信功能、行政管理功能、决策支持功能、分布计算功能和资源共享功能。图 3-4 所示是一个办公自动系统的功能示意框图。

图 3-4　OA 办公自动化系统功能示意框图

事务型 OA 系统、信息管理型 OA 系统和决策型 OA 系统是广义的或完整的 OA 系统构成中的三个应用层次。三个应用层次间的相互联系可以由程序模块的调用和计算机数据网络通信手段做出。一体化的 OA 系统的含义是利用现代化的计算机网络通信系统把三个层次的 OA 系统集成一个完整的 OA 系统，使办公信息的流通更为合理，减少许多不必要的重复输入信息的环节，以期提高整个办公系统的效率。

一体化、网络化的 OA 系统的优点是不仅在本单位内可以使办公信息的运转更为紧凑有效，而且也有利于和外界的信息沟通，使信息通信的范围更广，能更方便、快捷地建立远距离的办公机构间的信息通信，并且有可能融入世界范围内的信息资源共享。

① 事务型 OA 系统：支持一个机构内各办公室的基本事务活动，主要功能包括

信息的产生、收集、加工、存储和查询，如文字处理、文档管理、电子报表、电子邮件、电子日程管理、文档的整理、分类归档、检索等。这种办公事务处理系统应具有通用性，以便扩大应用范围，提高其利用价值。

② 信息管理型办公系统：把事务型（或业务型）办公系统和综合信息（数据库）紧密结合的一种一体化的办公信息处理系统。综合数据库存放该有关单位日常工作所必需的信息。作为一个现代化的政府机关或企事业单位，为了优化日常的工作，提高办公效率和质量，必须具备供本单位各个部门共享的这一综合数据库。这个数据库建立在事务级 OA 系统基础之上，构成信息管理型的 OA 系统。

③ 决策支持型办公系统：包括决策支持功能，是在管理型办公系统的基础上再加上决策支持系统而构成，除具备前述的功能外，还具备对业务数据的进行分析、评测等决策支持的功能。它使用由综合数据库系统所提供的信息，针对所需要做出决策的课题，构造或选用决策数字模型，结合有关内部和外部的条件，由计算机执行决策程序，做出相应的决策。

四、业务驱动处理协同化

随着计算机和互联网的发展，现在的电子政务系统大多打通了系统之间的壁垒，相关信息通过电子政务平台在各个单位、部门之间实现了共享，突破了信息孤岛。现代的电子政务系统的主要内容包括：

① 电子政务系统实现了政府业务、服务与办公的自动化、电子化、数字化、网络化和虚拟化，包括电子邮递、电子公文、政府决策分析支持，报表汇总统计分析等。

② 电子政务系统可以实现远程与分布式信息采集汇总、信息安全管理、信息资源管理，包括电子资料库管理、档案管理、信息系统管理、决策支持系统管理等。

③ 电子政务系统还包括外部公共网站服务，具体表现为：电子商务、电子采购、网上招标、电子福利支持、电子税务等；网站规划、设计、维护、网上发布、检索、反馈等；用户授权、计费、新系统与已有系统接口等。

在表现形式上，现代的电子政务主要有 G2C（政府对公众）、G2B（政府对企业）、G2G（政府对内部）三种基本模式：

① G2C 电子政务是指政府与公民之间的电子政务，是政府通过电子网络系统为公民提供各种服务。常见的 G2C 电子政务应用有：电子社会保障服务、电子民主管理、电子医疗服务、电子就业服务、电子教育培训服务、电子身份认证，等等。

② G2B 电子政务是指政府与企业之间的电子政务，只要与企业发生直接或间接联系的政府管理部门都可以在一定程度上通过电子政务方式代替传统政务方式，为企业提供 G2B 电子政务，方便企业办事。常见的 G2B 电子政务应用有：政府电子化采购、电子税务办理、电子工商行政管理、电子外经贸管理、中小企业电子化服务、综合信息服务，等等。

③ G2G 电子政务是指政府与政府之间的电子政务，它是指政府内部、政府上下级之间、不同地区和不同职能部门之间实现的电子政务活动。常见的 G2G 电子政务应用方式有：政府内部网络办公系统、电子法规政策系统、电子公文系统、电子司法档案系统、电子财政管理系统、电子培训系统、城市网络管理系统，等等。

可见，电子政务不仅是政府各职能机构办公的平台，更是向方便公众和企业的办事转变，对外提供了便民服务的电子政务"窗口"，体现了以人为本的思想。

近年来，伴随着云计算和大数据技术的迅速发展，很多应用系统（包括电子政务系统、OA 系统等）更是架设于云环境之上，通过云端服务器实现信息的存储和共享，实现了信息的协同处理。

Office365 就是这样一款软件，它是微软公司于 2011 年推出的基于云平台的应用套件，它将 Office 桌面端应用的优势结合企业级邮件处理、文件分享、即时消息和可视网络会议的需求融为一体，满足不同类型用户的办公需求。用户只要能访问 Internet，就可以从任何位置、任何设备上通过 Web 浏览器访问电子邮件、重要文档、联系人和日历，而无需在本地安装 Office 软件；编辑文档的信息存储在云端 OneDrive 上，只要以相同的账号登录，就可以编辑之前保存的信息；Office365 采取订阅方式购买，可灵活按年或月续费，获得最新服务和软件。图 3-5 是 Office365 的登录界面。

图 3-5　Office365 的登录界面

从图 3-5 中可以看到，用户只需一个账号和密码，使用浏览器就可以登录并使用这个基于云平台的应用套件了。

小贴士：虚拟办公云

目前，随着云计算、大数据等 IT 最新技术的发展，使用虚拟云桌面代替传统 PC 机，构建虚拟办公云的方案，已经在一些政府机关和企事业逐步推广。

在以往办公自动化系统中，工作环境的桌面是采用传统 PC 机的方式，由于 PC 机更新换代过快、管理维护和系统升级工作量大、安全性难以得到保障等问题，限制了其进一步的发展。采用虚拟云桌面代替传统 PC 机后，由于用户面对的是一个虚拟云桌面，所有用户数据都集中到云服务器端，在保持最终用户体验和传统 OA 一致的基础上，实现了用户桌面环境和数据的集中管理，大大提升了运维管理能力，保证了敏感数据的安全，提升了系统的可靠性和可扩展性。

图 3-6 所示是一个学校的虚拟办公云示意图。

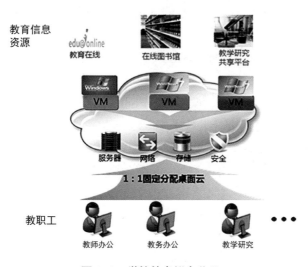

图 3-6　学校的虚拟办公云

在图 3-6 所示的环境中，学校的教职工可以通过云桌面实现信息检索和处理、日常办公、教学科研等活动。

第二节　全领域辅助设计工具化

随着计算机应用的普及，很多过去完全由人工完成的工作，都实现了计算机化。借助于计算机，人类从许多繁重的重复劳动中解放出来，专注于更有创造性的思维工作；借助于计算机，可以把以前容易出错，需要耗费大量时间都难以做好的工作，在短时间内做得非常漂亮。

20 世纪 50 年代在美国诞生了第一台计算机绘图系统，开始出现具有简单绘图输出功能的被动式计算机辅助设计技术（CAD, Computer Aided Design）。60 年代初期出现了 CAD 的曲面片技术，中期推出商品化的计算机绘图设备。70 年代，完整的 CAD 系统开始形成，后期出现了能产生逼真图形的光栅扫描显示器，推出了手动游标、图形输入板等多种形式的图形输入设备，促进了 CAD 技术的发展。

80 年代，随着强有力的超大规模集成电路制成的微处理器和存储器件的出现，工程工作站问世，CAD 技术在中小型企业中逐步普及。80 年代中期以来，CAD 技术向标准化、集成化、智能化方向发展。一些标准的图形接口软件和图形功能相继推出，为 CAD 技术的推广、软件的移植和数据的共享起到重要的促进作用。系统构造由过去的单一功能变成综合功能，CAM（出现了计算机辅助制造，Computer Aided Manufacturing）、CAE（计算机辅助工程，Computer Aided Engineering）、CAPP（计算机辅助工艺规划或设计，Computer Aided Process Planning），形成了计算机辅助 4C 系统（CAD/CAE/CAPP/CAM），以及计算机辅助设计与辅助制造联成一体的 CIMS（计算机集成制造系统，Computer Integrated Manufacturing System）。

在工程和产品设计中，借助于 CAD，计算机可以帮助设计人员担负计算、信息存储和制图等各项工作。在设计中，用计算机对不同方案进行大量的计算、分析和比较，以决定最优方案；数字的、文字的或图形的各种设计信息，都能存放在计算机里，既不容易丢失损坏，也方便设计人员快速检索、共享、修改；将设计人员开始设计的草图变为工作图的繁重工作，也可以交给计算机完成；由计算机自动产生的设计结果，可以快速做出图形显示出来，使设计人员及时对设计作出判断和修改；利用计算机可以进行与图形的编辑、放大、缩小、平移和旋转等有关的图形数据加工工作。

随着计算机技术、网络技术及人工智能等技术在 CAD 中的应用，极大地提高了 CAD 系统的性能。CAD 已在建筑设计、电子和电气、科学研究、机械设计、软件开发、机器人、服装业、出版业、工厂自动化、土木建筑、地质、计算机艺术等各个领域得到广泛应用。CAD 系统的问题求解能力大为增强，设计过程更趋于自动化，并已经从个人设计向协同设计转变，极大地提高了设计速度和设计质量，减轻设计人员的劳动，节约了资源。

一、版面设计

活字印刷术是人类历史上最伟大的发明之一。活字印刷主要有三个步骤，即制活字、排版和印刷。毕昇发明活字版印刷术后的近一千年，人类一直采用这种印刷方式。

19 世纪末，有人将照相技术引入排版，从事照相排版技术的研究。20 世纪初，英国人开始使用简单的专用于拉丁文字的照相排字机。从 1949 年至 1976 年间，国外曾先后推出过四代照排机：①手工照排机；②计算机控制的光自动照排机；③数字化点阵照排机；④激光扫描照排机。

随着计算机技术和光学技术的发展，20 世纪西方国家就开始采用电子照排技术，迅速地摆脱传统的活字排字方式。

由于汉字是象形文字，比西方的拼音文字复杂得多，因此汉字字数繁多，排字架组织复杂，占地广大，拣字也极费时间。因此汉字排字一直是印刷术中一个难题。

首先兴起的计算机排版技术，也未能在我国推广，我国印刷行业始终难以摆脱手工拣字拼版的落后状况。到 20 世纪 70 年代，中国仍然是"以火熔铅，以铅铸字，以铅字排版，以版印刷"，出版能力低。

王选于 1937 年 2 月出生于江苏无锡，是新中国培养的大学生。1954 年怀着探索数学王国奥秘的美好理想考进了北京大学计算数学专业，1958 年毕业后留在无线电系任教，1961 年，将研究方向转向软件，从事软硬件相结合的研究。

1975 年开始，王选主持中国电子出版系统的研究开发。王选敏锐地意识到，要实现技术的跨越必须从高起点开始，因此决定跨越当时日本的光机式二代机和欧美的阴极射线管式三代机阶段，开创性地研制当时国外尚无商品的第四代激光照排系统。

汉字字形是由以数字信息构成的点阵形式表示的，汉字字体、字数比西方字母多，如一个一号字要由八万多个点组成。因此全部汉字字模的数字化存贮量高得惊人。研制人员发明了一种字形信息压缩和快速复原技术，使存贮量减少到五百万分之一，速度大大加快。这一构思新颖的高分辨率字形、图形发生器和高速字形复原方法，解决了汉字激光照排的关键难题。

1979 年 7 月，汉字激光照排系统主体工程研制成功，并输出了第一张报纸样张《汉字信息处理》。1980 年 9 月，汉字激光照排系统排出了第一本样书《伍豪之剑》。1987 年 5 月 22 日，世界上第一张整页输出的中文报纸诞生。中国的印刷业终于甩开低效有毒的铅字作业，告别"铅与火"，跃入了"光与电"的时代。汉字激光照排系统于 1987 年和 1995 年两次获得国家科技进步一等奖、1985 年和 1995 年两度列入国家十大科技成就，是国内唯一四度获国家级奖励的项目。

随后，北大方正的激光照排技术迅速产业化并被市场广泛接受，到 1991 年，方正激光照排系统把外国厂商全部赶出中国，99% 的报社、90% 的出版社和印刷厂都采用这一技术。

从 20 世纪 80 年代后期开始，方正激光照排又出口日本、新加坡等地，并在国外引起轰动。如今，第八代方正激光照排系统已经在国内市场处于绝对垄断地位。市场占有率达到 95%，并在全球华文市场占据 90% 的市场，中文照排市场份额全球第一。

汉字激光照排技术极大地提升了汉字排版和印刷品出版的效率，让汉字告别了铅字印刷，被誉为中国印刷术第二次革命，并使我国在现代印刷出版领域一直保持领先地位。

小贴士：激光照排

激光照排是电子排版系统的大众化简称。现在我国已广泛应用的汉字排版技术都采用了激光照排，它比古老的铅字排版效率至少提高 5 倍。

首先，要将文件输入到电子计算机中，即借助编辑录入软件，将文字通过计算机键盘输入计算机，这个过程叫作录入。

第二步，是要借助于排版软件，将已录入的文字进行排版，这里将要用许多排版指令来确定整个文件的全貌，如标题的设置、字体字号的选择、尺寸大小、行间距离、另行或另页等，这个过程叫作排版。

第三步，是通过显示软件，在计算机屏幕上将排好版的文件显示出来，这时，编辑人员可直接对其进行校对修改。如果需要多人对此文件进行校对，也可通过打印软件，利用打印机将文件打印出来。

第四步，是将准确无误的文件，通过计算机分解为点阵，最后在激光照排机上控制激光在感光底片上扫描，用曝光点的点阵组成文字和图像，形成相纸或胶片的书版。

最后，将通过晒版、上版、胶印等一系列印刷工艺流程将文件转化成精美的书刊或报纸。

二、建筑设计

计算机辅助建筑设计（CAAD，Computer Aided Architecture Design）在建筑设计领域异军突起之后，计算机已经成为建筑设计人员工作中一个重要的工具。计算机的使用已经改变了许多的工作方法，计算机绘制的线条图和计算机绘制的建筑表现图已经发展到了相当成熟的阶段，现代的建筑设计师，已经将新工具运用到整个建筑设计过程中了。

计算机辅助建筑设计（CAAD）的发展大致经历了三个阶段。

① 二维通用绘图软件：该软件并不专门用于建筑设计，只具有通用的图形处理能力，主要是二维图形绘制、标注尺寸和符号，适用于各个能通过图形表达设计意图的行业。

② 二维建筑绘图软件：进入 20 世纪 70 年代，计算机性能和计算机图形学有了很大发展。建筑设计人员和软件开发人员密切配合，促使专业化的 CAAD 软件诞生。这一代的 CAD 系统是一个分离的数据结构与多个数据库的集合，其辅助设计功能基本限于详细设计阶段的绘图、造型和简单的分析工作。

③ 三维建筑模型软件：该软件的研制思路是让建筑师在计算机上借助于三维模型进行设计构思，把三维的建筑设计方案与二维成图过程串联起来工作，以三维模型为核心控制全局，充分发挥计算机的特点和优势，进行工程设计。

计算机辅助建筑设计技术在 20 世纪 80 年代以后，出现了两个重要分支——2D 的 CAAD 软件和 3D 的 CAAD 软件。20 世纪 80 年代中期，以 Auto CAD 为代表的二维 CAD 软件在应用之初，发挥了巨大作用，将建筑师从繁杂的手工绘图中解放出来，大大提高了绘图精度和绘图效率。国内大多数设计院和事务所都采用 Auto CAD 和 3dsmax/viz 来共同完成建筑设计。但这样的软件本身有诸多不足：2D 线条禁锢了空间的想象力和创造力，无法集中精力于设计本身；设计修改非常痛苦；效果图和设计图纸不一致；不能很好地和客户交流等等。而在另一个 3D 的 CAAD 软件领域，真正利用计算机实现了辅助"设计"。这类软件系统使用单一的数据结构和唯一的公用数据库把系统集成起来，采用参数化技术、特征技术等，允许工程师在一个数据结构上动态地与其他部门不同专业的工程师进行数据传输和交换，使真正的计算机辅助"设计"成为可能。

计算机辅助建筑设计最常用的方法是用 Auto CAD 建模、3DMAX 渲染、Photoshop 后期制作。Auto CAD 进行矢量图形的绘制、编辑、修正；3DMAX 可将建筑设计作品放置于任何能想象得到的境地，并可根据所在地理位置和时间变化而反应出日照和光影的变化，体现建筑师对形体、色彩、光线、阴影等方面的构思和追求；PhotoShop 将选择工具、绘画和编辑工具、颜色校正工具及特殊效果功能结合起来，使用各种彩色模式对图像进行编辑处理，从而表现意境和情趣。

小贴士：AutoCAD、3DMax 软件

AutoCAD 软件是由美国欧特克有限公司（Autodesk）出品的一款计算机辅助设计软件，可以用于绘制二维制图和基本三维设计。它具有良好的用户界面，通过交互菜单或命令行方式便可以进行各种操作，非计算机专业人员也能很快地学会使用，即可自动制图，因此它在全球广泛使用，可以用于土木建筑、装饰装潢、工业制图、工程制图、电子工业、服装加工等多领域，极大地提高了工作效率。

AutoCAD 可以做到前期与客户沟通出平面布置图，后期出施工图（施工图有平面布置图、顶面布置图、地材图、水电图、立面图、剖面图、节点图、大样图等）。

3D Max（全称 3D Studio Max），是 Discreet 公司开发的（后被 Autodesk 公司合并）、基于 PC 的三维动画渲染和制作软件。最初运用在计算机游戏中的动画制作，后更进一步开始参与影视片的特效制作。

3D Max 广泛应用于广告、影视、工业设计、建筑设计、三维动画、多媒体制作、游戏、辅助教学以及工程可视化等领域。

三、产品设计

由于计算机可以帮助设计人员担负计算、信息存储和制图等工作，因此在家具、服装、模具等产品设计中，大量采用了计算机辅助设计（CAD）。

家具设计既是一门艺术，又是一门应用科学。家具要追求功能、舒适、耐久、美观四个目标。家具设计要用图形（或模型）和文字说明等方法，表达家具的造型、功能、尺寸、色彩、材料和结构，主要包括造型设计、结构设计及工艺设计三个方面。设计的整个过程包括收集资料、构思、绘制草图、评价、试样、再评价、绘制生产图。

家具设计软件最基本的是 AutoCAD、3D Max 以及 Photoshop。

AutoCAD 主要用于平面绘图以及结构的绘图，担负计算、信息存储和制图等工作，将草图变为工作图。

Adobe Photoshop 用于后期处理、制图等方面。

3D Max 用于生产立体效果图，用它做出来的效果是非常逼真的。也有用 Pro/Engineer 生产三维立体图的。

当然，现在越来越多的人使用专业的家具、家装设计软件，如 Think Design（意大利的工业设计软件）、Sketch up、酷家乐等。

以前人们都是用手绘的方式来设计服装，随着时代的进步，现在的服装设计也跟过去完全不一样了，服装设计软件已经被广泛使用。

服装设计软件拥有丰富的服装时尚风格库，让你尽情挑选适用于各种年龄层次和性别的服装风格；系统中的人体模型可以展示服装的上身效果，提供一些基础选择方案，拥有服装设计模板，可以根据体型和品味设计；依据服装款式选择最合适的材质；还可以进行缝纫线、正确的裁剪方式、控制衣服的大小等。

服装设计软件主要有 Photoshop（PS）、illustrator（AI）、CorelDraw（CDR）和 FreeHand（FH）等，服装公司最常用的是 CorelDraw，但也较多的用 AI、FH 了，PS 用来处理效果图是很好的，真正服装设计用 CAD 的很少。当然现在越来越多的使用专业服装设计软件了，如：Marvelous Designer、V-stitcher、服装 APD（Apparel Product Development）等。

小贴士：UG、Pro/Engineer、Adobe Photoshop 软件

1983 年，西门子推出了一款划时代的软件产品——UG，这是一个交互式 CAD/CAM 系统，它功能强大，可以轻松实现各种复杂实体及造型的建构，随着计算机技术的发展，先后推出了大型机版本、工作站版本到 PC 版本，迅速成为了模具行业三维设计的主流软件。随着后续版本的推出，它成为用于产品设计、工程和制造全范围开发过程的软件。

2006 年 11 月，美国参数技术公司发布了一款 CAD/CAM/CAE 一体化的三维软件——Pro/Engineer。Pro/Engineer 作为当今世界机械 CAD/CAE/CAM 领域的新标准而得到业界的认可和推广，是现今主流的 CAD/CAM/CAE 软件之一，在目前的三维造型软件领域中占有着重要地位，特别是在国内产品设计领域占据及其重要的位置。

相较于 UG（它是一个半参数化建模软件，在模型修改方面的功能很强悍），Pro/Engineer 是一个全参数建模软件，建模灵活性更大，团队协作的关联性非常强，

单一的变换直接影响全局的变化，更强调设计团队的协同作战。

Adobe Photoshop，简称"PS"，是美国 Adobe 公司旗下最为著名的图像处理软件之一，为图像扫描、编辑修改、图像制作、广告创意、图像输入与输出于一体的图形图像处理软件，深受广大设计人员和电脑美术爱好者的喜爱，适应面非常广，电影、视频和多媒体、制造、建筑、动画和 Web 设计人员都可以用到。

四、造型设计

造型设计包括工业造型设计、室内装饰设计、服装外形设计等。其实计算机辅助设计（CAD）最早的应用是在汽车制造、航空航天以及电子工业的大公司中，美国通用汽车公司和美国波音航空公司最早开始使用自行开发的 CAD 系统，波音后来引入了 UG，波音"B–777"飞机的设计制造创造了 CAD/CAM 的首个辉煌案例。

作为现代化工业体系中的皇冠，大型客机的设计与生产只有与现代计算机技术实现深度融合之后，才能够有更为优化的设计和更为精湛的工艺，"B–777"做到了这一点。因此，"B–777"成为了首款没有制造原型机就开始生产量产飞机的大型客机。（也可以说，原型机在计算机中。）

20 世纪 80 年代末到 90 年代初，波音公司使用了 2200 台计算机来进行飞机的设计工作。整架飞机首先从计算机中"生产"了出来。大到总体设计，小到管线布置，计算机辅助了很多设计工作，节省了大量的时间和成本。工程师们在计算机上以三维实体图像设计"B–777"飞机零部件，然后对这些零部件进行模拟装配。这种在计算机屏幕上进行零部件"预装配"的技术使得工程师们能发现并易于修改结构偏差和其他配合或过盈问题，同时也不再需要建造一个昂贵的全尺寸实物样机。当时波音公司对计算机辅助设计还不是完全放心，于是对关键的机头 41 段部件用模型进行了验证，结果比较理想。

此外，"B–777"在设计初期曾有过三发和四发的设想。但是，大量的计算机辅助设计表明三发的设计方案会使机身结构过于复杂，而四发吊装的方案则比双发的方案多耗油 30%，于是"B–777"最终选择了双发方案。

由于采用了全数字化设计方法，波音公司第一次在"B–777"上实现了异地并行设计。为了完成这一工作，在组织管理上做了很大调整，在"B–777"研制过程中，组成了 238 个综合设计小组，每个小组都由来自不同专业的技术人员（如设计、制造、工装、用户等）组成，他们长期在一个办公室工作，代表不同的专业，对同一工程项目的研发负责。

无纸设计技术的应用，极大地缩短了"B–777"的研发周期，提高了产品质量，使波音公司在激烈的市场竞争中保持了领先地位，也为世界航空工业掀开了崭新的一页。

上述技术的应用，不但保证了在很短时间内研制出世界上最先进的运输机，还使设计更改和返工率减少 50% 以上。从 1993 年 1 月到 1994 年飞机出厂，与过去项目相比，装配时出现的问题减少了 50%~80%。

小贴士：波音"B-777"飞机

波音"B-777"飞机是一款由美国波音公司制造的中远程双引擎宽体客机，三级舱布置的载客量为 283 人至 368 人，航程为 5 千至 9 千海里（即 9 千公里至 17 千公里）。

波音"B-777"在如今还保留着很多的头衔：发动机直径最大的双引擎宽体客机；世界上曾经最安全的飞机（自 1994 年首飞之后，到 2013 年，连续 18 年从未发生过人员死亡的事故）；航空史上最大的双引擎喷气式客机；成为能够飞越大半个地球的客机。

五、动漫设计

中国早在一两千年前就有了类动画艺术——皮影戏和走马灯，即动画艺术的雏形，但是动画片的真正形成，是在欧美经过艰辛探索逐渐发展起来的。

在 20 世纪时，大部分的电影动画都以传统动画的形式制作的，即要一张张画出来（或者做出来），然后再把一幅幅图片（一个个场景）拍摄到胶片上，多少年来，这种动画制作工艺一直被沿用。传统动画的工作量巨大，制作非常的耗时耗力。从 1928 年开始，世人皆知的 Walt Disney 逐渐把动画影片推向了巅峰。

计算机的普及和强大的功能革新了动画的制作和表现方式。借助计算机来制作动画的技术，使得动画的制作得到了简化，动画师只需要制作关键图片，一些简单的中间图片可以由计算机完成。

计算机动画也有非常多的形式，但大致可以分为二维动画和三维动画两种。二维动画的制作和传统动画相类似，许多传统动画的制作技术被移植到计算机上，使二维电影动画在影像效果上有极大的改进，制作时间上却相对以前有所缩短。现在的二维动画在前期往往仍然使用手绘然后扫描至计算机或者是用手写板直接绘制在计算机上（考虑到成本，大部分二维动画公司采用铅笔手绘），然后在计算机上对作品进行上色的工作，而特效、音响音乐效果、渲染等后期制作则几乎完全使用计算机来完成。一些可以制作二维动画的软件包括 Flash、AfterEffects、Premiere 等。

迪士尼在 90 年代开始以计算机来制作二维动画，并且他们把以前的作品重新用计算机进行上色。1980 年，迪斯尼用计算机图形制作了电影《电子世界争霸战》，开创了计算机图形技术制作电影的新纪元。80 年代初，相继开发出将真人动作投射到计算机上进行创作和利用光学追踪技术研发的动作捕捉系统，进一步提高了动画技术表现动作的逼真性和自然度。1986 年，在《妙妙探》中，第一次采用大量计算机动画技术制作出伦敦钟楼的场景。

三维动画有别于以前所有的动画技术，给予动画者更大的创作空间。精确的模型和照片质量的渲染使动画的各方面水平都有了新的提高，也使其被大量用于现代电影之中。三维动画几乎完全依赖于计算机制作，三维动画可以通过计算机渲染来实现各种不同的最终影像效果。包括逼真的图片效果，以及 2D 动画的手绘效果。著名的三维动画工作室包括皮克斯、蓝天工作室、梦工厂等，软件则包括 3DMax、Maya、LightWave3D、Softimage XSI 等。

在迪士尼的经典动画片《美女与野兽》《阿拉丁》等作品中，广泛采用二维结合三维的技术手法，应用三维动画制作软件做成二维的效果。到 1994 年的《狮子王》，开始将三维动画技术运用于各种性格各异、活泼可爱的动物身上。1995 年，三维动画技术史上划时代的作品出现，世界上第一部由计算机制作的三维动画《玩具总动员》诞生，这也是传统动画巨头迪士尼与皮克斯合作的第一部动画影片。21 世纪初至今，三维动画技术进入了全盛发展时期，皮克斯、梦工厂的 PDI 和福克斯的蓝天工作室三足鼎立，更吸引了华纳、索尼、史克威尔等大型影视巨头的加盟，市场异常活跃，进入了群雄纷争的时代。在《海底总动员》中，从照明、涌浪和波涛、幽暗朦胧以及光线的反射和折射等五个方面建造了唯有计算机三维技术才能塑造的海底世界效果。

计算机动画制作技术通过计算机得到了很大的延伸，很多技术不仅用在动画制作上，还用在电视电影的制作、建筑效果展示等方面。

小贴士：Maya 软件

Maya 是美国 Autodesk 公司出品的世界顶级的三维动画软件，应用对象是专业的影视广告、角色动画、电影特技等。Maya 功能完善，工作灵活，易学易用，制作效率极高，渲染真实感极强，可以提供完美的 3D 建模、动画、特效和高效的渲染功能，是电影级别的高端制作软件，电影《终结者 2》（里面的液态机器人）《侏罗纪公园》《阿甘正传》《玩具总动员》和《X 战警》等许多电影的特技镜头就是采用 Maya 制作的。

Maya 声名显赫，是动画制作者梦寐以求的工具，掌握了 Maya，会极大地提高制作效率和品质，调节出仿真的角色动画，渲染出电影一般的真实效果，向世界顶级动画师迈进。

Maya 集成了 Alias、Wavefront 最先进的动画及数字效果技术，它不仅包括一般三维和视觉效果制作的功能，而且还与最先进的建模、数字化布料模拟、毛发渲染、运动匹配技术相结合。

在目前市场上用来进行数字和三维制作的工具中，Maya 是首选解决方案。

六、芯片设计

集成电路（Integrated Circuit）的使用越来越普遍，变得无处不在，电脑、手机和其他数字电器成为我们工作和生活中不可缺少的东西。现代计算、交流、制造和交通系统，包括互联网，全都依赖集成电路的存在。

集成电路实际上就是采用一定的工艺，把一个电路中所需的晶体管、二极管、电阻、电容和电感等元件及布线互连一起，制作在一小块或几小块半导体晶片或介质基片上，然后封装在一个管壳内，成为具有所需电路功能的微型结构。其中所有元件在结构上已组成一个整体，使电子元件具有微型化、低功耗和高可靠性。

集成电路技术包括芯片制造技术与设计技术。芯片制造的过程就如同盖房子，以晶圆作为地基，通过芯片制造流程再一层层往上叠加元件和电路，最后经过封装生产出必要的芯片。因此，如同盖房子时建筑师的角色相当重要一样，集成电路芯片的设计师也同样重要。

由于一块指甲盖大小的芯片上可能有多达几亿、甚至几十亿个元器件，因此集成电路的设计和制造都非常复杂，集成电路多由专业的设计公司进行规划、设计，如 Intel、高通、联发科等知名大厂，都自行设计各自的集成电路芯片，再自己或交由专业的代工厂，如台积电、联电等，将芯片生产出来，提供给下游厂商选择。

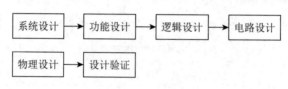

图 3-7　芯片设计内容

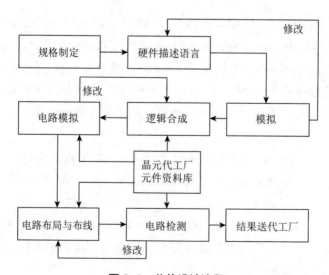

图 3-8　芯片设计流程

在 IC 设计中，最重要的步骤就是规格制定。这个步骤就像是在设计建筑前，先决定要有几间房间、浴室，有什么建筑法规需要遵守，在确定好所有之后再进行设计，这样才不用再花额外的时间进行后续修改。IC 设计也需要经过类似的步骤，才能确保设计出来的芯片不会有任何差错。

规格制定的第一步便是确定 IC 的目的、效能为何，对大方向做设定。接着是察看有哪些协定要遵守，像无线网卡的芯片就需要符合 IEEE 802.11 等规范，否则芯片将无法和市面上的产品相容，也无法和其他设备连线。最后则是确立这颗 IC 的实作方法，将不同功能分配成不同的单元，并确立不同单元间连接的方法，如此便完成规格的制定。

设计完规格后，接着就是设计芯片的细节了。这个步骤就像按照规划进行建筑初步设计，将整体轮廓描绘出来。在 IC 芯片中，便是使用硬件描述语言（Hardware Description Languages，HDL）将电路描写出来，常使用的有 Verilog、VHDL 等，通过程序代码将一颗 IC 的功能表达出来。接着就是检查程序功能的正确性并持续修改，直到它满足期望的功能为止。

有了完整的规划后，接下来将确定无误的 HDL 代码，放入电子设计自动化工具（Electronic Design Automation，EDA），让电脑将 HDL 代码转换成逻辑电路，画出电路图，然后反复确定并修改，直到符合规划的功能。

由于一块芯片在规划阶段会划分成多个部分，前面的 HDL 代码也是分部分进行的，因此还需要将各个部分合并起来，最后将合成完的程序码再放入另一套 EDA 工具，进行电路布局与布线。

当然，芯片在流片（做出实际芯片）之前，不知道它的设计是否成功、合理，流片成本又非常高，不可能为了验证设计是否成功去流片。这个时候就需要用到仿真，即用计算机去模拟电路的运行情况。仿真贯穿芯片设计的始末，有前端仿真、后端仿真、模拟仿真、数字仿真等等，仿真当然要依靠专门的计算机仿真软件。

最终，当上述所有的工作完成后，一份由软件生成的用来投片生产的连线表和电路图就完成了。

从集成电路的设计过程可以看出，芯片设计从开始的架构设计到最后头片生产的电路图，均离不开专业的设计和仿真软件。集成电路设计工具软件企业有：Synopsys、Cadence、Mentor Graphics 等。

小贴士：全球三大 EDA 大佬 Synopsys、Cadence 和 Mentor Graphics

Cadence 公司是总部设在美国加利福尼亚州的一家专门从事 EDA 的软件公司，是全球最大的电子设计技术、程序方案服务和设计服务供应商。其产品涵盖了电子设计的整个流程，包括系统级设计、功能验证、IC 综合及布局布线、模拟、混合信号及射频 IC 设计、全定制集成电路设计、IC 物理验证、PCB 设计和硬件仿真建模等。

Synopsys 公司也是总部设在美国加利福尼亚州的 EDA 软件工具的主导企业。为全球电子市场提供技术先进的 IC 设计与验证平台，2002 年并购 Avanti 公司后，成为提供前后端完整 IC 设计方案的领先 EDA 供应商，集成了业界最好的前端和后端设计工具。

Cadence 与 Synopsys 的结合可以说是 EDA 设计领域的黄金搭档。

Mentor Graphics 总部设在美国俄勒冈州，也是 EDA 技术的领导产商，它提供完整的软件和硬件设计解决方案，其中的代表性产品有 Calibre、Questa 以及 Tessent 等软件工具。2016 年 11 月被德国的西门子以 45 亿美元收购。

第三节　物流生产的软件信息化

物流生产的软件信息化，是计算机推动产业发展的另一个典型的例子。通过 ERP 系统进行企业资源、业务的信息化管理；通过 MES 系统实现制造数据的实时化；通过物资运输的全程定位实现物流运输的数据化；通过自动化立体仓库实现物流仓储自动化。

一、企业资源信息化

物流生产企业的资源、业务信息化管理，可以借助 ERP 系统完成。

企业资源计划 ERP（Enterprise Resource Planning）是 20 个世纪 90 年代美国一家 IT 公司根据当时计算机信息、IT 技术发展及企业对供应链管理的需求，预测在今后信息时代企业管理信息系统的发展趋势和即将发生的变革而提出的概念。ERP 是针对物资资源管理（物流）、人力资源管理（人流）、财务资源管理（财流）、信息资源管理（信息流）集成一体化的企业管理软件。其建立在信息技术基础上，集信息技术与先进管理思想于一身，以系统化的管理思想，为企业员工及决策层提供决策手段。通过将 ERP 与云技术相结合，实施基于云平台的 ERP 对于改善企业业务流程、提高企业核心竞争力具有显著作用。

典型的 ERP 由会计核算模块、财务管理模块、生产控制管理模块、物流管理模块、采购管理模块、分销管理模块、库存控制模块、人力资源管理模块等部分组成。

通过管理整个供应链资源、同步精益生产、事先计划与事中控制（如图 3-10 所示），基于云平台的 ERP 系统能够达到优化销售环节，降低销售成本，提升客户服务水平，加速货款回收；实现资金流、物流、信息流的统一管理，解决内部信息不畅通及管理困难等弊端；业务数据实时处理，决策命令准确下达。减少经营成本，降低经营风险，快速应对市场变化；降低库存，减少企业库存投资，提高库存周转率；减少延期交货，提高企业准时交货率，降低误期率，提高企业效率及信誉；缩短采购提前期，节省采购费用；减少停工待料，降低制造成本。由于库存费用下降，劳力的节约，采购费用节省等一系列人、财、物的效应，使生产成本得到降低；产品物料结构管理规范，确保业务部门严格执行，提高产品质量；管理水平的提高，协助员工快速完成任务，提高了工作效率；成本核算自动化，实时报表统计及月底结账瞬间完成，确保准确、及时地提供各种成本数据，提高财务人员效率；同时实时监控财务信息，随时掌握资金动态等。

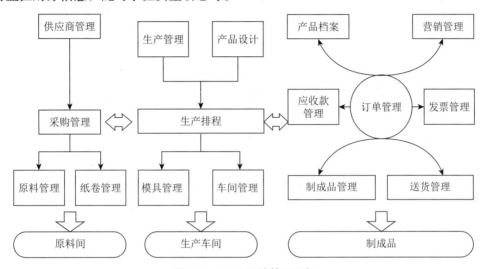

图 3-9 ERP 系统管理目标

ERP 的实施本质是从人治的权力管理向法治的程序管理转变，好处显而易见；但要用好 ERP 这个管理工具，需要进行充分的项目实施前期准备，找到接地气的咨询合作伙伴，制订合理的项目实施进程规划，并尽可能凝聚共识以减少实施阻力，一把手要能强势推动以尽快度过实施效能动荡期，要有目的提升员工素质，以满足和支撑管理流程再造要求。

如果没有一个好的企业文化，管理人员容易因为局部利益，抵制 ERP 实施。如果缺乏一把手的强势推动，以及必要的员工素质支撑、有效专业技术支持、合理的实施路径，推行 ERP 反而会造成企业内部管理混乱，工作效率下降，并导致企业效益下滑，甚至破产。麦肯锡 1999 年兵败实达就是早期推行 ERP 系统的一个典型失败案例，值得大家反思。

二、制造数据实时化

物流生产中的现场作业、制造数据管理，可以借助 MES 系统来完成，而 MES 则是工业 4.0 实施小规模个性化产品生产的关键性支撑平台。

1990 年 11 月，美国先进制造研究中心 AMR（Advanced Manufacturing Research）提出 MES（制造执行系统）的概念。通过将 MES 与云技术相结合，实施基于云平台的 MES 系统能够为企业提供包括制造数据管理、计划排程管理、生产调度管理、库存管理、质量管理、人力资源管理、工作中心/设备管理、工具工装管理、采购管理、成本管理、项目看板管理、生产过程控制、底层数据集成分析、上层数据集成分解等管理模块，为企业打造一个扎实、可靠、全面、可行的制造协同管理平台。MES 系统的组成如图 3-10 所示。

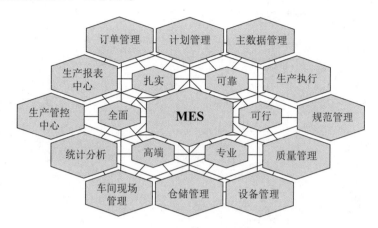

图 3-10　MES 系统组成

基于云平台的 MES 系统采用 SOA 架构，通过 SOA 耦合应用集成技术，将业务流程管理与工作流程结合起来，搭建企业级的跨系统的工作流整合平台。系统底层是基础层，整个系统的运行维系根基，各种核心组件如 SOA 引擎、AJAX 引擎以及工作流引擎等被有机集成、协同作业，共同实现系统开发的各种业务应用。MES 系统的架构如图 3-11 所示。

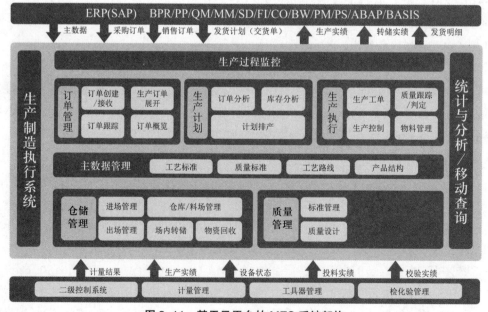

图 3-11　基于云平台的 MES 系统架构

通过在云平台上采用 SOA 架构，MES 能够达到不下车间掌控生产现场状况、工艺参数监测、实录、受控；制程品质管理、问题追溯分析；物料损耗、配给跟踪、库存管理；生产排程管理，合理安排工单；客户订单跟踪管理，如期出货；生产异常及时报警提示；设备维护管理，自动提示保养；OEE 指标分析，提升设备效率；自动数据采集，实时准确客观；报表自动及时生成，无纸化；员工生产跟踪，考核依据客观；成本快速核算，订单报价决策；细化成本管理，预算执行分析等目标。

三、物流运输数据化

物流运输过程中，通过全程定位技术，能实现物流运输的数据化管理。

与国外物流配送中心相比，我国的物流配送中心 90 年代中后期才开始受到国家的重视和扶持，许多配送中心在北上广深等城市建立，以深圳市为例，有华南国际、平湖物流、清水河物流等大型物流中心和物流园区。与以往物流配送中心普遍存在重生产、重资金流、轻配送、轻物流的情况不同，现在的物流配送中心把对工作人员的管理也纳入了系统，通过建立物流信息系统实现对人员和车辆的定位和跟踪，能够实时、直观地让管理者监督和掌控住整个物流配送中心，提高管理水平。在物流信息系统中，物流的定位方案与技术的选择对提高现代物流配送管理效率、减少运营成本具有重要的影响。随着无线通信、网络技术及 MEMS 技术的高速发展，基于移动定位技术、无线移动通信技术 GSM /GPRS/CDMA、Internet、RFID 技术、蓝牙等的定位技术开始涌现。

目前的移动定位方案，根据进行定位估计的位置、定位主体及采用设备的不同，可以分为五类：基于移动台的定位方案、基于网络的定位方案、GPS 辅助定位方案、基于射频设备记录位置的定位方案、组合定位方案。

1. 基于移动台的定位系统

定位过程由移动台根据接收到的多个已知位置发射机发射信号携带的某种与移动台位置有关的特征信息（如场强、传播时间、时间差等），确定其与各发射机之间的几何位置关系，再由集成在移动台中的位置计算功能（PCF），根据有关定位算法计算出移动台的估计位置。

2. 基于网络的定位系统

定位过程由多个固定位置接收机同时检测移动台发射的信号，将各接收信号携带的某种与移动台位置有关的特征信息送到网络中的移动定位中心（MLC）进行处理，由集成在 MLC 中的 PCF 计算出移动台的估计位置。基于网络的定位技术主要有以下四类：基于 Cell-ID 的定位技术、基于 AFLT 的定位技术、基于到达时间（TOA）的定位技术、基于到达时间差（TDOA）的定位技术。

3. 基于 GPS 的辅助定位系统（A-GPS）

系统采用 GPS 定位方案，由集成在移动台上的 GPS 接收机和网络中的 GPS 辅助设备利用 GPS 系统实现对移动台的自定位。A-GPS 有移动台辅助和移动台自主两种方式。移动台辅助 GPS 定位是将传统 GPS 接收器的大部分功能转移到网络处理器上实现。网络向移动台发送短的辅助信息（例如时间、卫星信号多普勒参数和码相位搜索窗口）。移动台 GPS 模块处理后产生伪距离数据，网络处理器或定位服务器收到这些数据后估算移动台的位置。自主 GPS 定位的移动台包含一个全功能 GPS 接收器，具有移动台辅助 GPS 定位的所有功能，不需要网络提供辅助信息，在全码域范围内搜索可使用的 GPS 卫星，以完成定位操作，并将结果直接报给网络。

4. 基于射频设备记录位置的定位技术，即 RFID（射频识别）。

通过读取用于标识地理坐标的标签数据来获取定位信息。其定位精度仅取决于标签存储定位信息的精确性，理论上可以达到任意精度。RFID 可用于仓库、码头等需要高精度定位信息的场所，来提供定位信息和其他辅助功能。

5. 组合定位方案

组合定位方案是将网络定位与 GPS 辅助定位结合的一种定位方式。主要代表系统有 GPSone 技术。该技术同时使用 GPS 卫星和蜂窝网络收集测量数据，通过组合这些数据生成精确的三维定位。其定位精度高达 5~50 米，且在 GPS 卫星信号和无线网络信号都无法单独完成定位的情况下，GPSone 也可以组合这两种信息源，只要有一颗卫星和一个小区站点就可以完成定位，解决了传统定位方案无法解决的问题，可应用在包括物流在内的很多领域。

在物流配送网络中普遍采用 GPS+Cell-ID+RFID 三者结合的定位技术，以保证在任何时刻都能达到比较好的精度。典型的物流配送中心的定位跟踪拓扑图如图 3-12 所示。

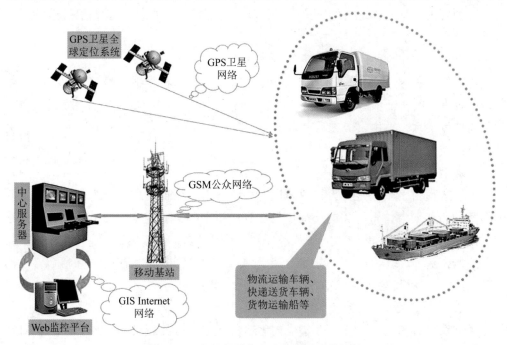

图 3-12　物流配送中心定位跟踪系统拓扑

四、物流仓储自动化

物流仓储的自动化，是通过自动化立体仓库等技术实现了仓储的自动化。

随着我国电子商务的发展，物流公司成为连接线上电商平台与线下消费者的重要纽带，即消费者通过线上平台选购商品之后，物流公司便会根据消费者预留的地址为其提供商品配送服务。由于消费者所在地同线上电商平台通常并不在同一个地区或是城市，物流公司必须对所配送的商品进行中转仓储，其后，根据商品配送目的地，对等待配送的商品进行分拣归类。电商平台的快速发展使得物流配送人员的工作任务极其繁重，采用电子计算机进行管理和控制，建立不需要人工搬运作业而实现收发作业的仓库势在必行。同时也由于生产规模的扩大，大型批发市场的出现，原材料、中间件、成品货物的库存量相应增加。为了节约用地和便于管理，要求仓库向空间发展，实现立体化，采用高层货架配以货箱或托盘储存货物，用巷道堆垛起重机及其他机械进行作业。

一般的自动化立体仓库由六个部分组成，如图 3-13 所示。

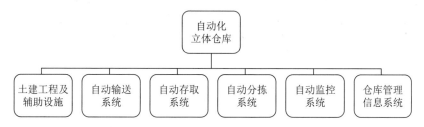

图 3-13 自动化立体仓库的基本构成

自动化立体仓库的使用，大大提高了物流仓储的自动化水平。其显著的特点有：

① 大大提高了仓库的单位面积利用率；

② 提高了劳动生产率，降低了劳动强度；

③ 减少了货物处理和信息处理过程的差错；

④ 合理有效地进行库存控制；

⑤ 能较好地满足特殊仓储环境的需要；

⑥ 提高了作业质量，保证货品在整个仓储过程的安全运行；

⑦ 便于实现系统的整体优化。

表 3-1 中列举了几种常见的自动化立体仓库示意图。

表 3-1　各种类型的自动化立体仓库

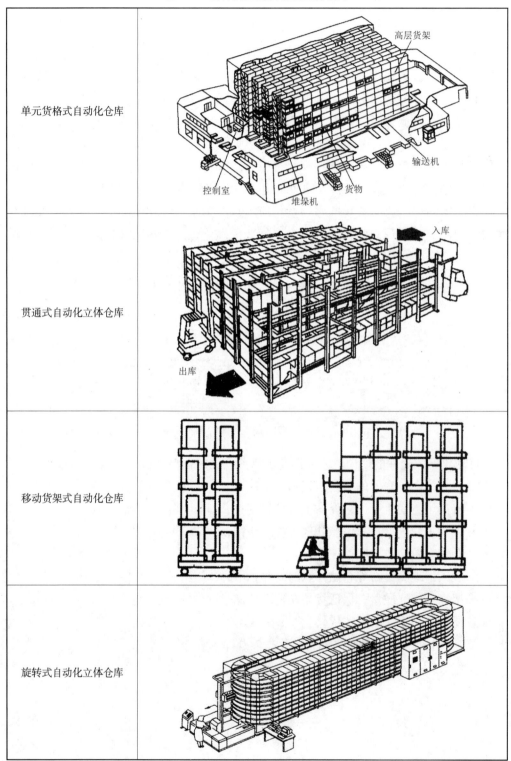

单元货格式自动化仓库	
贯通式自动化立体仓库	
移动货架式自动化仓库	
旋转式自动化立体仓库	

高层货架

输送机

控制室　　堆垛机　　货物

入库

出库

为了对物流仓储实现自动化管理，很多企业应用了物流仓储自动化信息管理系统，其功能示意图如图3-14所示。

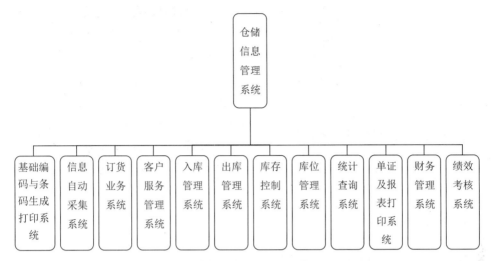

图3-14 物流仓储自动化信息管理系统功能示意图

第四节 中国制造之产业智能化

一、德国工业4.0的来龙去脉

1. 工业1.0机械化

工业1.0机械化以蒸汽机为标志，用蒸汽动力驱动机器取代人力，从此手工业从农业分离出来，正式进化为工业。

2. 工业2.0电气化

工业2.0电气化以电力的广泛应用为标志，用电力驱动机器取代蒸汽动力，从此零部件生产与产品装配实现分工，工业进入大规模生产时代。

3. 工业3.0信息化

工业3.0信息化以PLC（可编程逻辑控制器）和PC的应用为标志，从此机器不但接管了人的大部分体力劳动，同时也接管了一部分脑力劳动，工业生产能力也由此超越了人类的消费能力，人类进入了产能过剩时代。

4. 工业4.0智能化

工业4.0智能化的本质是个性化订单生产，而不是批量预测性生产，需要强大的MES与ERP融合支撑。在利用最先进的信息系统管理生产时，要符合实际的生产控制通常需要不断更新数据信息，包括现有资源、资源的当前特征以及今天和未来的订单情况。通过深入集成ERP的计划和实施MES的方式实现对生产的管理。计划和

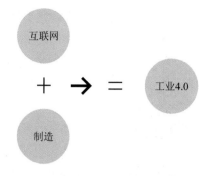

图3-15 工业4.0的本质就是"互联网+"制造

生产之间的有效控制环路帮助生产企业实现最高的目标，在模拟系统基础上，通过 MES 组件制定与目标最匹配的假设场景。

工业机器人的广泛应用也是工业 4.0 的一个重要标志，日新月异的自动化与人工智能的技术进步，令工业机器人越来越多地进入装配制造业。有机器帮忙，更多人可以脱离重复性高、枯燥无味的工作，在全球范围内，"机器换人"都是不可逆转的趋势。毕竟机器人的出现与发展，本来就是工业革命重要的组成部分。

小贴士：工业 4.0（第四次工业革命）

工业 4.0 是由德国政府《德国 2020 高技术战略》中所提出的十大未来项目之一。该项目由德国联邦教育局及研究部和联邦经济技术部联合资助，投资预计达 2 亿欧元，旨在提升制造业的智能化水平，建立具有适应性、资源效率及基因工程学的智慧工厂，在商业流程及价值流程中整合客户及商业伙伴，其技术基础是网络实体系统及物联网。

德国所谓的工业四代（Industry4.0）是指利用物联信息系统（Cyber Physical System，简称 CPS）将生产中的供应、制造、销售信息数据化、智慧化，最后提供快速、有效、个人化的产品供应。

目前，工业 4.0 已经进入中德合作新时代，中德双方签署的《中德合作行动纲要》中，有关工业 4.0 合作的内容共有四条，第一条就明确提出工业生产的数字化就是工业 4.0，它对于未来中德经济发展具有重大意义。双方认为，两国政府应为企业参与该进程提供政策支持。

如今，中国也制定了自己的工业 4.0 发展战略——《中国制造 2025》，为我国工业未来的发展前景绘制了一幅宏伟蓝图，两化（工业化和信息化）融合为我国制造业企业的转型升级指明了前进的方向，使得众多制造业企业犹如醍醐灌顶般，瞬间看到了自己的美好未来。

二、"中国制造 2025"的前因后果

1. 中国制造的产业现状

经过改革开放 30 年来的不懈努力，中国制造业得到了快速的发展，继 2003 年中国制造业超过德国之后，2009 年中国超越了日本，成为世界第二大工业制造国。根

据有关机构测算，2010 年，中国在世界制造业产出总值中的份额为 19.8%，而美国仅为 19.4%。用联合国按照 2011 年年初的汇率计算出的数字来看，中国制造业总产值为 2.05 万亿美元，也略高出美国制造业的 1.78 万亿美元。这说明，中国制造业超过美国，跃居为世界第一大国已成为不争的事实。

但光环背后，"中国制造"也遇到了前所未有的危机与挑战。主要表现在：①生产成本上升，价格优势渐失；②发达国家制造业回流；③处于国际产业链低端。"中国制造"的整体竞争力距离美、日、英这样的制造业大国还是有很大差距。发达国家凭借资本、科技、人才、营销的优势，牢牢地占据了国际产业链的高端。而中国制造的产品，大多数技术水平含量低，产品附加值小，并且缺少优秀的自主品牌，多数出口的产品都是贴牌生产的，这就导致了在利润分配上，我们只能获得产品价值很小的一部分。

在此背景下，"中国制造 2025"这一概念被首次提出。2015 年 3 月 5 日，李克强在全国两会上作《政府工作报告》时首次提出"中国制造 2025"的宏大计划。2015 年 3 月 25 日，李克强组织召开国务院常务会议，部署加快推进实施"中国制造 2025"，实现制造业升级。也正是这次国务院常务会议，审议通过了《中国制造 2025》。2015 年 5 月 8 日，国务院正式印发《中国制造 2025》。

"中国制造 2025"是在新的国际国内环境下，中国政府立足于国际产业变革大势，作出的全面提升中国制造业发展质量和水平的重大战略部署。其根本目标在于改变中国制造业"大而不强"的局面，通过 10 年的努力，使中国迈入制造强国行列，为到 2045 年将中国建成具有全球影响力的制造强国奠定坚实基础。

2. 中国制造三步走目标

第一步：力争用十年时间，迈入制造强国行列。到 2020 年，基本实现工业化，制造业大国地位进一步巩固，制造业信息化水平大幅提升。掌握一批重点领域关键核心技术，优势领域竞争力进一步增强，产品质量有较大提高。制造业数字化、网络化、智能化取得明显进展。重点行业单位工业增加值能耗、物耗及污染物排放明显下降。

到 2025 年，制造业整体素质大幅提升，创新能力显著增强，全员劳动生产率明显提高，两化（工业化和信息化）融合迈上新台阶。重点行业单位工业增加值能耗、物耗及污染物排放达到世界先进水平。形成一批具有较强国际竞争力的跨国公司和产业集群，在全球产业分工和价值链中的地位明显提升。

第二步：到 2035 年，我国制造业整体达到世界制造强国阵营中等水平。创新能力大幅提升，重点领域发展取得重大突破，整体竞争力明显增强，优势行业形成全球创新引领能力，全面实现工业化。

第三步：新中国成立一百年时，制造业大国地位更加巩固，综合实力进入世界制造强国前列。制造业主要领域具有创新引领能力和明显竞争优势，建成全球领先的技术体系和产业体系。

"中国制造 2025"通过"三步走"实现制造强国为战略目标如图 3-16 所示。

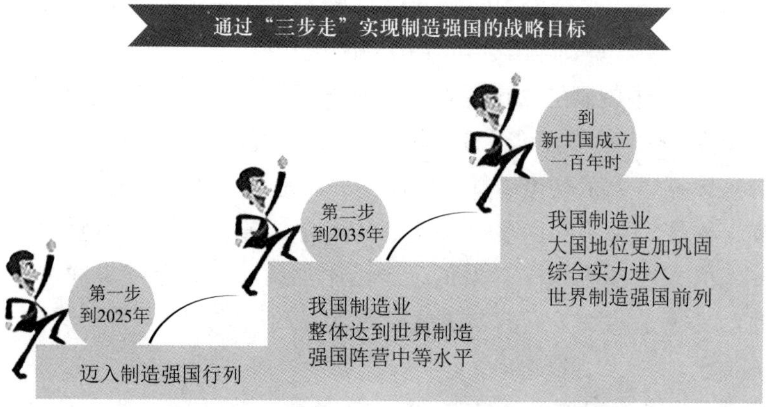

图 3-16　通过"三步走"实现制造强国的战略目标

3. 中国制造的主要内容

"中国制造 2025"将加快推动新一代信息技术与制造技术融合发展，把智能制造作为两化深度融合的主攻方向。着力发展智能装备和智能产品，推进生产过程智能化，培育新型生产方式，全面提升企业研发、生产、管理和服务的智能化水平。

"中国制造 2025"将研究制定智能制造发展战略。编制智能制造发展规划，明确发展目标、重点任务和重大布局。促进工业互联网、云计算、大数据在企业研发设计、生产制造、经营管理、销售服务等全流程和全产业链的综合集成应用。加强智能制造工业控制系统网络安全保障能力建设，健全综合保障体系。

"中国制造 2025"将加快发展智能制造装备和产品。组织研发具有深度感知、智慧决策、自动执行功能的高档数控机床、工业机器人、增材制造装备等智能制造装备以及智能化生产线，突破新型传感器、智能测量仪表、工业控制系统、伺服电机及驱动器和减速器等智能核心装置，推进工程化和产业化。

"中国制造 2025"将推进制造过程智能化。在重点领域试点建设智能工厂 / 数字化车间，加快人机智能交互、工业机器人、智能物流管理、增材制造等技术和装备在生产过程中的应用，促进制造工艺的仿真优化、数字化控制、状态信息实时监测和自适应控制。加快产品全生命周期管理、客户关系管理、供应链管理系统的推广应用，促进集团管控、设计与制造、产供销一体、业务和财务衔接等关键环节集成，实现智能管控。

"中国制造 2025"将深化互联网在制造领域的应用。制定互联网与制造业融合发展的路线图，明确发展方向、目标和路径。发展基于互联网的个性化定制、众包设计、云制造等新型制造模式，推动形成基于消费需求动态感知的研发、制造和产业组织方式。建立优势互补、合作共赢的开放型产业生态体系。加快开展物联网技术研发和应用示范，培育智能监测、远程诊断管理、全产业链追溯等工业互联网新应用。

"中国制造 2025"将加强互联网基础设施建设。加强工业互联网基础设施建设规划与布局，建设低时延、高可靠、广覆盖的工业互联网。针对信息物理系统网络研发及应用需求，组织开发智能控制系统、工业应用软件、故障诊断软件和相关工具、传感和通信系统协议，实现人、设备与产品的实时联通、精确识别、有效交互与智能控制。

图 3-17 　"中国制造 2025"重点发展"互联网 +"十大领域

"中国制造 2025"将紧密围绕重点制造领域关键环节，开展新一代信息技术与制造装备融合的集成创新和工程应用。支持政产学研用联合攻关，开发智能产品和自主可控的智能装置并实现产业化。依托优势企业，紧扣关键工序智能化、关键岗位机器人替代、生产过程智能优化控制、供应链优化，建设重点领域智能工厂 / 数字化车间。在基础条件好、需求迫切的重点地区、行业和企业中，分类实施流程制造、离散制造、智能装备和产品、新业态新模式、智能化管理、智能化服务等试点示范及应用推广。

4. 中国制造的主要特点

工业和信息化部部长苗圩将"中国制造 2025"简单概括为"一二三四五五十"的总体结构。

"一"，就是从制造业大国向制造业强国转变，最终实现制造业强国的一个目标。

"二"，就是通过两化融合发展来实现这一目标。党的十八大提出了用信息化和工业化两化深度融合来引领和带动整个制造业的发展，这也是我国制造业所要占据的一个制高点。

"三"，就是要通过"三步走"的战略，大体上每一步用十年左右的时间来实现我国从制造业大国向制造业强国转变的目标。

"四"，就是确定了四项原则。第一项原则是市场主导、政府引导；第二项原则是既立足当前，又着眼长远；第三项原则是全面推进、重点突破；第四项原则是自主发展和合作共赢。

"五五"，就是有两个"五"。第一就是有五条方针，即创新驱动、质量为先、绿色发展、结构优化和人才为本。还有一个"五"就是实行五大工程，包括制造业创新中心建设工程、强化基础工程、智能制造工程、绿色制造工程和高端装备创新工程。

"十"，是指十个领域，包括新一代信息技术产业、高档数控机床和机器人、航空航天装备、海洋工程装备及高技术船舶、先进轨道交通装备、节能与新能源汽车、电力装备、农机装备、新材料、生物医药及高性能医疗器械等十个重点领域。

第五节 超算能力的仿真实用化

超算是超级计算的简称，由千万亿次高效能的超级计算机构成。超级计算机代表了当代信息技术的最高水平，是一个国家科技实力的重要标志，也是服务于大系统、大工程、大科学的一个必不可少的工具。超算广泛应用于科学研究、工业创新、商业金融、社会公共服务和国家安全等方面。早在 2006 年，中华人民共和国国务院颁布的《国家中长期科学和技术发展规划纲要（2006—2020）》就明确提出了要掌握千万亿次高效能计算机研制的关键技术，并将"高效能计算机及网络服务环境"列为"十一五"期间的 863 重大课题。

一、强化超算能力的战略意义

超级计算能力是国家科技竞争力乃至综合国力的重要标志，也是经济社会发展、国防和国家安全的重要支撑。特别是在网络化、大数据、云计算和虚拟现实迅猛发展的背景下，超级计算不但是科技发展的利器，正引发科研模式的根本变革，也将成为重要的社会基础设施，并最终深刻地改变我们的生产和生活方式。

位于加利福尼亚州芒廷维尤的计算机历史博物馆高级主管达格·斯派塞接受《外交政策》记者采访时说："超级计算能力有三个典型应用领域，分别是密码系统、核武器设计及天气预报。每个领域都被认为与国家安全有关，需要高性能计算机进行超大量的数据运算分析。"

信息安全： 达格·斯派塞认为，在三个领域中，密码系统的角色尤为重要。安全取决于你的计算机最快的运算速度。安全是一场持续的军备竞赛，加密就是安全最基本的形式，它的前提是设置算法足够复杂的密码难题，尽管理论上有破解的可能，但由于耗时太长——可能是一年，也可能是一百年——因此没有实际操作的可行性，也就等于无法破解。但如果能制造一台性能强大的计算机，可以用一年完成原先需要一百年的计算，或者几周完成原本需要一年的计算，那么情况就会不同了。

天气预测：有了超算，在未来，中长期天气预报将不再是难题：现在只能做短期预报，比较准确的可能只有两到三天，但只要速度足够快，计算精度足够高，一年的天气预报都有可能实现，这对国民经济安排很有用处。在台风发威之前把它破坏掉行不行？一个像"尤特"这样的超强台风可释放约两千亿千瓦的能量，比2008年全球能源消耗量的五倍还多，相当于每秒引爆三颗二战时期的原子弹。既然不能硬碰硬，那么只能预测它的路径提前防御。科学家们在陆地、海洋和太空中设置多种观测设备，监测海洋上的天气动向，然后把数据代入到偏微分方程中进行计算，就能算出台风未来的动向。广东省气象台在"尤特"登陆前24小时算出的登陆点与实际登陆点偏差是44公里，仅仅相当于一个台风眼，是全球最准的。对台风等天气现象的运算是全天候、大数据量的，所以气象部门对超级计算机的依赖度很高。目前广东省气象台正在与广州超算中心对接，未来，"天河二号"或许能为更精确的台风预报做出贡献。

自然灾害预警：此外，海啸地震等自然灾害预警的难关同样可以通过超算解决。只要做一个数字地球，把地球科学和环境科学连在一起，对地壳运动、大气运动都可以实现模拟预测。地震勘探是油气能源开发行业的最重要手段。国际石油物探领域的欧美巨头，利用领先软件核心技术和高性能计算处理平台，长期垄断国际物探行业，国内石油公司每年都要花费大量资金租用或采购其服务，且核心业务和市场竞争受制于人。为保障国家能源安全，打破国外技术封锁，以中石油东方物探等为代表的中国物探公司加大自主研发力度。该公司研发中心与天津超算中心等机构合作开发功能完善、性能高效的地震数据处理软件，并在"天河一号"平台上完成多项复杂地质条件下三维大连片数据（上千乃至上万平方公里）、高密度勘探（数据规模百 TB 级）大规模数据的处理，提升我国油气能源勘探开发处理能力，大大提升我国在这个领域的行业竞争力，打破国外技术封锁，实现我国石油地震勘探领域的成功突围。

雾霾全预报：随着空气质量恶化，雾霾天气现象增多，对社会危害加重。近年来我国不少地区把阴霾天气现象并入雾一起作为灾害性天气预警预报，统称为雾霾天气。通过超算，各地雾霾成分及生存机理都可以得以明确，这对治霾同样起到很大的作用。要实现雾霾全预报的一个重要前提是观测站的精度足够高，并在此基础上建立科学的计算模型。目前全国雾霾观测站是每45公里一个，精度还不够，提升精度更有助于精细预报。一旦成型，将对中国的城市规划带来利好，雾霾的成分机制、污染源的来向都是可以计算出来的，那么在规划建筑时就不会挡住风道，整个城市规划更趋合理。

基因测序：天气和常规地质灾害的预报只是超算的传统应用，而它的更大用武之地在于老百姓自身的健康管理。作为超算的重要应用客户，华大基因计划做一个百万人的基因库，这个基因库就是通过基因界定，找到靶点，对于消灭遗传病将有很大帮助。比如哪些人在基因演变中容易出现错误，通过基因测序，从而产生预防效果。

孪生数字人：在超算的帮助下，未来的人类可能拥有一个与自己代谢功能相似的孪生数字人，这将为现代人的饮食治疗困扰带来新曙光。"天河二号"将和国际有关方面合作，打造带全生命信息的标准数字人，然后个性化建模打造出孪生数字人，而这个孪生数字人就会告诉你应该做什么不该做什么。有的人抗压能力强，有的人身体易胖，通过这个数字人就可知道今天这个汉堡该不该吃，能不能吃等等。不仅如此，在这个根据具体病人构建的"数字人"上，医生可反复模拟开刀，斟酌出最佳手术方案。目前来看，整个数字人依然是一个愿景。但可以从数字血管开始，三五年就可以建成，还包括数字肝脏、数字肾脏等，它们将肩负很多生物和药物实验、肌体药物反应等。医生开处方前，将药物的影响数据输入计算机，数字人就会显示服药后的反应，协助医生对症下药。

二、世界大国超算能力排行榜

新一期全球超级计算机 500 强榜单在 2017 年 6 月 19 日公布，中国"神威·太湖之光"和"天河二号"第三次携手夺得前两名，美国在近 20 年来首次无缘前三名。

实现核心部件全部国产的中国超算"神威·太湖之光"，一年前以每秒 9.3 亿亿次的浮点运算速度首次夺冠，速度可达每秒 3.39 亿亿次的中国超算"天河二号"由此排名第二。

此前美国只有 1996 年 11 月一次无缘前三名，那次前三名全部来自日本。而此次美国上榜数量小幅减少至 169 个，中国有 159 个，所以美国上榜总数仍是第一，中国位居第二。

从计算性能来看，此次榜单的最后一名为每秒 432.2 万亿次，而半年前为每秒 349.3 万亿次。此次最后一名在半年前的榜单上排在第 391 名。此次全部系统的运算速度总和为每秒 74.9 亿亿次，比一年前提升 30%，但低于历史上平均每年 185% 的增幅。

从公司角度看，中美两国计算机企业在榜单前几名仍呈"交错"之势。美国惠普公司以 143 个上榜系统位居第一，中国联想、美国克雷、中国中科曙光、美国国际商用机器公司（IBM）分别以 88 个、57 个、44 个和 27 个系统依次排在第二至第五名。在这之后，中国的浪潮和华为分别以 20 个和 19 个系统排第六和第七名。

从榜单上看，位于前十的系统都是"老面孔"，没有惊喜或意外出现。要说重大突破，可能还要等百亿亿次计算性能的系统出现。

据发布榜单的国际 TOP500 组织提供的数据，中科曙光的超算系统已超过传统巨头 IBM 公司，仅次于惠普公司和克雷公司。联想收购 IBM 公司的 X86 服务器业务，加入高性能计算机生产商行列。在此次上榜的超级计算机中，联想的超算系统有 88 台，浪潮也有 20 台超算上榜。

TOP500 组织的一份声明写道："随着多家中国生产商在高性能计算机领域日益活跃，中国企业作为生产商正在占据这一领域的更大份额。"美国加利福尼亚大学河边分校的超级计算实验室负责人陈子忠认为，这一进步是中国计算机专家长期努力的结果，也是中国近年来经济高速发展的体现。这表明，中国与美国在综合国力上的差距越来越小。

迅速增多的中国超级计算机能否得到有效利用？陈子忠认为，中国在超算领域没有过热的问题。目前，中国在超算的硬件方面与国外的差距正越来越小，但在超算的软件研制、应用开发和人才培养方面还有待进一步提高。如果超算软件人才不足，就有可能导致部分超算硬件的利用效益不高。

美国近期启动"国家战略计算计划"，目标是到 2025 年建造世界上运算最快的计算机，其运算速度将达到每秒 100 亿亿次，相当于"天河二号"运算速度的 30 倍。

美国"国家战略计算计划"揭示了高性能计算的未来发展，表明高性能计算很重要，应该严肃对待。陈子忠认为，如果某个国家没有与超算研发相对应的计划，那么该国与超算领域领先国家的差距可能会

图 3-18 "天河二号"超级计算机

拉大。虽然美国在 TOP500 榜单上的超算系统数目不会大幅增加，但美国在超算领域的综合实力会更加强大，其领先地位仍会比较牢固。为保持在超算领域的竞争力，中国需要研发自己的高性能芯片，开发自己的超算系统软件和应用软件，并加强超算人才的培养。

三、中国已具备超算能力综述

建立国家级超级计算中心是中国的一项长期规划。国家级超级计算中心是指运算速度在 1 千万亿次 / 秒以上的计算中心。中国国家超级计算中心（如图 3-19 所示）是指由我国兴建、部署有千万亿次高效能计算机的超级计算中心。截至 2017 年，中国共建成了六座超算中心，其中国家超级计算天津中心、长沙中心、济南中心、广州中心四家是由国家科技部牵头，深圳中心则由中国科学院牵头；而天津中心的

"天河一号"和广州中心的"天河二号"在投用时均为当时世界最快的超级计算机。2016年6月，我国自主研制的"神威·太湖之光"荣登世界超级计算机500强之首，国家超级计算无锡中心成立。

图 3-19　中国国家超算中心

1. 天津国家超级计算中心

2009年6月，天津滨海新区与国防科技大学签署合作协议，确定在开发区共建国家超级计算天津中心，研制千万亿次超级计算机，建设大规模集成电路设计中心和基础软件工程中心及产业化基地。超级计算天津中心主要承接国家"863"重大科技专项，2009年5月正式获得科技部批复。根据协议，该中心选址开发区服务外包产业园，定位为国家重大科技服务平台、产业技术创新平台、人才聚集培养平台，由国家科技部、滨海新区、开发区、国防科技大学共同投资6亿元人民币建设，可带动形成年产值100亿元以上的信息产业集群。

2. 深圳国家超级计算中心

2009年11月，中科院和深圳市政府之间的"院市合作"再获新突破。位居世界前列、运算能力将达每秒千万亿次的国家超级计算深圳中心，作为深圳建市以来最大的国家级重大科技基础设施，由中国科学院、深圳市政府共同建设。超算中心位于深圳西丽大学城，规划用地2.5万平方米，项目总投资约8亿元人民币，其中国家投资2亿元，深圳市政府配套投资约6亿元。该中心对促进我国高性能计算和提升深圳自主创新能力及国际竞争能力，将起到重要的推动作用。

3. 长沙国家超级计算中心

2010年11月，以"天河一号"为计算设备的国家超级计算长沙中心在湖南大学正式奠基。国家超级计算长沙中心是经科技部批准的信息化建设重大项目。中心选址湖南大学校区内，采用国防科技大学"天河一号"高性能计算机，按每秒千万亿次运算能力规划建设，总投资7.2亿元人民币。国家超级计算长沙中心一期工程规划建筑面积80000平方米，运算能力将达每秒300万亿次，由湖南大学负责运营，国防科技大学提供计算设备和技术支持。随着中国经济的快速发展，对超级计算机的需求也越来越旺盛。国家超级计算长沙中心极大地提高了中国华中地区的超级计算能力，显著增强气象预测、灾害防治、环境保护等公共机构及高校、院所等科研部门的服务能力，为装备制造、钢铁冶金、汽车工业、生物医药、动画等产业提供公共超级计算平台。

4. 济南国家超级计算中心

2011 年 10 月，国家超级计算济南中心在济南正式揭牌。这是中国首台全部采用国产 CPU 和系统软件构建的千万亿次计算机系统，标志着中国成为继美国、日本之后能够采用自主 CPU 构建千万亿次计算机的国家。国家超级计算济南中心由山东省科学院建设、运营和维护。济南中心装配的神威蓝光计算机系统，由国家并行计算机工程技术研究中心研制，系统采用万万亿次架构，全机装配 8704 片由国家高性能集成电路（上海）设计中心自主研发的"申威 1600"处理器，峰位性能达到 1.0706 千万亿次浮点运算 / 秒，持续性能为 0.796 千万亿次浮点运算 / 秒，运行（LINPACK）效率达到 74.4%，性能功耗比超过 741 百万次浮点运算 / 秒·瓦，组装密度和性能功耗比居世界先进水平，系统综合水平处于当今世界先进行列。济南中心全部采用国产 CPU 和系统软件，实现了国家大型关键信息基础设施核心技术的自主可控。

第六节　资源配置的收费流量化

"互联网 +"的模式带动了服务器的大量需求，以前我们可以选择自己架设服务器、托管服务器、租赁服务器、VPS(Virtual Private Server，虚拟专用服务器)等方式，但我们往往无法确定我们需要用到什么类型的配置，每时每刻都会有不同的服务器请求变化。那我们应该如何选择服务器的配置来为我们进行更好的服务呢？

或许我们可以说直接按最高配置购买，或者我们可以说先按一般配置购买。但是无论我们是选择最高配置还是一般配置购买服务器为我们进行服务，我们还是无法避免服务器在高峰访问请求的时候负荷过重甚至超标，在平峰时服务器变成闲置状态，也即出现"平时吃不饱、突发不够吃"的情况。面对这些情况，我们应如何合理进行服务器使用，杜绝资源浪费的情况发生？

我们可以使用云计算模式，更好地释放服务器压力，轻松应对服务器层面的各类问题。

一、云计算基本概念及其特点

什么是云计算？云是网络、互联网的一种比喻说法。狭义云计算指 IT 基础设施的交付和使用模式，指通过网络以按需、易扩展的方式通过租用获得所需资源，用户只需要提供客户终端；广义云计算指服务的交付和使用模式，指通过网络以按需、易扩展的方式获得所需服务。我们可以通过互联网就能获得具有计算能力的服务器，不需要实际的服务器资源；可以通过互联网就能直接使用所需的应用软件，不需要本地安装；并且可以通过互联网就能直接使用开发平台，不需要本地安装各类开发环境。这就是最新的弹性云计算模式。

云计算的基本特点包括：

① 弹性服务

服务的规模可快速伸缩，以自动适应业务负载的动态变化。用户使用的资源同业务的需求相一致，避免了因为服务器性能过载或冗余而导致的服务质量下降或资源浪费。

② 资源池化

资源以共享资源池的方式统一管理。利用虚拟化技术，将资源分享给不同用户，资源的放置、管理与分配策略对用户透明。

③ 按需服务

以服务的形式为用户提供应用程序、数据存储、基础设施等资源，并可以根据用户需求，自动分配资源，而不需要系统管理员干预。

④ 服务可计费

监控用户的资源使用量，并根据资源的使用情况对服务计费。

⑤ 泛在接入

用户可以利用各种终端设备（如 PC、笔记本电脑、智能手机等）随时随地通过互联网访问云计算服务。

正是因为云计算具有上述几个特性，使得用户只需连上互联网就可以源源不断地使用计算机资源，实现了"互联网即计算机"的构想。云计算的八大优势如图 3-20 所示。

图 3-20　云计算的八大优势

二、云计算三种基本服务模式

任何一个在互联网上提供服务的公司都可以叫作云计算公司。其实云计算是分层的，分别是 Infrastructure（基础设施）-as-a-Service、Platform（平台）-as-a-Service、Software（软件）-as-a-Service 三个层面。基础设施在最下端，平台在中间，软件在顶端。如图 3-21 所示。

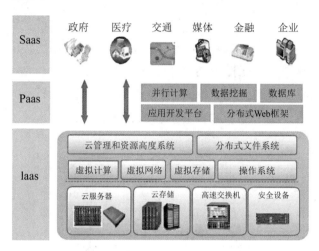

图 3-21　云计算的三种服务模式

1. IaaS

第一层叫作 IaaS（Infrastructure-as-a-Service，基础设施即服务），有时候也叫作 Hardware-as-a-Service。几年前如果你想在办公室或者公司的网站运行一些企业应用，你需要去买服务器，或者其他高昂的硬件来控制本地应用，让你的业务运行起来。

但是现在有 IaaS，你可以将硬件外包到别的地方。IaaS 公司会提供场外服务器、存储和网络资源，你可以租用。这样就节省了维护成本和办公场地，公司可以在任何时候利用这些租用的硬件资源来运行各种应用。

一些大的 IaaS 公司包括 Amazon、Microsoft、VMWare、Rackspace 和 Red Hat。不过这些公司又都有自己的专长，比如 Amazon 和微软给你提供的不只是 IaaS，他们还会将其计算能力出租给你来为你的网站作主。

2. PaaS

第二层就是所谓的 PaaS（Platform-as-a-Service，平台即服务），某些时候也叫作中间件。你公司所有的开发都可以在这一层进行，节省了时间和资源。

PaaS 公司在网上提供各种开发和分发应用的解决方案，比如虚拟服务器和操作系统。这节省了你在硬件上的费用，也让分散的工作室之间的合作变得更加容易。

3. SaaS

SaaS（Software-as-a-Service，软件即服务）层面向的是云计算终端用户，提供基于互联网的软件应用服务。随着 Web 服务、HTML5、Ajax、Mashup 等技术的成熟与标准化，SaaS 应用近年来发展迅速。典型的 SaaS 应用包括 Google Apps、Salesforce、CRM 等。

综上所述，IaaS 解决了云服务的基础资源，PaaS 奠定了云服务的基础能力，而 SaaS 最贴近最终用户，为客户形形色色的细分需求提供最直接的应用支持。在云计算三大细分领域中，SaaS 是发展最成熟的领域，市场规模最大。IaaS、PaaS 市场规模较小，但是处于高速增长期，IaaS 增长最快。图 3-22、图 3-23 和图 3-24 分别是中国产业信息网提供的全球 IaaS、PaaS 和 SaaS 市场规模和增长率的示意图。

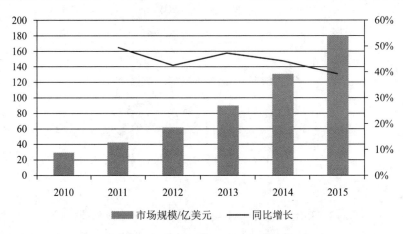

图 3-22　全球 IaaS 市场规模和增长率示意图

（资料来源：中国产业信息网）

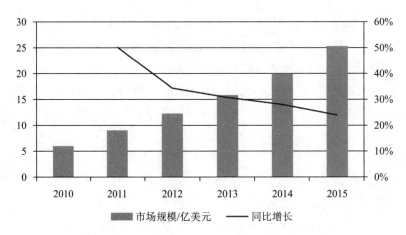

图 3-23　全球 PaaS 市场规模和增长率示意图

（资料来源：中国产业信息网）

图 3-24　全球 SaaS 市场规模和增长率示意图

（资料来源：中国产业信息网）

小贴士：云计算和大数据

如果云计算是一个容器，大数据就是这个容器里的水。云计算的关键词在于"整合"，无论你是通过现在已经很成熟的传统的虚拟机切分型技术，还是通过 google 后来所使用的海量节点聚合型技术，它都是将海量的服务器资源通过网络进行整合、调度分配给用户，从而解决用户因为计算、存储、网络资源不足所带来的问题。

而大数据是因为数据的爆发式增长带来的一个新的课题内容，它研究的是如何存储如今互联网时代所产生的海量数据，如何有效地利用分析这些数据等等。它们之间的关系可以这样来理解，云计算技术就是一个容器，大数据是存放在这个容器中的水，大数据是要依靠云计算技术来进行存储和计算的。

三、云计算隐私安全保护策略

目前实现高安全性的云计算环境仍面临诸多挑战。一方面，云平台上的应用程序（或服务）同底层硬件环境间是松耦合的，没有固定不变的安全边界，大大增加了数据安全与隐私保护的难度。另一方面，云计算环境中的数据量十分巨大（通常都是 TB 级甚至 PB 级），传统安全机制在可扩展性及性能方面难以有效满足需求。

云计算面临的核心安全问题是用户不再对数据和环境拥有完全的控制权。为了解决该问题，云计算的部署模式被分为公有云、私有云和混合云。

公有云是以按需付费方式向公众提供的云计算服务（如 Amazon EC2、Salesforce CRM 等）。虽然公有云提供了便利的服务方式，但是由于用户数据保存在服务提供商，存在用户隐私泄露、数据安全得不到保证等问题。

私有云是一个企业或组织内部构建的云计算系统。部署私有云需要企业新建私有的数据中心或改造原有数据中心。由于服务提供商和用户同属于一个信任域，所以数据隐私可以得到保护。受其数据中心规模的限制，私有云在服务弹性方面与公有云相比较差。

混合云结合了公有云和私有云的特点。用户的关键数据存放在私有云，以保护数据隐私；当私有云工作负载过重时，可临时购买公有云资源，以保证服务质量。部署混合云需要公有云和私有云具有统一的接口标准，以保证服务无缝迁移。

此外，工业界对云计算的安全问题非常重视，并为云计算服务和平台开发了若干安全机制。其中 Sun 公司发布开源的云计算安全工具可为 AmazonEC2 提供安全保护。微软公司发布基于云计算平台 Azure 的安全方案，以解决虚拟化及底层硬件环境中的安全性问题。另外，Yahoo 为 Hadoop 集成了 Kerberos 验证，有助于数据隔离，使对敏感数据的访问与操作更为安全。

四、云服务收费的变革

当前产品性能持续提升，对于最终用户已无太大意义，但企业为了持续赢利而被迫不断推出新版本，并陷入升级瓶颈。

云计算的研究和应用受到越来越多人的关注，广阔的云计算平台能够为用户提供从基础设施到平台再到软件的一系列服务，云计算正逐步进入商业化阶段，因此基于云计算环境下的服务计费管理成为服务提供商的迫切需要。

按需取用，按需付费，无需购买大量设备，相比于传统主机投入成本降低30%~80%；支持多种主流操作系统，以服务的方式使用计算及存储资源。云服务器计费项通常包括：CPU、内存、数据盘、公网带宽（按固定带宽、按使用流量两种可选）。

只有确定合理的商业模式才能推动云计算的应用。在信息技术的各领域中，涉及计费最多的领域是电信领域。我们尝试从电信领域的成功运营模式中汲取有益的思想启迪，从而丰富云计算环境下服务计费的研究。当前主流基于使用时间的计费方式又可以分为单一价格和按时长计费两种方式：

① 单一价格（flat-rate）：采用这种计费方式，用户只需定期交纳一定的费用，即可对网络进行无限制的访问，用户上网的时间和使用的网络流量大小都没有限制。

② 按时长计费（per-time）：根据用户上网时长计费，不关心用户的网络流量。通常对于按时付费模式来说，一般提供服务的供应商目前均不提供配置更换。

五、云计算必将终结软件盗版

盗版软件对计算机软件著作权利受到严重侵害，造成受侵害企业资产流失，影响企业良性发展。高额的正版成本与超低盗版成本的巨大差异使得盗版软件存在巨大的生存空间。因此，降低正版的费用是最为有效的办法。

在云计算时代，用户将不再需要个人主机，所有的资料都存在云主机上，只需一个统一应用桌面便可登陆使用，用户可随意根据自己的需求添加 / 删除应用软件，按需所取，只需按时交付少量的租用费用。可见，云计算最大的优点就是节约成本。对盗版软件需求的不断减少，这会使得盗版者逐渐陷入无利可图的窘境。

另一方面，云计算服务的崛起，使得盗版行为更容易被侦查。我们知道，很多企业在有条不紊地把自己的应用程序从桌面迁移到云服务端：比如说微软的Office365 就是一个很好的例子（详见本章第一节）。由于软件迁移到云服务上，加大了破解和盗版的难度。对于那些黑客来说，他们虽然可以通过虚假账号和密码来进行入侵，但是这种行为更容易被网警或者安全专家所察觉。这比单纯破解 CD 等介质上的程序要冒更大的风险，很多黑客选择望而却步。

除了商业组织外，各国的政府也在开始打击盗版。从种种迹象看来，盗版似乎要走上了末路。因此，可以预见云计算将成为盗版的终结者。

六、全球云计算未来格局走向

1. 国外四巨头业务发展

经过十多年的发展，云计算已经逐渐被政府部门、各大企业所接受，已经从概念落地并进入到一个快速发展的阶段，全球云计算的市场规模快速增长。欧美等发达国家占据了云计算的主导领域，尤其是美国，走在世界前列，Amazon、Google、Microsoft、IBM 等企业在云计算领域保持领先地位，这些国际 IT 巨头都将云计算作为重要的战略发展方向，对外提供不同的云计算服务。来自中国产业信息网发布数据显示，全球各大云计算龙头公司的市场份额如图 3-25 所示。

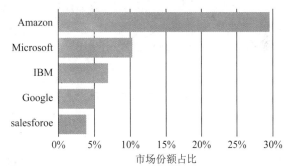

图 3-25　全球各大云计算龙头公司的市场份额占比图
（资料来源：中国产业信息网）

（1）Amazon

Amazon 从 2006 年开始提供云计算服务，使用弹性计算云（EC2）和简单存储服务（S3）为企业提供包括存储服务器、网络带宽、CPU 资源在内的计算和存储服务。到 2014 年 Amazon 的云计算服务（AWS）营收已经达到 69 亿美元，AWS 已经成为Amazon 增速最快的业务。

（2）Google

Google 是目前最大的云计算使用者。Google 搜索引擎就建立在分布于 200 多个地点、超过 100 万台服务器的支撑之上，这些设施的数量正在迅猛增长。Google 地球、Google 地图、Gmail、Docs 等也同样使用了这些基础设施。采用 Google Docs 之类的应用，用户数据会保存在互联网的某个位置上，可以通过任何一个与互联网相连的系统十分便利地访问这些数据。

（3）Microsoft

Microsoft 是目前在云计算市场份额增长最快的公司，它紧跟云计算步伐，于 2008 年 10 月推出了 Windows Azure（译为"蓝天"）操作系统。Azure 是继 Windows 取代 DOS 之后，微软的又一次颠覆性转型——通过在互联网架构上打造新云计算平台，借助 Microsoft 拥有全世界数以亿计的 Windows 用户桌面和浏览器，让 Windows 真正由 PC 延伸到"蓝天"上。Azure 的底层是微软全球基础服务系统，由遍布全球的第四代数据中心构成。

（4）IBM

IBM 公司在 2007 年 11 月推出了"改变游戏规则"的"蓝云"计算平台，为客户带来即买即用的云计算平台。它包括一系列的自动化、自我管理和自我修复的虚拟化云计算软件，使来自全球的应用可以访问分布式的大型服务器池。

2. 国内四巨头博弈战略

相比国外云计算龙头企业，国内云计算的起步较晚。云计算于 2010 年在中国兴起、热炒、落地，经历了以基础设施和基础计算力为服务内容的云计算 1.0 时代，现在正在从云计算 1.0 时代向以平台与数据为核心内容的云计算 2.0 时代过渡。国内的阿里、腾讯、浪潮、华为等云计算巨头凭借自己各自的优势，对决云计算 2.0 时代。

阿里云依靠其强大的商业能力占据了公有云市场超过一半的份额；2017 年 8 月 25 日，国际奥委会主席巴赫造访杭州阿里巴巴总部时，阿里云就宣布将通过飞天操作系统将全球数百万台服务器连成一张计算资源网络，以在线的方式支撑奥运组织运行的计算能力。腾讯云凭借视频、游戏等优势于近两年异军突起，成为公有云市场的挑战者，是腾讯公司最近高调推动"云 + 未来"战略的重要产品。浪潮云另辟蹊径，在自己专注的政府市场登上了政务云市场第一的宝座，于 2016 年提出了"政务云 2.0"的概念，并于 2017 年 8 月 28 日发布浪潮云独立品牌。华为云先后发布公有云、企业云战略，虽然没有太过亮眼的业绩，也争得了一席之地，并频频做出阿里云挑战者的姿态；2017 年 8 月 28 日华为公司更是宣布将此前属于 P&S（产品与解决方案）部门的华为云上升为公司四大 BG 之一，成为一级独立组织。可以看出各家都在为云计算 2.0 时代做功课。

同时，国内各云计算巨头充分利用手中掌握的互联网数据资源，推进云计算时代人工智能应用。人工智能不仅是我们向智能制造、智能社会转型所必须倚仗的，同时也是云厂商提升云服务能力、创造客户黏性、击败竞争对手的杀招。

例如，阿里云依靠公有云领域的品牌势能和强大的商业推广能力，先后推出 ET 城市大脑、ET 医疗大脑、ET 工业大脑、ET 环境大脑等等一系列人工智能方案，帮助政府、企业实现智能化转型。腾讯云的定位则是"连接器"，发布了智能服务开放平台——小微，可以让硬件快速具备听觉、视觉感知能力，同时赋予硬件更多的能力扩展，从而构建一个连接云到端的"智能云生态"，推动工业互联网的发展。浪潮云的优势恰恰在于政务云市场，对政务信息化市场的深刻理解，丰富的数据整合、开放和应用经验让它在政务云领域占据了很大的先发优势。现在，浪潮正将这些优势，结合 30 年企业信息化的经验，移植到企业云市场，进一步扩大自己的业务版图，形成了"政务云＋企业云"的全覆盖布局，其在云计算 2.0 时代的布局可以说在四家企业中占了先机。华为则将人工智能的底牌压在了手机上，宣布将推出全球首款人工智能处理器，意图通过"云—管—端"的整体战略，促进各业务的协同发展，以弥补其云计算领域的短板。

这种犬牙交错的态势将极大地影响中国云计算未来的格局。

本章小结

本章从人类工作的一些具体实例入手，介绍了随着计算机技术发展所出现的电子政务、办公自动化、辅助设计技术、物流生产信息化、超级计算、云计算等新兴技术，以及对产业发展所带来的巨大影响。读者通过本章的学习，一方面可了解最新的计算机相关技术，另一方面可以加深对计算机文化发展的理解。

拓展阅读

云计算的两个小故事

故事一：公共电网抛弃了爱迪生

1879 年，爱迪生成功发明了实用性电灯泡，进而持续发明电流表、发电机等配套产品，形成一整套完整的个人直流供电系统，由爱迪生灯具公司制造灯泡，爱迪生电器公司制造直流发电机，爱迪生电线公司生产传输电线。

虽然在同等条件下，直流输电方式相比交流电，更具触电不死亡、系统简单、故障率低、事故影响小、传输线材用量小、传输能耗低等明显优势；但在电气化工业 2.0 革命的初期，直流电在发电和配电方面的致命性缺点却暴露无疑，主要是巨大噪音影响家庭生活；无法经济方便地把机械能和化学能转化为电能；直流电源和直流换流站与同等功率的交流电源和交流变电站相比，造价过于昂贵；直流电无法随意通过变压器升压和降压，给远距离配送电能带来极大的不方便和能耗。

在交流电系统和产品真正得到实用化之前，为了点亮爱迪生灯泡和用上电力，越来越多的个人和企业开始就近独立发电，使得小型私人电厂遍地开花，长期为私人电厂提供设备的爱迪生通用电气趁机发了大财。

直流电的明显短板让爱迪生的崇拜者和私人秘书英萨尔意识到，低能耗远距离高压传输的交流电更有前途，提出将大量低效高成本私人电厂，整合成一个高效低成本的中央电厂，通过庞大输电网，将电能传送到千家万户使用的城市供电方案。最终，信赖交流电的英萨尔胜出，通过兼并，组建中央电厂和大规模城市公用电网，让人类真正进入灯火通明的良夜。

如此一来，原先建立私人电厂的企业或个人，就可以避免采购设备高昂的发电设备。他们只需付费，墙面的插头就能提供源源不断的电力，而不必关心这些电力来自何方。故事中取代私人发电厂的公共电网，就是电气时代的云计算。

故事二：信息公用电网的诞生

1971 年，英特尔公司发明了微型计算机。由于价格低廉，且能够完成多种任务，微型计算机很快取代主计算机，成为计算机运算的中心。其后，原来的主计算机被改造成了私人服务器（私人发电站），这些服务器下面连接着许多个人计算机。

爱迪生的灯泡只能搭配直流发电厂，这些个人计算机也只能使用服务器上的程序。这种模式（C/S 模式）一直延续至今。正如电气时代每个企业都必须自建一个私人发电厂一样，现在每个企业必须配备一个私人数据中心。

私人发电厂不能实现远距离传输，服务器内的信息也只能在局域网传播。私人电厂只供企业和个人使用，数据中心的信息也只供企业内部使用。2005 年 2 月，Google 在俄勒冈州北部买下三十亩地准备建立一个庞大的服务器技术中心。于是，信息的公用电网出现了，这就是云计算。

在这里，包含着数万、甚至数十万廉价 CPU 和硬盘组成的服务器，这就是信息时代的中央电厂，它把原来企业内部的服务器（私人电厂）整合为一台机器集中处理。自此，企业不用再采购昂贵的设备，不必再培养一支庞大的技术队伍。他们只要相信，手里有一台连接网络的计算机就行，而不必担心数据存储在什么地方。

云计算随后迅速地进入到我们的生活。YouTube 每月有 8 亿独立访问用户，但运营这些网站的，往往只有几个人，他们租用亚马逊的服务器提供服务，节省了大量资本投资。

这两个故事关联性很大：电线相当于宽带，电灯泡相当于计算机，私人电厂相当于私人服务器，公用电网就相当于现在的云计算。

问题思考

1. 以自己身边的电子政务和办公自动化为例子，分析它们的功能、特点以及对我们工作的影响。

2. 辅助设计技术将会对我们的工作产生什么影响？谈谈你的看法。

3. 物流生产中哪些环节用到了计算机技术？它们是如何提升物流生产的信息化水平的？

4. 工业4.0与"中国制造2025"之间有什么关联？"中国制造2025"对我国制造业企业的转型升级有何重要意义？

5. 我们生活中哪些地方可以用到超算？

6. 试比较云计算的三种服务模式（IaaS、PaaS和SaaS）的异同点。

7. 通过课外阅读，进一步了解云计算的发展现状和未来格局。

第四章　计算机正深刻影响人类生活

互联网是人类在过去四五十年最大的成就。

——罗伯特·梅特卡夫

互联网像蒸汽机一样，掀起了一场革命。

——彼得·克斯汀

【学习目标】

1. 了解互联网时代信息获取方式的变化。
2. 了解人类沟通方式的变化。
3. 掌握"互联网+"发展对于购物、导航、金融和教育的影响。
4. 了解物联网对人们生活的影响。
5. 了解最新的计算机热点技术及其对生活的影响。

【教学提示】

1. 引入案例，分析、归纳和总结，揭示案例背后的技术变迁。
2. 通过了解计算机最新技术发展，拓宽学生的视野。

随着计算机、互联网以及移动互联技术的发展，人们沟通交流的方式、信息获取的途径、新知识的学习方式发生巨大变化，从而影响到人们日常工作和生活的各个方面。

第一节　沟通交流更加方便快捷

"沟通无处不在。"这是一句通信运营商的广告词。诚然，这句广告词也是正确的。人是具有社会性的，这是跟普通动物的区别所在。人的社会性主要实现于沟通，所以对一个正常生活的人来说，沟通无处不在。

一、网络人际交流方式演变

从聊天室到 QQ、微信，从漫长难熬的鸿雁传书到随意方便的电子邮件，从 BB 机传呼、固定座机电话找人到移动电话的即时沟通，从昂贵的长途语音电话到廉价方便的网络视频电话，人类的交流方式在近几十年发生了翻天覆地的变化，人与人间的距离发生了微妙的变化，即使远在千里，通过网络视频却感觉近在咫尺。

古时候，人们通过乘马传递、结绳记事、飞鸽传书、烽火传情等方式进行信息的沟通，国外也是采用漂流瓶等古老的方式来传递消息。曾几何时，鸿雁传书、电报传信、排队打电话的焦急等待虽让人备受煎熬，但也是乐在其中。

到建国初期，书信就成了最常用的联系方式，"鸿雁传书"是那时候文学作品中书信时代的文雅称呼，远在千里的人们靠洋洋洒洒几篇纸传递着嘱托、思念和亲情。

20 世纪 80 年代，手摇电话机、老式轮盘拨号电话机问世，只有机关单位和有钱人家里才有。统计称，当时中国固定电话数 203 万户。

20 世纪 80 年代，我国出现了寻呼机，也叫 BP 机；1992 年，被称为"大哥大"的模拟手机隆重登场；2007 年至今，智能手机占据主导地位。

随着互联网的高速发展，硬件性能的快速提升，网络语音和视频成为人们日常生活中的另一种重要的生活形式和文化。网络成为人们一种新的人际沟通方式，而这种方式已经成为人们生活、工作中不可或缺的部分。

图 4-1 原有沟通方式

二、网络人际交流正面分析

网络的人际交流方式主要有：即时通信、电子公告板、电子邮箱，这些交流方式为我们提供了方便、快捷、即时、低廉的沟通交流方式。不管是使用 PC 或者手机进行网络人际交流，只需要配备基本硬件设施、免费的交流软件和低廉的网络使用费，就可以与地球任何一个角落的人零距离沟通交流。

1. 即时通信

即时通信是目前 Internet 上最为流行的通信方式，各种各样的即时通信软件也层出不穷；服务提供商也提供了越来越丰富的通信服务功能如电子邮件、博客、音乐、电视、游戏和搜索等。不容置疑，Internet 已经成为真正的信息高速公路。从实际工程应用角度出发，以计算机网络原理为指导，结合当前网络中的一些常用技术，编程实现基于 C/S 架构的网络聊天工具是切实可行的。即时通信不同于 E-mail 在于它的交谈是即时的。大部分的即时通信服务提供了状态信息的特性——显示联络人名单，联络人是否在线，能否与联络人交谈。即时通讯不仅限于网页、PC，还发展到手机等平台。而也正因为其多平台化的特性让更多的人所接受。即时通信可以说是现今网络人际沟通的主要方式。

下面介绍几种主流的即时通信软件。

首先，是腾讯公司开发的 QQ 和微信。QQ 是一款基于 Internet 的即时通信软件。腾讯 QQ 支持在线聊天、视频通话、点对点断点续传文件、共享文件、网络硬盘、自定义面板、QQ 邮箱等多种功能，并可与多种通信终端相连。

微信则是腾讯于 2011 年 1 月 21 日推出的一个为智能终端提供即时通信服务的免费应用程序，它支持跨通信运营商、跨操作系统平台通过网络快速发送免费（需消耗少量网络流量）语音短信、视频、图片和文字，同时，也可以使用通过共享流媒体内容的资料和基于位置的社交插件"摇一摇"、漂流瓶、朋友圈、公众平台、语音记事本等服务插件。截止到 2015 年第一季度，微信已经覆盖中国 90% 以上的智能手机，月活跃用户达到 5.49 亿，用户覆盖 200 多个国家，超过 20 种语言。此外，各品牌的微信公众账号总数已经超过 800 万个，移动应用对接数量超过 85000 个，微信支付用户则达到了 4 亿左右。

2. 电子公告板

电子公告板系统，是 Internet 上的一种发布并交换信息的在线服务系统，英文是 Bulletin Board System，缩写为"BBS"。可以使更多的用户通过电话线以简单的终端形式实现互联，从而得到廉价丰富的信息，并为其会员提供进行网上交谈、发布消息、讨论问题、传送文件、学习交流和游戏等的机会和空间。利用电子公告板（BBS）进行沟通交流，也是网上人际沟通的一种重要方式。如今，电子公告板被更广泛地用于企业和项目管理当中。通过电子公告板，人们可以在工作中及时地查询信息和工作情况的变动，大大提高了工作效率，使职员能更好地进行运营帷幄。电子公告板还可供用户选择若干感兴趣的专业组和讨论组，定期检查是否有新的消息分布，"张贴"供他人阅读的文章及"张贴"对别人文章的评论。

3. 电子邮箱

电子邮箱（E-mail）是通过网络电子邮局为网络用户提供网络交流电子信息的空间。电子邮箱具有存储和收发电子信息的功能，原本是以电子商务为主要目的而开发的，现在却成为一种使用程度很高的人际沟通方式。不仅熟悉的朋友间可通过电子邮件进行互通信息，就是不熟悉的朋友间也可通过它进行联系与沟通。电子邮箱具有单独的网络域名，其电子邮局地址在＠后标注，电子邮箱的一般格式为：用户名＠域名。电子邮箱业务是一种基于计算机和通信网的信息传递业务，是利用电信号传递和存储信息的方式为用户提供传送电子信函、文件数字传真、图像和数字化语音等各类型的信息。电子邮件可以使人们在任何时间地点收、发信件，解决了时空的限制，大大提高了工作效率。

三、网络人机交流的负面影响

网络的便捷传递、高速传达的特性显然是对人际沟通起到了积极的作用和影响。但任何事物，我们都要用辩证的眼光来看待，计算机网络对人际沟通也会产生一定的负面影响。

1. 虚拟信息表达的言不由衷

人际沟通可分为正面沟通和网络沟通两部分。正面沟通主要是指由具有共同意义的声音和符号，具有系统的沟通思想和感情及话语的组合形成的交谈形式等三者所组成的一种人际沟通方式。在正面沟通中，双方可以通过言谈和行为举止了解对方。在相互了解的同时，能够更容易流露出真情而被一方感动。从心理上会放松、自然、踏实。而网络沟通则指通过基于信息技术（IT）的计算机网络来实现信息沟通的活动，这些对人际沟通具有更为重要的意义。我们知道网络上的交谈，主要是通过输入文字来进行的，无法表达出非语言沟通方面的很多其他信息。这是网络人际沟通与面对面人际沟通的显著差异所在。诚然人们在交流中会采用一些表示表情、心情的符号，抑或是使用语音聊天，这也只能是使交谈对方有部分感观察觉，对非语言沟通部分的信息不能完全了解。而由于网络的虚拟化、交流方式的简略化，使得网络沟通信息的准确性更是大打折扣。

2. 虚拟世界人物的不真实性

人的能力是有限的，而人的交际能力同样是有限的。网络的广泛应用，使得人际交往在时间和空间上都得到了突破。网络社会提供了一个独特的虚拟环境，人与人的交往不是面对面的、实实在在的交往，而是人机交往，任何网络交流方式都允许参与者以多重身份、虚假身份来登陆，人人都可以在网络中成为"隐形人"。在无限虚拟的网络世界中，人们可以随意交友、交流，也正因此导致人际关系网的脆弱和盲目。隔离和虚幻使得人与人之间正常交际沟通所应有的信任度也大大降低。人们在网络上可以随心所欲地展现自我，展现个性，但网络的虚拟性使得彼此之间无法真实全面地了解，这样建立起来的人际关系由于缺少双方之间全面、准确信息的互通，就显得很脆弱，且不易维持，上当受骗者不乏其人。

3. 沉溺于虚拟世界的成就感

不能否认，虚拟的网络世界是丰富多彩的，是吸引人的。花大量的时间在网络世界寻求精神慰藉，缺少现实交流，这必然会影响到现实的人际沟通。事实上，网络人际沟通对现实的冲击并不仅在于时间这个方面。现实生活中的人际沟通是面对面的，双方的优缺点很容易显露出来，是要直接面对矛盾的，双方友谊的建立也需要时间的磨砺，有时这种人际沟通很难建立起来。网络交友的盛行，使很多网民对现实生活中的人际沟通缺乏耐心，人情意识变得越来越淡薄，社会意识也随之慢慢降低，造成他们现实人际关系障碍和社会角色错位，许多人沉溺于网络聊天、网络交友、网络游戏等，不仅极大地影响了学习和工作，而且长期处在虚拟网络世界中，很容易获得一种虚拟的为人处世的成就感和满足感。他们有时在现实生活中以孤僻、冷漠的形象出现，责任感淡薄，易焦虑，显得浮躁，不大合群，甚至家族亲情的观念也变得越来越淡薄。

小贴士：网络安全法律法规

为了保护个人、法人和其他组织的人身、财产等合法权利，对有下列行为之一，构成犯罪的，依照刑法有关规定追究其刑事责任：

1. 利用互联网侮辱他人或者捏造事实诽谤他人。

2. 非法截获、篡改、删除他人电子邮件或者其他数据资料，侵犯公民通信自由和通信秘密。

3. 利用互联网进行盗窃、诈骗、敲诈勒索。

计算机网络的发展对人类生活的影响有利也有弊，我们必须对其有正确的认识和合理的利用，这样才能使计算机的发展与人类的沟通交流和谐统一，使得整个人类社会的明天变得更美好。

第二节　信息获取趋于精准便利

计算机的出现、网络的盛行、移动通信技术的迅猛发展，使得当今社会信息获取是如此之便捷，想知道什么事，上网搜索即可，总能找到你所需要的。

一、网络自媒体时代的来临

当人们的视野从传统的电视媒体转向网络，再从互联网到移动互联网，上网浏览的时间呈现碎片化、随意化和个性化，网红在这样的土壤下应运而生。而且不光网红直播，现有很多直播平台提供给每个人直播机会，每一个人都有发言权，可以把自己的专业知识、经验传播给其他人，比如可以直播教别人怎么修指甲、烧法国菜、理发、出行、旅游、上北极南极。随着我们的时间越来越碎片化，只要是能够引起一定量人数的兴趣，能够获得点击量的都能够成为人们关注的网红。

网络红人简称网红，是指在现实或者网络生活中因为某个事件或者行为被网民关注从而走红的人或长期持续输出专业知识而红的人，包括之前的芙蓉姐姐、凤姐。

网红的出现也标志着自媒体时代来临。

自媒体又称公民媒体，美国新闻学会媒体中心于 2003 年 7 月出版了由谢因波曼与克里斯威理斯两位联合提出的"We Media"（自媒体）研究报告，对"We Media"的定义："We Media 是普通大众经由数字科技强化、与全球知识体系相连之后，一种开始理解普通大众如何提供与分享他们本身的事实、他们本身的新闻的途径。"简言之，即公民用以发布自己亲眼所见、亲耳所闻事件的载体，自媒体有广义和狭义之分，广义的自媒体可以是个人主页、BBS、博客、微博、直播平台等。而狭义的自媒体则是以微信公众号为标志，再加上之后的百度、搜狐、网易、腾讯等自媒体平台。

自媒体是继新媒体时代来临之后出现的又一媒介形式，自媒体的出现带给了网民更多的话语权，透过自媒体我们看到的是公民的权利意识的增强以及政治参与意识的增强。自媒体所带来的这些影响也反映在当前的网络群体性事件中，对于政府相关管理部门需要切实地研究自媒体的特征，掌握自媒体时代下网络群体性事件的新特征新问题，及时推出与之相适应的管理措施，有效地对网群事件作出规范。

二、信息获取方式的大变革

弗朗西斯·培根（1561—1626 年）是欧洲启蒙运动的先驱，说过一句很著名的话"知识就是力量"。他的主要贡献是对知识进行分类，在《伟大的复兴》一书中，他提供了一种新的、合理的知识分类体系。后来的法国启蒙主义者，都是培根的粉丝，其中包括狄德罗。

狄德罗（1713—1784 年）和他的启蒙主义小伙伴决心编一部庞大的百科全书，总结人类过往的知识，形成规范，并催生新知。该书第一卷出版后就受到教会的指责，但是却得到了民间的支持。即使是法国皇帝路易十四，也是百科全书的忠实粉丝。他请朋友到宫廷吃饭玩耍，大家聊天，聊到火药是什么做的，丝袜又是怎么一回事。这时，侍者就赶紧跑到图书室，拿出百科全书的其中一册，很快就从中找到了答案。客人惊奇而兴奋，而皇帝则有些许得意。

在那个对知识如饥似渴的年代，狄德罗靠百科全书赚了不少钱，他们都是以极为严谨和负责的态度来对待知识的。狄德罗的父亲是一位刀匠，因此，他在很小的时候就注意到工匠与技艺这样的主题，在百科全书中，他们收录了大量和制造有关的内容，这对工业革命中的技术崇拜起到了很大作用。后来，日本又从德国学到了"工匠精神"，打造了自己的工业生产体系。

与此同时，英国的塞缪尔·约翰逊（1709—1784 年）也开始编撰百科全书。因为父亲是一个书商，约翰逊爱好读书，并于 1728 年进入牛津大学，但是因为家庭贫困，他在 1731 年辍学。四年后，他和一位比自己大 20 岁的寡妇结婚，妻子给了他 700 英镑办一所私立学校，但不久就失败了。1747 年，约翰逊提出编著《英文辞典》的计划，未能获得王公贵人的资助。他雇抄写手 7 人，经过 8 年多的努力，以他的博学和才智，终于在 1755 年编成辞典，约翰逊由此文名大振，牛津大学给他颁发了名誉博士学位。从此，人们就称他为"约翰逊博士"，他可能是英国历史上最有名的博士。

后来，出现了更多类型的百科全书或词典，这种对知识的崇拜，从启蒙主义延续至今。

到了信息时代，像谷歌和百度这样的公司，发明了搜索技术，才算是完成了对"百科全书派"的超越。网络搜索让每个人都可以轻松找到他需要的知识，而信息技术，让可被检索到的知识总量达到惊人的级别，任何个人和组织，都无法组织出这样的生产能力，人类与知识的关系，达到一个全新的境界，获取信息非常之便利，只需要一个有网络的地方即可。

小贴士：信息获取技术

1. 搜索引擎

为了从含有巨大信息量的万维网中找到需要的信息，诞生了搜索引擎技术。目前流行的万维网搜索引擎大多是索引式的，以著名的 Google 为代表，主要是通过信息搜索端从万维网中获取网页资源，然后将其中的信息索引入库。

搜索引擎的信息搜索端由网页采集器（webcrawler）、索引器（indexer）和链接提取模块（URLextractor）三个重要部分组成。其中，网页采集器从某一初始页面或站点的 URL 开始遍历互联网，自动地发现网页信息，当进入某个超文本页面时，通过链接提取模块利用 HTML 语言的标记结构来搜索信息和获取指向其他超文本的 URL 链接，通过一定的算法选择下一个要访问的站点继而转向另一个站点继续搜集信息。

2. 文本分类

获取的大量网页资源包罗万象，但是具体的信息用户往往只需要其中很少的一部分。如果仅仅通过人工的手段对庞大的原始文档集进行组织和整理，当然是不科学的。所以使用计算机直接对文档信息进行过滤、分类，把用户真正感兴趣的部分提交给用户。

所谓的文本分类系统就是：在给定的分类体系下，根据文本的内容自动地确定文本关联的类别。这可以归纳成数学中的映射过程。文本分类的映射规则是系统根据已经掌握的每类若干样式的数据信息，总结出分类的规律性而建立一个判别公式和判别规则，然后在遇到新文本时，根据总结出的判别规则确定文本相关的类别。

这是一个有趣的话题，如果感兴趣，我们不妨上网搜搜"文本分词""特征选择""分类算法"等。如今国内外在文本分类系统上已经进行了很多的研究，取得不小的成果，但是仍然存在很多尚待解决的问题。

三、新媒体对传统纸媒电视的冲击

2016 年，《太子妃升职记》在乐视网独家播出，剧中主演几乎一夜走红。该剧的热播，从一个侧面展示了新媒体的影响力。

新闻网站、虚拟社区、网络游戏、数字报纸、博客、播客、电子书、IPTV、网络电话等等这些新媒体的出现，正以锐不可当之势给传统媒体行业带来巨大的变化。

虽然纸质媒介为代表的传统出版仍在当今的出版业中占据主导地位，但随着全球信息化进程的推进以及信息技术向各个领域不断延伸，新媒体的地位越发重要。电子报纸、电子杂志、电子书的出现，对传统出版业的打击是可想而知的。

同时，新媒体对传统影视行业的影响也显而易见，随着数字技术的发展，电视与电脑之间的界限逐渐模糊了，以 IPTV 为代表的新媒体迅猛发展，使媒介之间的融合成为现实。作为电视与互联网融合的产物，IPTV 满足了人们愈来愈趋向于多样化、专业化和个性化的视音频需求，给广播电视行业带来了巨大的变化，并且为电视受众带来一场全新的电视消费革命。

IPTV 即交互式网络电视，是一种集互联网、多媒体、通讯等技术于一体，向家庭用户提供包括数字电视在内的多种交互式服务的崭新技术。它是利用宽带有线电视网的基础设施，以家用电视机作为主要终端电器，通过互联网络协议来提供包括电视节目在内的多种数字媒体服务。

实现媒体提供者和媒体消费者的实质性互动。IPTV 采用的播放平台将是新一代家庭数字媒体终端的典型代表，它能根据用户的选择配置多种多媒体服务功能，包括数字电视节目、可视 IP 电话、DVD/VCD 播放、互联网游览、电子邮件，以及多种在线信息咨询、娱乐、教育及商务功能。当前中国通信事业正在迅猛地发展，用户对信息服务的要求越来越高，特别是宽带视频信息，可以说中国已基本具备了大力发展 IPTV 的技术条件和市场条件。

四、舆情分析及其有效应对

互联网已然成为各种社会组织和公众表达意愿的渠道。一些曾经产生过轰动效应的社会事件（如陕西的"华南虎"事件、重庆的"钉子户"事件、山西的"黑砖窑"事件），都曾吸引网民踊跃发言，并形成影响力巨大的网络舆论。

1. 舆情特征

舆情是指在一定的社会空间内，围绕中介性社会事件的发生、发展和变化，民众对社会管理者产生和持有的社会政治态度。它是较多群众关于社会中各种现象、问题所表达的信念、态度、意见和情绪等等表现的总和。

由于网络在社会发展中的地位越来越突出，人们通过网络参与公共事务讨论，表达利益诉求，网络已渐渐成为社会舆论的重要阵地。网络环境下舆情信息的主要来源有新闻评论、BBS、聊天室、博客、微博等等，网络舆情表达快捷、信息多元、方式互动、具备传统媒体无法比拟的优势。

互联网是由无数个网络构成的网络，新闻源头不可控、传播速度也不可控、内容分散不可控、舆论放大不可控，借助于论坛、社交网站、微博等渠道，所有网民发表的言论都可能引人瞩目，进而造成舆论影响，每个人都可以参与舆论的制造和形成。特别是重大的突发事件，更是会迅速引起网民关注、转发、评论，进而形成舆论。

网络的开放性和虚拟性，决定了网络舆情具有以下特点：①直接性，网民可以立即发表意见；②突发性，网络舆论的形成往往非常迅速，一个热点事件的存在加上一种情绪化的意见，就可以点燃一根舆论的导火索；③偏差性，由于发言者身份隐蔽，并且缺少规则限制和有效监督，网络自然成为一些网民发泄情绪的空间。

2. 舆论的正面影响与舆论监督

作为一种新兴的舆论类型，网络舆论的影响力日益增强。网络舆论使得传统媒体有了合作的伙伴，使得信息的流传更广，反映民意的渠道更宽，缩小了民众与政府之间的距离，从而产生了巨大的社会效应。

网络舆论对社会的正面作用主要表现在两个方面：

一是网络舆论有助于公众意愿的表达，推动了社会问题的解决。网民对社会公共事务提出的意见和建议是群众智慧的结晶，体现了对客观事物全方位的认识，包含着许多合理成分。网民对社会问题的判断，尽管见仁见智，众说纷纭，但还是会有相当数量的网民能够达成一致意见。而这些意见则代表了普通民众的呼声，体现了公众的意志，政府部门通过互联网了解民情、汇聚民智，可以获得推进工作的强劲动力。

二是网络舆论有助于政府部门疏导社会情绪，缓解社会矛盾。网络舆论是来自社会各阶层各领域人们的情绪表达，也会有一些非理性成分，但总的来看，我国网民越来越趋于成熟，越来越有责任感。通过网络平台，公众可以表达自己的想法，实现参政议政，而通过研究网络舆论，政府可以把握社会脉搏，为疏导社会情绪找到依据。

舆论监督，是传统媒体作为引发舆论和反映舆论的平台所显示出的、对国家政权、政府行为等的监督和制约作用。网络的出现获得了主体意义上的大众传播，公众有了自由发表言论的平台和途径，打破了传统媒体垄断信息发生的权力格局。这种变革带来了真正意义上舆论监督主体的回归，这种新的主体形式，改变了过去由传统媒体代行舆论监督权力的模式，使得舆论监督有可能成为真正意义的公众对于政府的监督。

3. 舆论的负面影响与应对方法

虽然网络舆论中不乏切中时弊的真知灼见，但同时也充斥着许多无责任感的情绪宣泄和过激主张。网络对那些在现实生活中积累了心理压力又无处宣泄的人来说，无疑是一个极佳的情绪释放口。在虚拟的网络世界里，网民可以隐藏自己的真实身份发布过激性言论，这些言论往往措辞强烈、感染力强，能在短时间内引起人们的注意。网络传播方式的特殊性导致网络舆论的形成非常迅速，"一个热点事件的存在加上一种情绪化的意见，就可以成为点燃一片舆论的导火索"。

同时，网络谣言可能导致恐慌心理，影响社会稳定。网络谣言是一种在网络上流传的缺乏真凭实据的闲话、传闻。网络平台具有"聚合效应"和"放大效应"，许多虚假信息通过网络扩散之后，会形成巨大的"舆论泡沫"，在社会上造成恐慌，甚至引发严重的社会问题。

随着网络舆论的影响越来越大，舆情有效应对成为事关国家统一、民族团结、社会稳定的大事，政府主管部门和网络媒体应当正视网络舆论的积极作用和消极作用，趋利避害，实现与网络舆论的良性互动。政府需要加强对信息源的审查与控制，重视权威信息发布，同时发挥行业主管部门和新闻媒体的作用。

第三节　互联网络改变衣食住行

互联网特别是移动互联网已经融入并开始改变人们的衣食住行，如更多利用手机而不是电脑去获取新闻、天气、八卦娱乐等信息，朋友之间沟通往往采用QQ、微信而不是电话，信息查询更多问度娘而不再打114，看视频用优酷，购物用淘宝、京东，共享单车和共享汽车大有替代Uber、嘀嘀出行的趋势，吃饭用美团、大众点评，驾车用高德、百度地图导航，看病网上预约挂号等等。现在的人类已根本离不开互联网，而对于互联网的快速发展，企业究竟该如何应对？

"互联网+"已日益成为传统产业升级新模式。例如，"传统集市+互联网"有了淘宝，"传统百货卖场+互联网"有了京东，"传统银行+互联网"有了微信支付和支付宝，"传统的红娘+互联网"有了世纪佳缘，"传统交通+互联网"有了快的、滴滴，"教育+互联网"有了MOOC，而"传统新闻+互联网"则有了众多网红和自媒体诞生。

一、足不出户，线上购物

随着互联网的飞速发展、物流业的发展和第三方支付的上线，网络购物已成为人们的一种日常消费习惯，你可以足不出户在家购买到你想要的商品，无论这商品是国内的还是国外的，无论这商品是日用品、电器、服饰、书本，还是食品、外卖等。我们仿佛已习惯于动动指尖就购物。

电子商务以商务为核心成功地将传统的销售、购物渠道移到互联网上，打破国家与区域间的壁垒，这很好地满足了人们多方面的需要，由此变得更加深入人心，同时由于成本的下降直接导致价格的低廉，也导致越来越多的用户选择网上购物。

1. 电商平台的起源

谈到电商平台的起源，得从亚马逊公司说起。亚马逊公司，是美国最大的一家网络电子商务公司，位于华盛顿州的西雅图，是网络上最早开始经营电子商务的公司之一。

亚马逊成立于 1995 年，一开始只经营网络的书籍销售业务，那时可还没有当当网，笔者当时买书一般都是在此网站上购买，现在则扩及了范围相当广的其他产品，已成为全球商品品种最多的网上零售商和全球第二大互联网企业，在公司名下，也包括了 AlexaInternet、a9、lab126 和互联网电影数据库等子公司。

亚马逊及其他销售商为客户提供数百万种独特的全新、翻新及二手商品，如图书、影视、音乐和游戏、数码下载、电子和电脑、家居园艺用品、玩具、婴幼儿用品、食品、服饰、鞋类和珠宝、健康和个人护理用品、体育及户外用品、玩具、汽车及工业产品等。

2004 年 8 月亚马逊全资收购卓越网，使亚马逊全球领先的网上零售专长与卓越网深厚的中国市场经验相结合，进一步提升客户体验，并促进中国电子商务的成长。

2010 年 3 月 15 日，已拥有 23 大类、超过 120 万种商品的网上商城卓越亚马逊发布了《网络购物诚信声明白皮书》，主要就消费者网购普遍关心的正品和退换问题，针对售前和售后的诚信保证做出具体阐释。卓越亚马逊认为，网购诚信主要分为售前诚信和售后诚信。而售前诚信指消费者对于网络商城品牌的信任度以及每件商品是否是正品。

亚马逊中国是全球最大的电子商务公司亚马逊在中国的网站。亚马逊中国为消费者提供图书、音乐、影视、手机数码、家电、家居、玩具、健康、美妆、钟表首饰、服饰箱包、鞋靴、运动、食品、母婴、户外休闲、IT 软件等 32 大类上千万种的产品，通过送货上门服务以及货到付款等多种方式，为中国消费者提供便利、快捷的网购体验。亚马逊中国发展迅速，每年都保持了高速增长，用户数量也大幅增加，已拥有 28 大类，近 600 万种的产品。

2. 国内电商的崛起

与世界范围内的电商购物相比，中国的电子商务起步较晚，而且在发展初期还因为面临互联网不够普及、物流不发达、无法支付等难题而陷入漫长的"寒冬"时期。

1998 年 3 月，中国内地第一笔 Internet 电子交易成功，客户通过中国银行的网上银行业务支付 100 元从世纪互联公司购买了 10 小时的上网机时，自此电子商务在中国从概念走向了现实。之后，虽然专营网络购物的网站一度增加至 700 家，但到 2002 年持续占据一定市场份额的网络寥寥无几，中国购物市场始终没有走出这段"寒冬时期"。说到这还得感谢"非典"，2003 年的非典使得网络商务价值凸显，电子商务的寒冬时期开始解冻，随着互联网的普及、物流的发展、支付宝的出现，网络购物开始快速发展起来。

电商购物，我们一般分为这样几种模式：

B2C：Business to Customer，是指企业直接面对顾客。这种模式以网络零售业为主，借助网络直接面向消费者销售产品和服务，以京东和天猫为代表。

B2B：Business to Business，是指企业对企业之间的营销关系。这种模式为企业和企业间提供了一个网络渠道，使得企业通过网络交易平台完成交易，以阿里巴巴、行业网为代表。

C2C：Customer to Customer，是指个人与个人之间的电子商务。这种模式相当于现实中的批发市场，商务网站收取个体商家一定的费用，不干涉交易中商家与消费者的具体沟通，以易趣、淘宝、拍拍为代表。

O2O：Online to Offline，线上交易与线下交易相结合的电子商务。这种模式是让互联网成为线下交易的前台，消费者用线上来筛选服务，以团购网、赶集网为代表。

小贴士：阿里巴巴集团的发展历史

说到电商购物，那就一定要说马云和他的阿里巴巴集团。这个集团的主要业务几乎个个都是行业中的翘楚，如淘宝网、支付宝等。

1997年底至1999年初，马云加盟中国对外贸易经济合作部下属中国国际电子商务中心，他和他的团队创办了一系列贸易网站，当年营业额达540万元人民币，这使他看到了电子商务的前景。1999年9月，马云带领着18位创始人在杭州的公寓中正式成立了阿里巴巴集团，集团的首个网站是英文全球批发贸易市场阿里巴巴。

2001年12月，阿里巴巴注册用户数超过100万。这是阿里巴巴集团最先创立的业务，是领先的跨界批发贸易平台，服务全球数以百万计的买家和供应商。小企业可以通过阿里巴巴国际交易市场，将产品销售到其他国家。阿里巴巴国际交易市场上的卖家一般是来自中国以及印度、巴基斯坦、美国和日本等其他生产国的制造商和分销商。

2003年5月，淘宝网于马云公寓内创立。这个网站是注重多元化选择、价值和便利的中国消费者首选的网上购物平台。淘宝网展示数以亿计的产品与服务信息，为消费者提供多个种类的产品和服务。

2004年12月，阿里巴巴集团关联公司的第三方网上支付平台支付宝推出，主要为个人及企业用户提供方便快捷、安全可靠的网上及移动支付和收款服务。支付宝为阿里巴巴集团旗下平台所产生的交易以及面向第三方的交易，提供中国境内的支付及担保交易服务。此外，支付宝是淘宝网及天猫的买家和卖家的主要结算方式。这解决了电子商务的支付难题，对电子商务的发展可以说是一个非常重要的转折点。

2008年4月，淘宝网推出专注于服务第三方品牌及零售商的淘宝商城，淘宝商城在2012年正式更名为"天猫"。天猫致力于为日益成熟的中国消费者提供选购顶级品牌产品的优质网购体验。

2012 年 7 月 23 日，阿里巴巴集团对业务架构和组织进行调整，从子公司制调整为事业群制，成立淘宝、一淘、天猫、聚划算、阿里国际业务、阿里小企业业务和阿里云共七个事业群。

2014 年 9 月 19 日，阿里巴巴集团于纽约证券交易所正式挂牌上市，估值 1600 亿美元，创造了互联网上的一个奇迹。

小贴士：京东发展历史

京东目前是中国最大的自营式电商企业，2015 年第一季度在中国自营式 B2C 电商市场的占有率为 56.3%。目前，京东集团旗下设有京东商城、京东金融、拍拍网、京东智能、O2O 及海外事业部。2014 年 5 月，京东在美国纳斯达克证券交易所正式挂牌上市，是中国第一个成功赴美上市的大型综合电商平台，与腾讯、百度等中国互联网巨头共同跻身全球前十大互联网公司排行榜。2014 年，京东市场交易额达到 2602 亿元，净收入达到 1150 亿元。

1998 年 6 月 18 日，刘强东先生在中关村创业，成立京东公司。

2007 年 6 月，成功改版后，京东多媒体网正式更名为京东商城，以全新的面貌屹立于国内 B2C 市场。7 月，京东建成北京、上海、广州三大物流体系，总物流面积超过 5 万平方米。10 月，京东在北京、上海、广州三地启用移动 POS 上门刷卡服务，开创了中国电子商务的先河。

2008 年 6 月，京东商城在 2008 年初涉足平板电视的销售行列，并于 6 月将空调、冰箱、电视等大家电产品线逐一扩充完毕，标志着京东公司在成立十周年之际完成了 3C 产品的全线搭建，成为名副其实的 3C 网购平台。

2010 年 6 月，京东商城开通全国上门取件服务，彻底解决了网购的售后之忧。11 月，图书产品上架销售，实现从 3C 网络零售商向综合型网络零售商转型。12 月 23 日，京东商城团购频道正式上线，京东商城注册用户均可直接参与团购。

2013 年 4 月 23 日，京东宣布注册用户正式突破 1 亿。

小贴士："双十一"活动

11 月 11 日，所谓的"光棍节"，这一天几乎成了全民狂欢日，很多人凌晨守在电脑前为了能抢到心仪的商品。而微博上也流行着"双十一"的各种段子，如"五折难挡，秒杀凶猛，就算熬个通宵也要挺住"，有人则拿出 4G 网络这样的利器参与抢购，还有网友想出各种奇葩的"防媳妇败家"高招。

从 2009 年开始，每年的 11 月 11 日，以天猫、京东、苏宁易购为代表的大型电子商务网站一般会利用这一天来进行一些大规模的打折促销活动，以提高销售额度，成为中国互联网界最大规模的商业活动，光棍节的重要性因为联系到购物节而更受人们关注。

阿里巴巴集团控股有限公司于 2011 年 11 月 1 日向国家商标局提出了"双十一"商标注册申请，2012 年 12 月 28 日取得该商标的专用权，2014 年 10 月末，阿里发出通告函，称阿里集团已经取得了"双十一"注册商标。

2014 年 11 月 11 日，阿里"双十一"全天交易额 571 亿元。

3. 传统零售受到冲击

电子商务作为一种新兴的商业形态模式，对传统零售业来说，不是颠覆和取代，而是某种意义上对生产力的解放和补充。电子商务的出现，使零售业在商品流通的各个环节都发生了变化，却并不能取代传统的零售业，因为传统零售业的店销模式，是消费者享受消费体验的一个过程，是电子商务永远无法达到的。但是，处在同一环境下的新旧两种零售业模式，面对同一个市场，同一个消费群，分食同一块"蛋糕"，难免产生激烈竞争和相互碰撞，此消彼长。

特别是，80% 以上的网民都是以年轻城市白领为主体的高端顾客，是最具经济活力和商业价值的一部分人群。这部分高端客户群和部分高端商品销售市场的流失，将使传统商业和零售业深深地陷入被动。同时，网络购物行业在未来几年仍将以 30% 左右的速度增长，对传统零售业的替代也将越来越大。

根据电子商务对不同产品的冲击分析可以判断：专业店，尤其是图书、家电零售店受到的冲击最大，其次是传统百货店，而生鲜超市和便利店受到的冲击较小。

专业店：因相对容易标准化，网络购买便宜所以受到的冲击最大。图书行业最先受到冲击，全国实体书店如广州三联、上海席殊书屋等纷纷倒闭，小的民营书店也未能幸免。其次是 3C 数码和家电零售业，越来越多的人已习惯在京东之类的网站上购买家电。

传统百货店：百货店中的数码、小家电、小牌服装受到的冲击最大，人们逐渐开始在淘宝、天猫购买服装，或者在百货商店试好服装的码数转而去天猫商城购买相同款式的服装。

生鲜超市：因为生鲜产品的保鲜特性，所以受到的冲击较小；但还是分流了一些顾客，如最近流行的在"华南城"拼水果，还有在"1 号店"上购买食品等。

4. 实体门店之转型

面对电商购物不可避免地分流顾客，实体门店也在寻求转型之路。传统商业的店销模式，是消费者享受消费体验的一个过程，这是电商永远无法达到的，也是它无法替代传统商业的一个重要因素，未来购物必将是线下体验、线上支付的全新模式，这就要求传统零售企业的线上和线下渠道必须紧密整合在一起，通过打造电商平台，配套强有力的供货、物流和售后平台，真正实现二者的长远共赢。

苏宁电器将遍布全国的销售点变成苏宁易购的快递点和自主取货点，以加速苏宁店面与网购的融合，但店面和网购实行的是两套系统，顾客在网上选购商品后，送货人将产品送到顾客指定的苏宁电器门店。

再比如某某电器也正在探索将实体店和线上销售进行结合的新模式，实体店只保留样机，客户在门店选好商品后，信息直接传递到物流中心，并直达出库人员的无线终端，生成出库任务和送货任务，送货人员直接将家电配送到顾客家中。

对于零售企业来讲，一方面要保证客户在网上订购后能由最近的分销点尽快送货上门，从而提高客户的满意度；另一方面在全国各地设立分销点成本又过高。解决这一问题的办法就是建立完善的商家合作渠道，企业要尽可能与销售链上每个经营者结盟，从而形成规模化、社会化分工，降低成本，提高效率。零售企业可以通过建立供应商联盟，并利用供应商的库存及分销体系实现零库存的最佳运营模式。

小贴士：互联网大事件

1987 年 9 月 20 日，中国兵器工业计算机应用研究所发送了中国的第一封电子邮件，"Across the Great Wall, we can reach every corner in the world"（越过长城，走向世界）。这一封邮件的成功发送，象征着中国与国际计算机网络接轨的第一次。

1994 年 4 月 20 日，中国连入因特网的 64K 国际专线开通，实现了与 Internet 的全功能连接，成为了真正意义上拥有全功能 Internet 的国家。

1996 年，"瀛海威""Information Highway"（信息高速路）是中国人接触互联网的唯一通道，其用户仅有屈指可数的 4 万人。

1997 年 11 月，《中国互联网络发展状况统计报告》首次发布，当年，中国的网络用户是 62 万。

2014 年，这份报告上的数据变成了 6.32 亿。从 62 万到将近 7 亿，互联网普及率为 46.9%，中国网民的爆发式增长仅用了 20 年，而中国的互联网，也从一条不算宽敞的"信息高速路"，变成一艘承载着全球近 1/4 网络用户的巨型"方舟"。

2015 年 3 月 5 日，第十二届全国人民代表大会第三次会议在人民大会堂举行开幕会。李克强总理提出制定"互联网＋"行动计划。

小贴士：什么是"互联网＋"

"互联网＋"战略是全国人大代表、腾讯董事会主席兼 CEO 马化腾今年向人大提出的四个建议之一，马化腾解释说，"互联网＋"战略就是利用互联网平台，利用信息通信技术，把互联网和包括传统行业在内的各行各业结合起来，在新的领域创造一种新的生态。

简单地说就是"互联网＋×× 传统行业＝互联网 ×× 行业"，虽然实际效果绝非简单相加。

二、出门自驾，电子导航

司机是 80 年代最受欢迎的职业，其中包含两层含义，第一当时车是奢侈品，第二认路是一项专项技能。对于能够对照纸质地图开长途车的司机，识图辨路和方向感缺一不可，而这些不是所有人能够掌握的。

电子导航出现后，自驾出游成为城市中产阶层常态化的出行方式，一个自由旅行的新时代真正到来了。由于不再受到固定的线路、行程和公共交通工具的限制，人们可以自由地寻找旅游目的地，自主地确定行程，自己选择心仪的美景、美食、特产，夜晚降临的时分，就去寻常百姓的休闲场景去喝茶、喝咖啡、K 歌、看戏、看电影，行所当行，止所当止，真正实现了"说走就走的旅行"梦想。

电子导航地图是一套用于在 GPS 设备上导航的软件，主要是用于路径的规划和导航功能的实现。电子导航地图从组成形式上看，由道路、背景、注记和 POI 组成，当然还可以有很多的特色内容，比如 3D 路口实景放大图、三维建筑物等，都可以算作电子导航地图的特色部分。从功能表现上来看，电子导航地图需要有定位显示、索引、路径计算、引导的功能。

电子导航地图（Electronic map），即数字地图，是利用计算机技术，以数字方式存储和查阅的地图。电子导航地图储存资讯的方法，一般使用向量式图像储存，地图比例可放大、缩小或旋转而不影响显示效果；早期使用位图式储存，地图比例不能放大或缩小，现代电子导航地图软件一般利用地理信息系统来储存和传送地图数据，也有其他的信息系统。

电子导航地图可以非常方便地对普通地图的内容进行任意形式的要素组合、拼接，形成新的地图。可以对电子导航地图进行任意比例尺、任意范围的绘图输出。非常容易进行修改，缩短成图时间。可以很方便地与卫星影像、航空照片等其他信息源结合，生成新的图种。可以利用数字地图记录的信息，派生新的数据，如地图上等高线表示地貌形态，但非专业人员很难看懂，利用电子导航地图的等高线和高程点可以生成数字高程模型，将地表起伏以数字形式表现出来，可以直观立体地表现地貌形态。这是普通地形图不可能达到的表现效果。

三、取代现金，电子金融

1. 电子支付的起源

2002 年 3 月，中国银联在上海正式成立。到了 2004 年，中国银联建成了第一代银行卡跨行交易清算系统，从此，所有的中国银行卡都带有了红蓝绿三色的银联标志，可以在全国范围内跨行、跨地区无障碍使用。

在中国，几乎每个人的钱包里都装着银行卡，借助于中国银联，这些银行卡得以跨行、跨区甚至跨国使用，而他们的手机中或许也装有支付宝钱包的客户端，他们在商场购物需要通过银联商务的 POS 机结账，在网上买东西则习惯于使用支付宝。

要了解支付宝，就要先从第三方支付谈起。第三方支付是一个颇具中国特色的定义，严格来讲应该叫"非金融机构提供的支付"，之所以叫第三方支付，并不是因为有"第一方支付"或"第二方支付"，而是因为从功能上讲，它承担了一个"第三方"的角色，在中国，这个角色可以叫"中间人""见证人"。

第三方支付起源于电商，更直接来说就是支付宝。淘宝搭起了一个电商平台，任何人都可以在平台上建店、卖货。然而，这些商家良莠不齐，假货次货泛滥。买家无法有效甄别卖家的信用，不敢随便买东西。为了解决这个问题，支付宝诞生了。

背后的逻辑是：在淘宝上购物，买家有顾虑，没关系，你可以先把钱打给支付宝（第三方），确认收货后，再由支付宝打给卖家。支付宝起到了一个第三方担保人的角色，既为卖家作信用背书，也为买家降低购物风险。这种交易方式在中国传统商业交易中一直存在，只是淘宝把他搬到了线上。

支付宝成立于 2004 年 12 月，那时中国金融生态相对滞后，体系结构单一，而市场经济却在突飞猛进。以银行为核心的传统支付体系现实需求出现不平衡，第三方支付作为一种补充机制，迅速在市场中找到了生存空间，并在接下来的几年里不断发展壮大。数据表明，2005 年以后中国第三方支付市场进入高速增长期，2008 年至 2010 年达到高潮。仅 2010 年上半年中国第三方支付市场规模就达到 4546 亿元，环比增长 33%，比同期增长 89%。到 2013 年末，我国第三方支付市场规模已达 16 万亿元。市场之火热，可见一斑。

微信支付也是现在比较流行的支付方式。用户只需在微信中关联一张银行卡，并完成身份认证，即可将装有微信 App 的智能手机变成一个全能钱包，之后即可购买合作商户的商品及服务，用户在支付时只需在自己的智能手机上输入密码，无需任何刷卡步骤即可完成支付，整个过程简便流畅。很多消费者喜欢用微信支付，就是看重它的方便快捷。

目前微信支付已实现刷卡支付、扫码支付、公众号支付、App 支付，并提供企业红包、代金券、立减优惠等营销新工具，满足用户及商户的不同支付场景。

但在 2016 年 2 月 15 日，微信发了一则《关于转账收费调整为提现收费的公告》，该公告一出，则表示微信提现将正式进入收费时代。商业规则下，利益至上，我的平台我做主。

微信支付提现收费的行为可以理解，但如何营造一个和谐的市场环境，给消费者最大的权益，依然是个严重的话题。

2017 年 3 月 31 日，非银行支付机构网络支付清算平台（简称"网联平台"）开始试运行，并完成首笔跨行清算交易。该笔交易通过微信红包由腾讯财付通平台发起，收付款行分别为中国银行与招商银行。腾讯财付通成为网联平台上成功完成首笔跨行清算交易的第三方支付公司。

网联平台，是在央行指导下，由中国支付清算协会组织支付机构，按照"共建、共有、共享"原则，由参与各方共同发起筹建，支付机构将按照有关技术标准门槛分批接入。

据了解，按规定，支付机构的线上支付通道今后将直接通过网联平台与各家银行对接，不过，现有的支付机构直连银行的模式不会被立刻叫停。

网联平台将改变现有银行与第三方支付平台间的合作模式。现在中国的线上支付，采用第三方支付机构直连银行的"三方模式"，存在诸多监管上的漏洞和风险，为支付机构提供了统一、公共的支付清算服务，节约了连接成本，提高了清算效率，有利于监管部门对社会资金流向进行实时监控，保障客户的资金安全。

实际上，网联平台对中小型第三方机构而言是巨大的福祉，对于支付宝、财付通等较大型的第三方支付机构，由于已经和大量的银行进行了直连，又有较高的议价能力，因此，相比中小支付机构并没有特别大的优势。

每一家银行对接都需要通过谈判完成合作，并确定网络支付时的费用，小一些的支付公司议价能力弱，因此可能需要付出更高的清算费用，而网联平台将彻底改变这一点。

而支付备付金，也就是支付机构为办理客户委托的支付业务而实际收到的预收待付货币资金，可以认为是支付机构用于转账的资金池。原先备付金由银行直接托管，大的支付机构可以在多家银行建立备付金，并以此实现快速的跨行转账，但小支付机构难以实现，网联平台将统一托管备付金，这将改变大小支付平台不同"玩法"的现状。

"这对较为弱势的小型支付机构是个利好。"国务院发展研究中心金融研究所副所长陈道富曾这样公开表示。

在分析人士看来，未来网联平台主攻线上清算业务，银联可能主攻线下清算业务，不过由于银联目前不仅涉及线下，也涉及线上，这两个清算机构之间可能会存在竞争。

苏宁金融研究院薛洪言表示，网联和银联是以接入机构来区分的，第三方支付接入网联，银行接入银联。但第三方支付并不局限于线上，也有线下业务，同样，银联虽然主攻线下，但也做线上业务。随着移动支付的发展，线上线下的界限正变得越来越模糊。前期央行放开清算牌照，网联极有可能获得清算牌照，具备和银联同样的业务模式和空间，成为银联竞争对手。

2. 互联网金融发展（理财通和余额宝）

余额宝是由第三方支付平台支付宝为个人用户打造的一项余额增值服务。通过余额宝，用户不仅能够得到收益，还能随时消费支付和转出，像使用支付宝余额一样方便。用户在支付宝网站内就可以直接购买基金等理财产品，同时余额宝内的资金还能随时用于网上购物、支付宝转账等支付功能。转入余额宝的资金在第二个工作日由基金公司进行份额确认，对已确认的份额会开始计算收益。所以，大多数人不知道的是——余额宝实质是货币基金，其收益由货币基金支付。

2013 年 6 月，支付宝旗下的互联网理财产品"余额宝"诞生，其后创造了一连串纪录，成为互联网金融理财产品的"带头大哥"。截至 2017 年 2 月 14 日，余额宝规模突破 4000 亿元。除余额宝外，由腾讯推出的理财通上线运行 1 个月，规模接近300 亿元。截至 2013 年底，管理资产规模第一的华夏基金规模为 2311 亿元，支付宝的合作方天弘基金在 2012 年底的规模只有 99.5 亿元。而到 2014 年 1 月 15 日，天弘基金宣布，对接余额宝的"天弘增利宝"货币基金规模突破 2500 亿元。根据中国基金业协会公布的数据显示，2014 年 1 月，货币基金规模增长 2054 亿元，平均每天增长 66.33 亿元，而货币基金规模的快速增长，主要来自"余额宝"们的贡献。

3. 传统银行受冲击（现状）

余额宝对活期储蓄的巨大吸引力，让银行业的日子没那么好过了。

如果存款减少，而央行的存款准备金率水平不下降，银行的可贷资金减少，贷款规模就不得不压缩，经营业绩自然受影响。"余额宝"们让银行最惧怕之处，正是因为其强大的群众基础带来的吸金能力。单个储户与银行毫无议价能力，而利率较高的协议存款则需要大量资金，普通储户难以企及。为了把从银行"搬"出去的储蓄重新"买"回来，银行通过协议存款的方式吸收货币基金等机构投资者的资金。对接余额宝的"天弘增利宝"货币基金将 90% 以上的基金资产投向了银行协议存款，根据该基金 2013 年四季报显示，2013 年底银行存款和结算备付金占基金资产比例达到 92.21%。

6%~7% 的高收益率，加上灵活性、流动性较强，成为余额宝吸引大量用户将活期储蓄转移至支付宝的主要原因。根据中国人民银行公布的基准利率水平，金融机构目前的活期存款利率为 0.35%，仅为余额宝等互联网理财产品所宣传收益率的十几分之一；一年期定期存款利率为 3%，五年期以上贷款利率为 6.55%。存贷款利率之间的净利息收入是银行业赖以生存的"吃利差"商业模式，而"余额宝"们正在压缩这一模式的利润空间。

2013 年 12 月 19 日，"钱荒"再度上演，银行间 1 个月期限的回购利率突破 8%，刷新 6 月来新高。上海银行间同业拆放利率（Shanghai Interbank Offered Rate，简称 Shibor）利率连续两天飙升，达到 6.4720%。历史上，非常高的利率时期都会与非常高的经济增长和非常高的通货膨胀联系在一起；但在 2013 年经济增长非常弱、通货膨胀非常低的背景下，却看到了罕见的非常高的利率。

更令银行震惊的是，1 月存款大幅减少 9402 亿元。银行存款搬家，除春节消费、

IPO 重启导致打新分流，以余额宝为领衔的各种"宝"产品分流功不可没。来自互联网金融圈中的一位人士表示，确实有银行对小额贷款更不感冒了，因为钱紧，资金使用成本也变高了。

4. 银行的应对之策

随着互联网的发展，互联网金融企业和商业银行之间的竞合关系越发明晰。银行业已认识到，与其担心互联网金融企业兴起，渗透到传统商业银行"腹地"，不如在竞争中与互联网金融企业合作，两者互利互惠未尝不是一件好事。

德银亚洲 TMT 研究主管 Alan Hellawell 也表示，中国互联网消费金融正在崛起，消费信贷占比逐年攀升。同时，传统银行业面临多重挑战，来自互联网金融的竞争是其中之一。传统银行业的对应之道是谋求业务转型，以适应客户行为变化。

为了减缓大规模存款搬家势头，商业银行采取了一系列措施，其一就是限制客户每日往支付宝等工具中的转账额度，是为被动节流。

比如工行调低电脑端和无线端的银行卡快捷支付限额，其中电脑端本人储蓄卡转入余额宝资金限额调低至 5000 元 / 笔，单日限额 2 万元，单月限额 5 万元。无线端则调整为：无线端转入余额包资金限额调低至 5000 元 / 笔，单日限额 5 万元，单月限额 5 万元。在此之前，工行的快捷支付并没有额度限制。有投资者表示，搬几万块钱存款要十天半个月。银行方面则解释这是出于安全考虑。做出调整的还有农业银行，其单笔单日额度均为 1 万元，在此之前，农行对单笔单日均没有做出额度限制。微信理财通建行的单月转账额度为不超过 10 万元，在此之前额度是 50 万元。有额度限制的不止一两家银行。比如理财通支持的 12 家银行中，单笔单日最高的转账额度为 5000 元，分别是民生银行、兴业银行。单笔最高的 5 万元，分别是建行、中行、中信、平安、浦发。

银行主动开源，也分为两个阶段：第一阶段，传统理财产品升级开放式理财产品；第二阶段，银行主动推出 T+0 产品投资货币基金。目前，严格意义上推出类余额宝产品（T+0 赎回货基）的银行有包括平安、交行、工行、中行、民生等银行，虽然其内核仍是货币基金，但与银行传统意义上代销的货基有所不同，这些产品更靠近余额宝的模式——1 分钱起购，0 手续费，每日获得收益，并且满足 T+0 赎回使用。

同时银行加大与互联网公司的合作，与金融科技公司全面合作共建生态。

2017 年 1 月，腾讯联合中国工商银行推出了黄金红包——形式表现为用户在"腾讯微黄金"持有的黄金份额可互相转让，将"红包"与"过年添金"的习俗融合起来，剑指国内黄金市场。

2017 年 4 月，在 2017 中国移动金融发展大会上，中国工商银行信息科技部副总经理张颖透露，工银二维码支付于 2016 年 7 月投产使用，今年 4 月版本后将陆续支持微信支付、银联二维码及主要第三方支付二维码产品的聚合收单。

2017 年 3 月 28 日，阿里巴巴集团、蚂蚁金服集团与中国建设银行签署三方战略合作协议，阿里巴巴集团董事局主席马云、蚂蚁金服 CEO 井贤栋与中国建设银行行长王祖继等合作方高管出席签约仪式。按照协议和业务合作备忘录，蚂蚁金服将协助建设银行推进信用卡线上开卡业务；双方将推进线下线上渠道业务合作、电子支付业务合作、打通信用体系。未来，双方还将实现二维码支付互认互扫，支付宝将支持建行手机银行 App 支付。

受到互联网金融平台的冲击，传统银行纷纷思考如何走出困境。其中一部分银行建立互联网金融平台，但银行系的互联网消费金融的业务，发展并不理想。有部分银行尝试放弃"杯葛"，搭上第三方互联网消费金融平台的快车，高效迈入"合作时代"，这种模式似乎更高效。

四、慕课微课，线上教育

一些在线教育的拥趸者认为，MOOC 将会打破传统大学的"围墙"，任何人都可以在任何时间、任何地点通过网络进入课堂，享受全球最好的教学服务。近期，上海交通大学研发的 MOOC 平台"好大学在线"正式上线，面向全球提供中文在线课程，上海的 19 所高校还签订了 MOOC 共建共享合作协议，建立学分互认机制，学生不出校门，就能跨校修读外校优质课程，并获得学分。这更进一步提升了人们的预期，并使"MOOC 将导致传统大学消亡"的观点甚嚣尘上，获得了更多人的接受和认可。

案例 1：一位来自印度的高中男孩因为在 edX（美国的在线"教育平台"）"电路与电子学"课程中的考试得分在前 3% 之列，被麻省理工学院录取。美国在线教育平台 edX 内容开发副主席霍华德·劳瑞则用事实佐证了 MOOC 的"不一般"。

案例 2：当美国佛罗里达大学新生妮科尔·尼西姆被三角几何学困住时，她没有去请教老师或同学，而是在 YouTube 网站上找了一段可汗老师讲解三角几何学的视频，反复看了几遍，问题就迎刃而解了。整个过程既方便又快捷，而且没花她一分钱。这个可汗老师，就是目前网络上"最红的教师"——萨尔曼·可汗。他从 2004年起陆续制作了 2300 多段视频辅导材料，内容从数学到越南战争，无所不包。有统计显示，截至目前，已有 5600 万人次观看过他的教学录像。

美国《国家利益》杂志："未来 50 年内美国 4500 所大学，将会消失一半。"中国有 600 多所地方高校向技术类高校转型。edX 总裁称："教育在过去的 500 年中的上一次变革，是印刷机和教科书。"

有媒体将 2012 年称为"MOOC 元年"。在这一年，美国麻省理工学院和哈佛大学联手创办了非盈利在线教育平台 edX。该平台一方面向全球免费提供知名高校的优质课程，另一方面通过课堂/在线混合模式重构校园教育。

其实，早于 edX 的先行者已有尝试。2011 年秋，来自 190 多个国家的 16 万人注册了斯坦福大学"人工智能导论"的免费课程，这后来孕育了 Udacity；11 月由斯坦福大学的教授创办的 Coursera 成立；12 月麻省理工启动了 MITx 项目，以此为基础，后来哈佛大学与麻省理工学院合作组建了 edX 平台。

Udacity 与 Coursera、edX 是构成 MOOC 的"三驾马车"。

如何将世界上最优质的教育资源——如哈佛、MIT、斯坦福大学的名牌课程，通过技术手段，以真正上课的方式——有别于过去的网络公开课，免费传播到世界上偏远和困苦的地方？

多年以来，人们期望用技术实现教育资源的民主化，这也是 MOOC 带来的光亮。至于它是否会颠覆现行教育体制尚无定论，但可以肯定，以创造力为驱动的互联网技术，正在改善人类创造力的源头之一，教育问题。

MOOC 同以往的在线教育到底有何不同？清华大学教育研究院学者撰文指出，与以往的广播电视大学、视频公开课等开放课程相比，MOOC 将给高等教育带来深远影响。这些影响主要源于其前所未有的开放性、透明性、优质教育资源的易获得性。

在 MOOC 的世界里，视频课程被切割成十分钟甚至更小的微课程，由许多个小问题穿插其中连贯而成，就像游戏中的通关设置，答对了，才能继续听课。"完全不同的体验"是接触 MOOC 的学生的最大感受。

数据显示，截至 2017 年 3 月 1 日，大约有 80 万名来自 192 个国家的学生学习 edX 提供的 26 门课程，其中就有来自中国的学生。

技术推动教育，这观点再平常不过，但事实却如 edX 总裁 Anant Agarwal 所言："教育在过去的 500 年中，实际上没有什么（本质上的）变化，上一次变革，是印刷机和教科书。"戴曼迪斯在《富足》一书中如此描述工业文明教育的实质："标准化是教育规则，同一性是教育的预期结果。同一年龄的所有学生使用相同的教材，参加相同的考试，教学效果也按同样的考核尺度评估。学校以工厂为效仿对象：每一天都被均匀地分割为若干个时间段，每段时间的开始和结束都以敲钟为号。"

那么，未来教育将是怎样一番景象？一个稍显激进的预言来自美国《国家利益》杂志："未来 50 年内，美国 4500 所大学，将会消失一半。"一个更加激进的预言来自 Udacity 的创始人特隆，据他估计，50 年后大概只能剩下 10 所实体大学。

当然这种言论过激，从侧面反映出 MOOC 的优势，但是不可能完全取代现代教育，而是与现有课堂教学模式紧密融合，形成"翻转课堂"或者混合式教学。

作为教育执行者的教师的角色将会逐渐改变。以后，老师会自己录像或者用其他学校更知名的老师的视频放给学生，而在课堂上注重的是引导、讨论或者是讲解更前沿的东西。教师角色从讲课人转变成引导者，为学生进行答疑和小组讨论。

此外，可以想象，以"连接"为导向的互联网技术，将会使未来包括大学在内的组织"社群化"，这也许会打破既有的课程制定体系，实现"自由人的自由联合"，让兴趣真正成为教育的原动力。

毫无疑问，MOOC 对于传统高等教育转型具有重要的价值，但它是否会成为导致传统大学消亡的直接原因，至少目前还看不出任何端倪。教育家梅贻琦说："大学之大，乃大师之大，非大楼之大。"进一步讲，大师之大不是指大师的盛名，而是指大师的思想和品德。以文化人、以德育人，这是大学精神的核心，也是大学存在的价值体现。MOOC 可以轻易将显性知识以数字化的形式传递给成千上万名学生，但是，如何将隐性文化原汁原味地呈现给学生，并对学生的情感发展产生影响，将是一件难以完成的任务。

大学培养人才，不仅要注重知识和技能的学习，更要重视情感、态度和价值观的渗透，最终落实到健全人格的养成。这些方面的培养显然不是靠一两门课程就能完成的，它往往需要长时间的榜样引领和文化濡染，如果脱离大学的真实情景将很难完成。所以，MOOC 导致大学消亡至少在较短时间内不会成为现实。

小贴士：大数据

大数据（big data），指无法在一定时间范围内用常规软件工具进行捕捉、管理和处理的数据集合，是需要新处理模式才能具有更强的决策力、洞察发现力和流程优化能力的海量、高增长率和多样化的信息资产。

小贴士：MOOC

MOOC（massive open online courses）指大型开放式网络课程。2012 年，美国的顶尖大学陆续设立网络学习平台，在网上提供免费课程，Coursera、Udacity、edX 三大课程提供商的兴起，给更多学生提供了系统学习的可能。2013 年 2 月，新加坡国立大学与美国公司 Coursera 合作，加入大型开放式网络课程平台。新加坡国立大学是第一所与 Coursera 达成合作协议的新加坡大学，它于 2014 年率先通过该公司平台推出量子物理学和古典音乐创作的课程。这三个大平台的课程全部针对高等教育，并且像真正的大学一样，有一套自己的学习和管理系统。再者，它们的课程都是免费的。

以 Coursera 为例，这家公司原本已和包括美国哥伦比亚大学、普林斯顿大学等全球 33 所学府合作。2013 年 2 月，公司再宣布有另外 29 所大学加入他们的阵容。

第四节　物联网汇聚人类大数据

世界信息产业的发展将迎来第三次浪潮——物联网（Internet of things，IoT）。顾名思义，物联网就是物物相连的互联网。包括两层意思：其一，物联网的核心和基础仍然是互联网，是在互联网基础上的延伸和扩展的网络；其二，其用户端延伸和扩展到了任何物品与物品之间，进行信息交换和通信，也就是物物相息。物联网通过智能感知、识别技术与普适计算等通信感知技术，广泛应用于网络的融合中。2009年温家宝总理曾提出要建设"感知中国"中心，就是要推动物联网在中国的发展。

2017年3月必胜客和锐步合作，首次专为NCAA美国大学篮球联赛推出64双Pie Tops，鞋子里面有蓝牙系统，会与手机里的必胜客App连接，系统默认点的是7.99美元的大装披萨。用户可以通过手机修改设置，自动记忆用户的偏好设置，同时鞋内还配了地理定位系统，必胜客的送餐员就是靠它定位用户位置，从而进行披萨的配送。

互联网给人类带来无限美好、便利的同时，也可能让人们失去一样本属于自己的东西——个人隐私，而个人隐私的侵犯还会愈演愈烈，但很多人并没有意识到这个问题的严重性，并为此付出代价。

一、覆盖全面获取线下数据

在物联网世界里，不仅仅只有电脑与手机是联网的。在汽车与家具里都会有与网络相连的组件，联网的医疗器材会即时收集我们个人身体健康状况的信息。在我们的衣物上会有与网络连接的标签。随着自我供电且可无线联网的电脑变得越来越迷你和廉价，所有东西都可以与互联网连接。

国际电信联盟于2005年的报告曾描绘物联网时代的图景：当司机出现操作失误时汽车会自动报警，公文包会提醒主人忘带了什么东西，衣服会"告诉"洗衣机对颜色和水温的要求等等。一家物流公司应用了物联网系统的货车，当装载超重时，汽车会自动告诉你超载了，并且超载多少，但空间还有剩余，告诉你轻重货怎样搭配。当搬运人员卸货时，一只货物包装可能会大叫"你扔疼我了"，或者说"亲爱的，请你不要太野蛮，可以吗？"当司机在和别人扯闲话，货车会装作老板的声音怒吼"笨蛋，该发车了！"

物联网可以让许多美妙的事情成为现实，但数以十亿计的芯片、传感器和可穿戴设备收集到的海量数据，让我们将面临比当今社会更为全面的监控。"物联网"将会成为政府、企业的"千里眼"和"顺风耳"，无时无刻不在监控着人们的一举一动。

在监视摄像头遍布的世界，人们的行为举止都可能被不经意以图像、声音等数据形式记录下来。纵横交错的交通监控视频自动记录车辆违章，也为交通事故的处理提供可靠的证据。为了安全，智能社区甚至个人家庭安装监控也越来越普及，一些违法犯罪行为一旦留下任何影像资料，在全球共享的"人肉网络"下，都有可能会被曝光。

人无时无刻不在呼吸，而雾霾中动辄爆表的PM2.5让我们不禁忧虑起自身的健康来。

通州区建立了北京市第一套大气颗粒物自动监控系统，旨在利用"互联网＋环保"模式，实行精细化监管。监测站点遍及通州区所有镇村，5 分钟更新一次数据，时刻监测全区 PM2.5 的实时浓度，实时掌握全区 PM2.5 的数据变化趋势。系统可以根据各点位数据和卫星定位，每 10 分钟直观动态生成一张可视化污染物分布图，用颜色对应不同污染物浓度。

区、乡镇领导和环保工作人员可以通过手机 App，随时接收和了解当前空气中污染物的平均指数，以及每一个街道、乡镇、行政村情况。一旦哪一个或相邻几个点位数据出现猛增异常，就说明那里可能发生了空气污染事件，相关负责人就会立刻通知辖区网格员，到现场查找污染源并及时予以处理。

系统涵盖的餐饮业油烟在线监控子系统能够第一时间发现企业油烟排放是否超标，解决了油烟监管"老大难"问题；机动车固定遥感监测系统，实现了对过境机动车尾气排放 24 小时检测。在"互联网＋环保"的严密监控下，2016 年通州区治污取得明显实效。1 至 4 月份 PM2.5 累计浓度下降 32.7%，居全市第一。

二、网络日志记录线上行为

随着信息技术和互联网的深入发展，通信过程不被记录的现象已不复存在，取而代之的是各种各样的网络行为日志系统，它们可将网络用户的上网操作流完全记录下来，包括搜索历史、点击历史、购买历史、浏览数据历史等，并供其查看。

例如：

● 可记录 URL 地址、HTTP 表单内容以及 web 外发信息，如 BBS、登录信息等。

● 可对主流即时通讯软件如 QQ、微信、MSN 等的登录账户、聊天内容、上传 / 下载文件进行记录，并可提供本地下载审核。

● 可记录邮件发件人、收件人、标题、正文、附件、大小等信息。

● 可记录 FTP 登陆账号、密码、服务器 IP 地址、传输文件的时间、文件名称、传输方向、大小等信息。

● 可记录迅雷、BT、pplive、ppstream 等 P2P 协议使用情况。

● 可记录网游和证券软件等的使用情况。

通过对这些网络行为日志数据的追溯分析，可以用于验证设计、发现问题和挖掘用户需求，可以控制互联网带来的负面影响和安全威胁，例如下载传播非法、黄色信息、机密信息泄露等，有利于规范上网行为，提高网络利用率。《互联网安全保护技术措施规定》（公安部第 82 号令）明确要求提供互联网接入服务的单位必须保留用户上网日志 60 天以上。

然而这也意味着因特网已经成为了一个巨大的监控工具，网民维护隐私是基本不可能的。

"SNOWDEN"（斯诺登），曾经在美国中央情报局担任过技术助理职位，他于 2013 年 6 月冒着生命危险，披露了一起美国有史以来最大的监控事件，令世界震惊，其侵犯的人群之广、程度之深令人咋舌。

据斯诺登透露，美国国家安全局自 2007 年起就开始实施一项绝密电子监听计划——棱镜计划（PRISM），该计划的正式名号为"US–984XN"。美国国家安全局要求电信巨头威瑞森公司必须每天上交数百万用户的通话记录，他们也直接进入美国网际网路公司的中心服务器里挖掘数据、收集情报，包括微软、雅虎、谷歌、苹果等在内的 9 家国际网络巨头皆参与其中。监听对象包括任何在美国以外地区使用上述公司服务的客户，或是任何与国外人士通信的美国公民。监控内容主要有 10 类信息：电邮、即时消息、视频、照片、存储数据、语音聊天、文件传输、视频会议、登录时间和社交网络资料的细节等，甚至可以实时监控一个人正在进行的网络搜索内容。

三、大数据与个人隐私

打开浏览器上网、看电影或者购物，其推荐的电影、商品或者内容可能正好就是符合你需要的东西。

《大数据时代》的作者维克托·迈尔 – 舍恩伯格在他早年写下的《删除》一书中曾提到，大数据时代的来临改变了生物性遗忘的特质，信息经由数字存储的方式保存下来，就变成了不易删除的记忆，遗忘反而成为例外。

在这种"记忆"带给人们便利的同时，你所有的现在、过去的生活轨迹悄无声息地上传到云端，你在被大数据"偷窥"。

易获取的海量信息带来了数不清的好处。对于个人而言，淘宝、滴滴打车、大众点评等等已然成为日常生活中的必需品，省钱又省心。对于企业而言，更精确的信息过滤能够更精准地为目标人群开发产品，提高效率。对于政府而言，对数据的精确分析还能提高政府在个人和社会层面决策的准确性。

而几乎每天都能接到的各种营销甚至诈骗的骚扰电话、垃圾短信和电子邮件，又会让所有人在受惠于新技术的同时存在诸多抱怨。一项由爱德曼博岚（Edelman Berland）公司和数据存储巨头 EMC 对 15 个国家的 1.5 万名消费者的调查结果显示，在世界范围内，51% 的受访者不愿意以牺牲隐私为代价换取更多便利和舒适，仅有 27% 的受访者表示愿意，剩下的没有意见或不知道如何回答。虽然各个国家的数据有所不同，但这种倾向于隐私的结果具有一致性，发达国家比例最高，德国第一。

我国目前没有专门的个人信息保护综合立法，总体上有近 70 部法律、行政法规和 200 部规章对个人信息保护做出原则性规定，但是对于个人信息的定义以及侵犯个人信息的法律责任缺少具体的规定。

最新立法有《全国人民代表大会常务委员会关于加强网络信息保护的决定》，工信部的《电信和互联网用户个人信息保护规定》，2014 年新近实施的《消费者权益保护法》以及工商总局颁布的《网络交易管理办法》。

对个人信息的定义存在不同认识、个人信息的范围难以确定、个人信息立法的可操作性不强是目前立法中存在的主要问题。

因此我们需要掌握必要的防护手段，以便保护自己的个人隐私。

个人的交友圈、上网偏好、购物喜好、运动习惯、银行账户等等，随时随地因获取服务的需要上传到云端，同时你无法知道谁正在"世界的某个角落"注视着"云端上的你"。每天所接收到的一切垃圾信息只不过是反映你个人信息泄露的一个窗口，而泄露程度无从计算。

即使法律的约束、规制以及权利救济能够提供一套制度保障，其保护重点在于权利受侵犯后的责任追究。面对大数据时代"防不胜防"的个人信息泄露，自我保护是前提，也显得更加重要。

手机使用习惯方面，Android 系统在安装 App 时一定要注意应用程序的访问权限，安装的时候要注意授权，并且要养成良好密码创建和管理方法，切忌一组账号密码行遍天下的行为。

在公共区域上网，或者使用其他人的电脑上网，对于浏览器的使用，也应该掌握必要的手段清除上网的痕迹。

当然不管使用什么方式、方法，隐私的暴露成为必然，我们需要在个人隐私和产品易用性之间找到一个可以承受的平衡，需要掌握必要的手段减少关键信息的泄露，并且知道一旦泄露信息以后相应采取的补救措施，增强自己的安全防护意识。

小贴士：

物联网安全正在越来越成为当下网络安全的新的杀手锏。如果物联网制造商不能确保其设备的绝对安全，对数字经济的潜在影响可能是毁灭性的。物联网安全，已经成为我们不得不重视的网络安全新方向。

第五节　新技术改变工作与生活

在美国著名科幻电影《黑客帝国》中，所有的人类都接入一个计算机矩阵中，生活在虚拟的世界里而不自知。主人公在得知这一切后，历尽磨难，摆脱了计算机人的控制，并超越虚拟世界的羁绊，最终成为了一个上天入地、无所不能的超级英雄。其实，随着人类科技的发展，这一切已经不再是科幻情节，甚至会出现在人们的日常生活中。

一、自然语音自动识别

日前，2017 款 BMW 3 系正式上市。在新 3 系身上发现的一个意外之喜：BMW

全新一代自然语音识别系统（NLU，Natural Language Understanding）。

NLU 的功能涵盖以下几个方面：导航、电话、娱乐、短信和其他。宝马配置的 NLU 系统除了具备传统的语音识别系统的功能，还在用户角度增加更多人性化的考虑。

驾驶者在发出指令时就像跟朋友聊天，不用过多考虑语言的组织和表达，从而做到开车时"动口不动手"，专注于路面。

对于 NLU 而言，在你给熟人打电话的时候，除了可以直接说"拨打××""给××打电话"等，还可以通过人物关系拨打：先设置好被联系人与驾驶者的关系，比如"伴侣""爸爸""老板"等；随后再呼叫时，直接说"给伴侣打电话"，即可拨通爱人的电话。在这一点上，NLU 做到了便捷又暖心。

人类与计算机设备的交互方式往往代表了科技的发展，从早期的物理按键，到后来的电容触摸屏，直至目前流行的语音操控，技术的进步显而易见。虽然 siri、Google Now 现在可能还无法完全理解你的语言，但随着人工智能的不断发展，自然语音处理显然有可能成为最终的人机交互形式。

首先，你可能会想到各种手机语音助手、听写软件，以及 Xbox One 或是三星智能电视，它们都能够进行一定的自然语音识别，并将其转化为命名或是文字。到目前为止，语音识别技术大部分都是依靠麦克风设备采样，再通过软件计算来实现识别。除了电子领域，包括车载系统、银行身份识别等领域，也都广泛采用了自然语音识别技术。

语音识别在过去几年内取得了很大的进展，但这还不足以令该技术普及到日常生活的方方面面，还不足以引领人机交互新时代的到来，还不足以让人们轻松自如地与身边所有的设备（如汽车、洗衣机和电视机）进行交谈。在可预见的未来里，这种情况可能还会延续。

那么是什么因素导致语音识别还不能更进一步呢？因为驱动该项技术的人工智能还有不小的改进空间。另外，所需数据严重缺乏——即嘈杂环境下多种语言、口音和方言的人类语音的音频。

● 同声传译 Skype Translator

北京时间 2015 年 5 月 13 日早间消息，微软宣布实时翻译工具 Skype Translator 将面向所有用户开放预览版。Skype Translator 能自动翻译不同语言的语音通话和即时通信消息，此前只面向测试者开放。

Skype Translator 的语音翻译目前支持英语、西班牙语、意大利语和汉语普通话。此外，即时通信消息的翻译已支持 50 种语言，包括法语、日语、阿拉伯语、威尔士语，甚至克林贡语。

Skype Translator 的产品经理亚斯明·汗（Yasmin Khan）在博客中表示："Skype Translator 变革了通信。我们关于 Skype Translator 的目标是在相关的平台上翻译尽可能多的语言，并向超过 3 亿的 Skype 用户提供最优秀的语音翻译体验。"

Skype Translator 将语音识别技术和微软所谓的"深度神经网络及微软已得到证明的静态机器翻译技术"结合在一起。去年 12 月时，这一系统仅仅支持英语和西班牙语的语音翻译，但微软随后增加了更多支持的语言种类，而未来还将继续支持更多语言。

那是否意味着同声传译将被机器翻译取代呢？

与专业的人工翻译相比，语音识别似乎更贴近人们的生活，也更容易被应用，只要拥有一部手机或平板电脑，就可以让每个人变身精通各国语言的"神人"。在国外，也许你不需要用蹩脚的外语比划，就可以顺利与外国人进行交流。

不仅如此，与人工翻译相比，语音识别技术在一定程度上可以降低成本，同时更具有保密性，同时速度和准确度也远高于同声传译。

对于发展迅猛的语音识别技术，曾有专家学者提出同声传译职业被取代论，于是，一石激起千层浪。支持者认为，智能翻译轻松快捷，可以大大提高工作效率，替代同传未尝不可；反对者却认为，同声传译更具有感情色彩性，毕竟智能翻译只是一部机器。

南京大学计算机科学与技术系教授武港山认为："不可否认，这些年智能语音转换或智能翻译技术确实在进步。在普通交流领域，该技术会有很大市场，在专业领域，智能语音转换也许并不能胜任。"他表示，专业领域的翻译不仅是文字上的直译，也许背后还有很多文化背景，上下文之间的铺垫和衬托等，这种意境的交流，人工智能目前还达不到。

"人工智能并不能像人类一样思考，当翻译内容需要带有感情色彩时，智能翻译就不一定能如此神勇了。另外，当翻译内容遇到方言或口音时，智能翻译也将面临无法解决的问题，这也是目前智能语音转换需要突破的难点。"武港山表示，如今做得比较火也比较成功的企业，都在大数据和深度学习技术上做了一些突破。"所以，如果在未来科技进步中，智能翻译始终不能具备情怀和感情色彩的话，同声传译这个职业在一些主要领域仍会占据重要地位，因此，同声传译在当下仍然是不可或缺的一门'手艺活'。"

二、自动图像刷脸识别

移动支付颠覆了现代人的消费习惯，过去出门总是怕忘带钱包，现在出门就怕手机没电，科技的进步为大家的生活带来无限便捷，在不远的将来，"刷脸"购物也将成为现实，支付宝大力开发刷脸支付技术"smile to pay"，虽说科技越来越发达的确是件好事，但安全问题却也层出不穷，刷脸支付安全吗？

人脸识别是基于人的脸部特征信息进行身份识别的一种生物识别技术。用摄像机或摄像头采集含有人脸的图像或视频流，并自动在图像中检测和跟踪人脸，进而对检测到的人脸进行分析。有数据显示，在各种生物特征识别技术中，人脸识别的市场空间已经位居语音识别等其他生物特征识别技术之上，仅次于指纹识别。

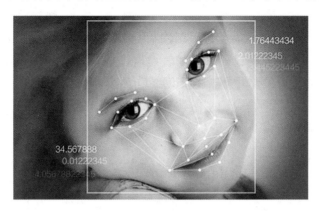

图 4-2 脸部识别

2015 年 12 月，支付宝正式上线了人脸登录功能，对部分用户进行上线测试，2016 年 3 月，支付宝刷脸功能已经对所有用户开放。用户找到刷脸登录页面后，支付宝会验证人要根据要求作出相应动作，系统判断动作符合要求后，即可完成脸部拍摄开启刷脸登录。在刷脸登录时，用户只需点个头，就能完成刷脸登录。

刷脸登陆支付宝还只是小 case，有的银行把人脸识别技术应用在了 ATM 机取款业务上，若是遇到需要取现却忘带银行卡的困境，只需"刷脸"就能取款，支付宝的"smile to pay"更是运用了"face+"人脸识别技术，据称该项技术可以达到 99.5% 的准确率，高于人眼 97.52% 的准确率，看来有了刷脸支付，以后再用密码支付就 out 了。

刷脸支付真的安全吗？

相比于数字密码，生物识别具有唯一、稳定和难以复制的特点，能有效提高支付的安全性，减少密码泄露的风险。但是刷脸真的安全吗？

人脸活体检测技术是当前人脸识别发展过程中需要解决的最大难题和挑战，在应用人脸识别技术上，必须要解决照片、视频流等防伪性问题，迅速反馈被检测用户为活体或非活体。不过如今的技术水平已经完全可以甄别视频、照片还有活体，目前的 3D 技术和双膜技术完全可以杜绝利用照片来冒充活体的情况。

虽然人脸识别技术已经具备了足够的防伪功能，但仅仅用刷脸一种识别技术替

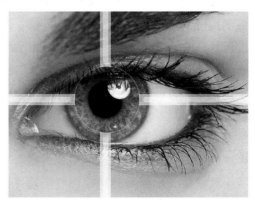

图 4-3 虹膜识别

代密码仍然是不现实的。这主要是由于任何生物识别技术的准确率都不是 100%，即使技术再牛，也可能会出少量的差错。至于如何解决生物识别的误差问题，则需要将两种生物识别技术结合在一起。

另一项有望和刷脸并肩的生物识别技术是刷眼，即虹膜识别。虹膜识别是识别人的瞳孔和眼白中间的部分，这部分的管理信息是人脸和指纹的几十倍，其精准度是目前业内最高的。更重要的是，虹膜识别可有效解决双胞胎或者整容的问题。

刷脸，刷眼，再配合指纹识别的技术，我们的身份就具备唯一性了，也许在不远的将来，任何需要使用身份认证的地方，将无需密码。

三、人工智能机器学习

人工智能作为一个独立的研究学科已经诞生 60 年，它起源于 1956 年达特茅斯学院的一次学术会议，由著名的人工智能之父麦卡锡提出，但是一直处于停滞不前的状态，而谷歌的 Alphago 与李世石的围棋大战，将人工智能以极大的冲击力带到大众面前，人们对人工智能重新燃起了希望，对于智能机器能否取代人又展开了激烈的争论。

比如在围棋大战中，李世石会有人为的各种情绪，但是 alphago 没有情绪，因此不会影响其进行决策。而在无人驾驶领域，如果克服了技术难点，无人驾驶比人类驾驶更具有优势，无人驾驶技术将改变我们未来生活的出行方式。设想将来的出行场景，在车里你只需听听音乐或者处理一下工作的事情，交通状况井然有序，提高人类社会的安全和质量。

在 20 世纪 20 年代就出现过无人驾驶的思想，无线电公司 houdinaradio control 在一辆汽车上安装了一个无线电接收设备，通过接收信号，进行编译，然后通过电动装置来对车进行基本的操控。当时在纽约进行了实景展示，从百老汇穿过拥挤的人群到达了第五大道。但是这个无人驾驶技术，不是智能的，它还需要人来控制。

无人驾驶不是今天才提出的概念，只是随着科学技术的发展，它又重新回到人们的视野，又给予人们希望，不再是遥不可及的科幻电影片段。

2016 年，通用公司收购了无人驾驶技术初创公司 Cruise Automation，菲亚特 – 克莱斯勒与 Waymo 公司达成战略伙伴关系。福特公司向高科技企业 Argo AI 投入 10 亿美元资金，研发 "level 4" 级别的自动驾驶技术（Argo AI 是硅谷一家致力于人工智能技术和机器学习的高科技企业），达到这一级别的自动驾驶汽车，可以实现完全的无人驾驶，而且不需要人类任何的指令输入。

在无人驾驶汽车领域你追我赶的竞争过程中，传统汽车制造商已经开始创造了一个快速成长的研发环境。那些由程序开发人员组成的团队，凭借很少的演示软件就可以被高价收购。Cruise Automation 公司是一个由 40 位员工组成的小企业，2016年 8 月份，这家初创公司被通用以近 10 亿美元的价格收购。此外，打车行业巨头

Uber 收购了 Otto 公司，后者也是一家从事无人驾驶汽车技术研发的初创企业。在 Otto 公司成立七个多月后，它就以超过 6.8 亿美元的价格被 Uber 收购。

目前在无人驾驶汽车技术领域，全球各大汽车制造商正在寻求走内部自主研发和外部并购相结合的发展道路，对于无人驾驶汽车技术的未来，通用和福特已经投入巨大的赌注。其他部分汽车制造商也已经进入这一领域。由此看来，无人驾驶汽车领域也会在未来产生巨大的发展泡沫。

无人驾驶最后能够到什么程度，让我们拭目以待。

零售连锁大鳄沃尔玛公司（Wal-Mart Stores Inc）2016 年 9 月 1 日宣布，该公司计划在后台办公系统（back-office jobs）内部裁员 7000 人。沃尔玛表示，裁员主要的方向将是各分店的会计部门以及审计人员。沃尔玛管理层认为，对于传统的出纳和会计工作进行集中或者自动化能够提高效率。

目前人工智能也悄然出现在会计信息化领域。根据美国 Accounting Today 网站的报道，2016 年 6 月基于人工智能的互联网记账平台 SMACC 获得 390 万美元的 A 轮融资。基于人工智能和机器学习等技术，SMACC 将完全取代人工实现输入、审核、记账、分析的全部自动化。

在不久的将来人工智能真的会取代传统会计工作吗？这个论题引发了激烈的争论。

正方观点如下：

首先，人工智能完全有可能取代传统会计工作。当今社会已经进入全面信息化社会，音乐、电视、媒体、票据等全部已变成数字信息，网络连接设备将达到 501 亿台，全球数据量累计将达到 44 ZB（其中 80% 以上是非结构化技术），人机界面向更智能化发展。根据 MIT 教授的定义，人工智能就是研究如何使计算机从事过去只有人才能完成的工作。人工智能的起步是 20 世纪 80 年代，从规则化模式到统计分析决策模式，再到当今的人脑模式即神经网络，正在逐步取代人类的部分工作。传统会计工作是指信息的收集、处理、存储等，即算账、记账和报账等。而这些工作正是计算机所擅长的工作，因此在未来的某个时点，传统的会计工作必将会被人工智能所取代。

其次，人工智能取代传统会计工作是一个趋势。我们可以看到，无论是会计集中核算还是财务共享服务，都对传统会计工作提出了挑战，甚至相当部分的会计工作由计算机完成，人工工作正在被计算机所取代，这是谁也不能否认的一个趋势。传统会计工作不能满足利益相关方对会计数据多角度多维度的阅读需求，更不能满足利益相关方个性化的需求。企业已经认识到传统会计工作的弱点，纷纷提出财务转型，并将传统会计工作缩减，更多地交由计算机进行智能化处理。从历史发展脉络来看，在计算机时代会计的分类、汇总、过账、报账已经被取代，在信息经济时代对账、查账、报表已经被取代，在产业互联网时代交易确认、会计鉴证实时性已经被取代，在大数据时代会计判断和决策也正在被取代，在人工智能时代在创新和准则应用方面，机器学习将会比人类学习取得更佳的学习效率。从整个演进过程来看，人工智能必将取代传统会计工作。

反方观点如下：

首先，传统会计工作是不可能被人工智能所取代的。传统会计工作远远不只是算账、记账和报账，会计本质是各利益相关方博弈的结果，而不是简单技术能取代的。传统会计工作不仅仅是簿记（book-keeping）工作，还包括计划、预测、评价等管理活动，甚至包括会计标准和会计制度的制定。我们欢迎人工智能等技术应用于会计工作中，但它只能是会计工作中的一个组成部分，而不可能取代人类会计工作。

其次，会计工作的一部分核心是决策，其中要利用大量的会计判断，而这些主观判断是不可能由人工智能所代替的。例如，会计中实质重于形式的原则或者收入确认的原则是无法由计算机来完成的，甚至还有一些经济事项目前没有会计准则或会计标准加以规定，人工智能又如何能做到呢？

再次，人工智能和传统会计工作是融合而不是取代。几乎所有研究人工智能的团体对人工智能的定义均是，人工智能是模拟和延伸人的智能的技术和方法。大家一定要注意两个词，"模拟"和"延伸"。从来没有任何一个组织或团队提出过人工智能会取代人类的工作。从历史发展脉络来看，人工智能永远都是一个支持和帮助，而不是取代。

最后，会计思维和人工智能完全不同。会计在思考一个经济事项时候，需要考虑很多因素，比如各方的监管、感情甚至还有道德。人工智能的思维逻辑是规则和大数据。我们是把会计做成一门艺术，只有人类才能把会计的颜色变得特别丰富；而人工智能永远是基于规则和大数据思维，一旦规则发生变化，人工智能将无法起到作用。对方提出的AlphaGo战胜李世石的案例，我们可以看到AlphaGo是遵守围棋规则的，围棋规则不会因为国际象棋规则的变化而变化。而会计的规则会因为税法的规则、宏观经济的规则、金融市场的规则、各方监管的规则等影响而变化，这一点人工智能是无法完成的。

不管上述观点正确与否，不可否认的事实是会计中大量工作将会被计算机替代，而沃尔玛有大量会计因为SMACC的引入而失业，至少人工智能的引入，大大提升了会计的效率，从而减少了会计的需求，而我们面对人工智能带来便捷的同时，唯一能做的就是拥抱变化。

四、虚拟现实，增强现实

1. 虚拟现实（Virtual Reality，简称 VR）

在计算机技术飞速发展的信息时代，人类的交流将在变革中进入全新的领域，一种基于可计算信息的沉浸式交互环境技术渐渐受到越来越多人的关注，这就是虚拟现实，虚拟现实的英文全称为 Virtual Reality，我们通常简称为 VR。

虚拟现实技术利用计算机创造一个虚拟空间，利用虚拟现实眼镜能够使用户完全沉浸在虚拟的合成环境中，无法看到真实环境，利用双目视觉原理，虚拟世界在眼镜中是 3D 立体的。目前比较常见的设备有：

① VR 头盔：目前比较有名的是被 Facebook 收购的 Oculus 公司，Oculus 眼镜可以展示例如 Unity 这样的软件构建的虚拟场景，并且让用户沉浸在虚拟世界中过山车、玩游戏、看电影等等。

② VR 眼镜：目前解决方案是一种头戴式手机框，将智能手机放入并且分屏显示，就可以产生类似于 VR 头盔的效果，如三星 GearVR。

图 4-4　VR 头盔

在未来，虚拟现实不仅仅会涉及视觉、听觉，还会涉及嗅觉、触觉、味觉，构造一个与真实环境相似的世界。我们能够用 VR 做些什么？

大英博物馆近期将通过虚拟现实技术让游客进入青铜时代。虚拟现实技术也将让游客通过灯光和气氛体验青铜器时代，戴上虚拟现实头盔，参与到古人的各种仪式当中，例如祭祀太阳的仪式等等，在虚拟的仪式现场中就包含馆藏的各种同时代文物，这种身临其境的感觉让游客在参观文物的同时，更能感受到文物所处的那个时代，这才是博物馆真正想要传递给游客的信息。

健康追踪应用 Runtastic 近日面向头戴式显示装置 Oc-ulusRiftVR 开发了一款软件，这款软件可以让用户从事时长 7 分钟的真正锻炼，同时他们还仿佛置身于虚拟环境中。一旦安装了该软件，用户可以做下蹲、弓步、瑜伽以及 Run-tastic 的标准化 7 分钟锻炼，而且他们都是沉浸于一个虚拟环境中完成这些活动的，这种锻炼方式旨在让用户在地下室、宾馆房间或是办公室健身的时候，脑海中能产生超越这些现实场地的美妙场景。

VR 的应用场景有很多，远程旅游、远程医疗、远程教育、仿真训练、游戏娱乐等等，"看电影"当然也是其中的一个应用场景。

3D 电影和 IMAX 电影的革新仍然是围绕着平面银幕展开的，而 VR 电影将是一次革命性的再创造。不仅仅是电影拍摄、创作上的新征途，观影的方式和场景也会因此发生巨大的迁移——人们可以戴上 VR 眼镜将自己置入虚拟的影院场景内，不论是熟人社交还是陌生人社交，都可以在同一个虚拟影厅内通过包括 VR 眼镜和语音设备、体感设备等的实现。如果影院的社交功能被 VR 设备代替，而 VR 设备的视听沉浸感更强于影院的话，影院会消失就不再只是危言耸听了。

作为一名外科医生，最核心的价值在哪里呢？很有可能就是丰富的临床经验，当然对于内科大夫也是一样。一个新手外科医生成长为专家不仅需要时间的积累，还需要临床经验的积累。新手医生希望完成更多的手术来提高自己的水平，而患者则希望找个专家来做手术，这就形成了一种矛盾，虚拟现实技术让这种矛盾有了一种释放的方式。新手医生可以在虚拟系统里练习手术或在更大规模进行微创手术，外科医生也开始使用他们的虚拟模型患者，在实际手术之前进行练习。

虚拟现实解决方案还可帮助医护人员与患者更有效地互动，提高医生评估和诊断病情的能力，同时患者也可以及时得到治疗，有利于患者康复。VR 解决方案体现出来的优势在神经心理学、心脏移植、耳鼻喉科、脊柱骨科、儿科等专业领域尤为突出。

VR 虽然在全球很火，但是同样存在很多挑战，从技术角度来讲，现在这些头戴式设备还要克服例如眩晕、延迟、交互等技术上的一些缺陷，同时消费者对 VR 的认知还是相对比较低的，还需要通过价格的降低带来设备的普及，整个产业链还缺乏统一的内容开发标准，特别是目前好内容还十分匮乏。

2. 增强现实（Augmented Reality，简称 AR）

AR 也被称之为混合现实，它通过计算机技术，将虚拟的信息应用到真实的世界、真实的环境和虚拟的物体，实时地叠加到了同一个画面或空间同时存在。AR 技术是虚拟现实（VR）技术的一支，不同的是 VR 技术所展现的全部是虚拟的，而 AR 技术是虚实结合。

增强现实技术能够把虚拟信息（物体、图片、视频、声音等等）融合在现实环境中，将现实世界丰富起来，构建一个更加全面、更加美好的世界。从 GoogleGlass 开始，增强现实眼镜开始不断出现，但都还是初级产品，这些眼镜能够做到为用户呈现一些简单的辅助信息，但复杂信息就无能为力了。目前比较常见的设备有：

① 单目眼镜 GoogleGlass，单眼呈现信息时，具备导航、短信、电话、录像、照相等功能，由于是单眼，无法呈现 3D 效果，且由于外观原因应用场景有限。

② 双目眼镜 MetaGlass，双眼呈现影像时，利用双目视差可以产生开发者想要的 3D 效果。通过对现实场景的探测并补充信息，佩戴者会得到现实世界无法快速得到的信息；而且由于交互方式更加自然，这些虚拟物品也更加真实。

图 4-5 增强现实

目前，增强现实也已经开始应用到实际的领域。

医疗领域：医生可以利用增强现实技术，轻易地对手术部位进行精确的定位。

军事领域：部队可以利用增强现实技术，进行方位的识别，获得目前所在地点的地理数据等重要军事数据。

古迹复原和数字化遗产保护：文化古迹的信息以增强现实的方式提供给参观者，用户不仅可以通过 HMD 看到古迹的文字解说，还能看到遗址上残缺部分的虚拟重构。

工业维修领域：通过头盔式显示器将多种辅助信息显示给用户，包括虚拟仪表的面板、被维修设备的内部结构、被维修设备零件图等。

网络视频通讯领域：该系统使用增强现实和人脸跟踪技术，在通话的同时在通话者的面部实时叠加一些如帽子、眼镜等虚拟物体，在很大程度上提高了视频对话的趣味性。

电视转播领域：通过增强现实技术可以在转播体育比赛的时候实时地将辅助信息叠加到画面中，使得观众可以得到更多的信息。

娱乐、游戏领域：增强现实游戏可以让位于全球不同地点的玩家，共同进入一个真实的自然场景，以虚拟替身的形式，进行网络对战。

旅游、展览领域：人们在浏览、参观的同时，通过增强现实技术接收到途经建筑的相关资料，观看展品的相关数据资料。

市政建设规划：采用增强现实技术将规划效果叠加到真实场景中以直接获得规划的效果。增强现实要努力实现的不仅是将图像实时添加到真实的环境中，而且还要更改这些图像以适应用户的头部及眼睛的转动，以便图像始终在用户视觉范围内。

VR 和 AR 是不同的：VR 封闭了用户的视线，用密封的环境来替换用户的视野；

AR 却将虚拟物件叠加在真实世界之上。不论是 VR 还是 AR 都需要强大的计算力支持。就目前而言，VR 头盔占据优势，因为它可以和电脑或者游戏机连在一起。这种技术方案的可行性更好些，因为头盔限制了用户的移动性。而 AR 头盔必须要有移动性，用户会将头盔带在脸上，但是"计算力"却被植入到头盔中。从这个角度来看，AR 实现起来技术难度更大，还有很大的发展空间。

3. 未来的增强现实

在未来，我们佩戴的眼镜或隐形眼镜会再一次变革我们的通信设备、办公设备、娱乐设备等等。在未来，我们不再需要计算机、手机等实体，只需在双眼中投射屏幕的影像，即可创造出悬空的屏幕以及 3D 立体的操作界面；在未来，人眼的边界将被再一次打开，双手的界限将被再一次突破，几千公里外的朋友可以立即出现在面前与你面对面对话，你也将会触摸到虚幻世界的任何物件。在未来，一挥手你就可以完全沉浸在另一个虚拟世界，一杯茶，一片海，甚至是另一个现实世界无法实现的千千万万种可能的人生。

 本章小结

本章分别从五个方面介绍了计算机、互联网给我们带来的深切变化：1. 沟通交流更加方便快捷；2. 信息获取发布精准便利；3. "互联网+"改变衣食住行；4. 物联网汇聚人类大数据；5. 新技术改变工作与生活，并且分别从历史、现在和未来三个维度阐述了计算机和互联网怎么来的，现在的影响以及未来可能发生的变化，希望拓展大家的视野，为未来生活、工作的选择提供一些参考和借鉴。

问题思考

1. 各行各业在选择即时通讯工具时应注意哪些问题？

2. 如何进行有效的网络沟通？

3. 网络信息的特性有哪些？

4. 如何看待网络舆论？

5. 移动支付的普及，是否会取代纸质货币？

6. 随着 MOOC 的普及，虚拟大学以后会取代现实的大学吗？

7. 大数据到底是什么？它是万能的吗？

8. 虚拟现实与增强现实最主要的区别是什么？

9. 虚拟现实技术目前还需要克服的主要技术难题有哪些？

第五章 揭开计算机思维的神秘面纱

易有太极，是生两仪，两仪生四象，四象生八卦。

——《易传》

【学习目标】

1. 通过计算机软件的前世今生，了解计算机对人类社会发展所起到的作用。
2. 熟悉操作系统概念及其作用。
3. 了解当前常见的主流软件技术。
4. 掌握信息的概念及其历史发展路径。
5. 了解现实世界、信息世界和数据世界的概念。
6. 熟悉当前信息存储的主流技术和数据挖掘的概念。
7. 初步认识机器基本思维的方式和机器学习思维的概念。
8. 了解机器智能思维的内容和人工智能的发展趋势。
9. 熟悉智能机器人的相关概念。

【教学提示】

1. 了解计算机软件产生的原因和发展过程。
2. 掌握计算机软件发展的典型规律。
3. 了解各种计算机软件产生的历史背景、基础和适用场合。
4. 了解信息存储的历史背景和基础。
5. 为什么把计算机相关技术称为"IT技术"？
6. 机器学习的方式，与人类有什么不同。
7. 了解当前人工智能发展水平。
8. 人工智能、机器学习与智能制造将成为服务人类的核心技术。

**图 5-1　世界上第一位程序员
阿达（Augusta Ada King）**

世界上第一位程序员是阿达（Augusta Ada King），人们称她为 Lady Lovelace，1815 年生于伦敦，是英国诗人拜伦的独生女，母亲 A.Millbanke 是位数学爱好者。阿达没有继承父亲诗一般的浪漫热情，却继承了母亲的数学才能。她师从计算机数学基础布尔代数的创始人之一摩根（Augustus de Morgan）。阿达去世时年仅 36 岁，她的生命是短暂的，但她对计算机的预见超前了整整一个世纪。

查尔斯·巴贝奇（Charles Babbage）是 19 世纪计算机狂人，发明了分析机。当时的阿达已是三个孩子的母亲，仍然坚定地投身于分析机研究，成为巴贝奇的合作伙伴。巴贝奇晚年因喉疾几乎不能说话，介绍分析机的工作主要由阿达替他完成。阿达设计了一个能在分析机上解伯努利方程的程序，并证明这个分析机可以用于许多问题的求解，她甚至还建立了循环和子程序的概念。

使用程序指挥机器去解决实际问题在当时是个重要的突破。阿达在 1842 年发表的一篇论文里，认为机器今后有可能被用来创作复杂的音乐、制图和在科学研究中运用，这在当时是十分大胆的预见。以现在的观点看，阿达首先为计算拟定了算法，然后写作了一份程序设计流程图。这份珍贵的规划，被人们视为第一部计算机程序。

后来美国国防部花了 10 年的时间，把所需软件的全部功能集成在一种计算机语言中，希望它能成为军方数千种计算机的标准。1981 年，这种语言被正式命名为 ADA（阿达）语言，以此向这位世界上第一位软件工程师致敬。

第一节　软件开发方式演变概述

1946 年世界上第一台计算机 ENIAC 问世，诞生了程序的概念。这时候的程序就是软件的前身。软件技术发展历程大致可分为以下三个阶段，同时每个阶段都有对应的主流软件开发语言：

第一阶段是在 20 世纪 50 至 60 年代，软件技术诞生初期；

第二阶段是在 70 至 80 年代，结构化程序和面向对象技术发展时期；

第三阶段是从 90 年代到现在，软件工程技术发展新时期。

一、面向过程的程序设计

计算机是由硬件和软件两部分所组成的，但是在计算机诞生初期，计算机并没有对硬件和软件做严格划分，早期计算机只能完成简单的运算而不能实现复杂的技术运行。该时期的大部分软件是直接对硬件进行编程，硬件通常用来执行单一的程序。

当通用硬件成为平常事情的时候，此时软件的通用性却是很有限的。大多数软件是由使用该软件的个人或机构研制，往往带有强烈的个性化色彩。早期的软件开发也没有什么系统的方法可以遵循，软件设计是在某个人的头脑中完成的一个隐藏的过程。而且，除了源代码外通常没有软件说明书等文档。

1. 面向过程编程技术

软件规模越写越大，程序员按照解决问题的方式，逐步积累了"面向过程"（Procedure Oriented）的编程思想。这些都是一种以过程为中心、以什么正在发生为主要目标进行编程。

面向过程的语言也称为结构化程序设计语言，是高级语言的一种。在面向过程程序设计中，问题被看作一系列需要完成的任务，函数则用于完成这些任务，解决问题的焦点集中于函数。其概念最早由艾兹格·迪科斯彻（Edsger Wybe Dijkstra）在1965年提出，是软件发展的一个重要里程碑。它的主要观点是采用自顶向下、逐步求精的程序设计方法，使用顺序、选择和循环基本控制结构构造程序。

面向过程化编程技术有以下的特点：

● 严格的语法

面向过程语言的每一条语句的书写格式都有着严格的规定。

● 与计算机硬件结构无关

使用面向过程语言编写的程序具有普适性，能够转换成不同的机器语言程序。因此，面向过程语言是与计算机硬件无关的。

● 语句接近自然表达式

面向过程语言要达到简化程序设计过程的目的，需要做到：一是使语句的格式尽量接近自然语言的格式，二是能够用一条语句描述完成自然表达式运算过程的步骤。因此，语句的格式和描述运算过程步骤的方法与自然表达式接近是面向过程语言的一大特色。

● 提供大量函数

为了做到与计算机硬件无关、通过提供输入输出函数实现输入输出功能，这些复杂运算过程的函数，使得面向过程语言的程序设计过程变得相对简单。

● 适合模块化设计

一个程序可以分解为多个函数，通过函数调用过程，可以用一条函数调用语句实现函数所完成的复杂运算过程。这种方法可以将一个复杂问题的解决过程分解为较为简单的几个子问题，最后在一个主程序中用多条函数调用语句描述解决分解为多个子问题的复杂问题的解决过程的步骤。

● 不同硬件结构对应不同的编译器

每一种计算机有着独立的用于将面向过程语言程序转换成该计算机对应的机器语言程序的编译器，面向过程语言程序才能在该计算机上运行。

2. 肆意发展引发危机

软件开始作为一种产品被广泛使用，出现了"软件作坊"专门为别人的需求编写软件。软件数量急剧膨胀，软件需求日趋复杂，维护难度越来越大，成本越来越高，失败的软件开发项目屡见不鲜。大型软件系统的研制需要花费大量的资金和人力，可是研制出来的产品却是可靠性差、错误多、维护和修改也很困难。一个大型操作系统有时需要几千人年的工作量，而所获得的系统又常常会隐藏着几百甚至几千个错误。程序可靠性很难保证，程序设计工具的严重缺乏也使软件开发陷入困境，编程语言和风格没有标准。

小贴士：软件危机

美国 IBM 公司在 1963 年至 1966 年开发了 IBM360 机的操作系统。这一项目花了 5000 人一年的工作量，最多时有 1000 人投入开发工作，写出了近 100 万行源程序。据统计，这个操作系统每次发行的新版本都是从前一版本中找出 1000 以上个程序错误而修正的结果。这个项目的负责人布鲁克斯事后总结了他在组织开发过程中的沉痛教训时说："……正像一只逃亡的野兽落到泥潭中做垂死的挣扎，越是挣扎，陷得越深，最后无法逃脱灭顶的灾难。程序设计工作正像这样一个泥潭，一批批程序员被迫在泥潭中拼命挣扎，谁也没有料到竟会陷入这样的困境……"IBM360 操作系统的历史教训成为软件开发项目的典型事例为人们所记取。

1968 年北大西洋公约组织的计算机科学家在联邦德国召开的国际学术会议上第一次提出了"软件危机"（Software Crisis）这个名词。概括来说，软件危机包含两方面问题：一是如何开发软件，以满足不断增长、日趋复杂的需求；二是如何维护数量不断膨胀的软件产品。

"软件危机"使得人们开始对软件及其特性进行更深一步的研究，人们改变了早期对软件的不正确看法。早期那些被认为是优秀的程序常常很难被别人看懂，通篇充满了程序技巧。现在人们普遍认为优秀的程序除了功能正确、性能优良之外，还应该容易看懂、使用、修改和扩充。参会的编程人员、计算机科学家和工业界巨头，讨论和制定如何摆脱"软件危机"的对策，第一次提出了软件工程（Software Engineering）的概念。

3. 早期典型编程语言

在计算机发展早期，软件技术应用领域较窄，主要是科学与工程计算，处理对象是数值数据。1956年在约翰·巴克斯（John Warner Backus）的领导下为IBM机器研制出第一个实用高级语言Fortran及其编译程序。此后，相继又有多种高级语言问世，从而使设计和编制程序的功效大为提高。这个时期计算机软件的巨大成就之一，就是在当时的水平上成功地解决了两个问题：一方面从Fortran及AlgoL60开始设计出了具有高级数据结构和控制结构的程序语言，另一方面又发明了将高级语言程序翻译成机器语言程序的自动转换技术，即编译技术。

约翰·麦卡锡（John McCarthy）是第二古老的高级编程语言Lisp的创造者，Lisp代表列表处理器（List processor）之意。Lisp常被用于绘图软件的开发和防空系统领域。

图5-2 "Fortran之父"
John Warner Backus

1967年到1973年之间，美国计算机科学家丹尼斯·里奇（Dennis MacAlistair Ritchie）等三人在AT&T贝尔实验室创造了C语言。到目前为止，C语言仍然非常受欢迎，它被广泛地运用于系统编程。Dennis Ritchie还与他的同事Ken Thompson创造了世界著名的UNIX操作系统。比名气他比不上Bill Gates或者Steve Jobs，但从对软件开发领域贡献的话，每一个程序员都会铭记Dennis Ritchie以及他为软件开发领域所做出的杰出贡献。

图5-3 "C语言之父"和"UNIX之父"Dennis MacAlistair Ritchie

Pascal是一门有影响力的命令式和过程式编程语言，是由尼古拉斯·沃斯（Niklaus Wirth）在1968年至1969年设计并于1970年出版的。Pascal作为一种小型、高效的语言，旨在通过使用结构化程序设计和数据结构来鼓励良好的编程实践。

二、面向对象的编程技术

计算机技术与应用越来越深入人类的生活，除了科学研究和科学计算外，普通的字处理软件、表格软件或者其他的财务软件等等，逐渐出现。当软件复杂性增加到一定程度以后，软件研制周期难以控制、正确性难以保证以及可靠性问题相当突出。面向对象是一种对现实世界理解和抽象的方法，是计算机编程技术发展到一定阶段的产物。

1. 面向对象编程技术

通俗而言，面向过程的程序设计是按照人们实现系统步骤而编制程序的，面向对象的编程技术则是把系统中的事务按大类进行划分，每一类划分成一种对象，同时还有相关的解决实际问题的方法。对象类及其属性和服务的定义在时间上保持相对稳定，还能提供一定的扩充能力，这是十分重要的事情，这样就可大大节省软件生命周期内系统开发和维护的开销。就像建筑物的地基对于建筑物的寿命十分重要一样，信息系统以数据对象为基础构筑，其系统稳定性就会十分牢固。

面向对象程序，直接描述客观世界的对象及其相互关系。例如，银行经理、秘书、职员、顾客、账本、打印机，直接作为对象出现的程序中。他们相互通信，完成诸如存取款、会计结算、打印报表等业务。以往的编程技术只用数据结构和算法来模拟要完成的业务，虽然可以得到所需计算，但经不起修改。如果增加某项业务，则程序几乎要重编。而现在只要把增加的业务加到顾客、账本、职员、打印机这些对象上就可以了。

2. 面向对象三大特性

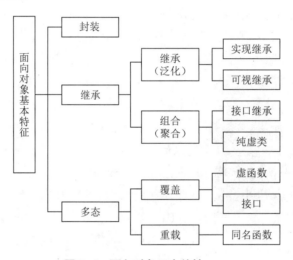

图 5-4　面向对象三大特性

● 封装

面向对象的程序结构将数据以及对其操作进行封装，组成抽象数据或者叫作对象。具有相同结构属性和操作的一组对象构成对象类。对象系统就是由一组相关的对象类组成，能够以更加自然的方式模拟外部世界现实系统的结构和行为。通过封装，在对象数据的外围好像构筑了一堵"围墙"，外部只能通过围墙的"窗口"去观察和操作围墙内的数据，这就保证了在复杂环境条件下对象数据操作的安全性和一致性。

● 继承

通过对象继承可实现对象类代码的可重用性和可扩充性。可重用性能处理父、子类之间具有相似结构的对象共同部分，避免代码一遍又一遍地重写。可扩充性使能处理对象类在不同情况下的多样性，在原有代码的基础上进行扩充和具体化，以适应不同的需要。

● 多态

就是指一个类实例的相同方法在不同情形有不同表现形式。多态机制使具有不同内部结构的对象可以共享相同的外部接口。这意味着，虽然针对不同对象的具体操作不同，但通过一个公共的类，它们（那些操作）可以通过相同的方式予以调用。

3. 编程语言的多样化

20 世纪 80 年代中期以后，软件的蓬勃发展更来源于当时两大技术进步的推动力：一是微机工作站的普及应用，另一是高速网络的出现。其导致的直接结果是：一个大规模的应用软件，可以由分散在网络上不同站点的软件协同工作去完成。

本阶段编程语言种类繁多，推陈出新。本贾尼·斯特劳斯特卢普（Bjarne Stroustrup），出生于 1950 年，是丹麦计算机科学家。他最引人注目的成就是创建并推广了编程语言 C++。C++，正如其名字所暗示的一样，是 C 语言之后流行的新一代语言。它所带来的面向对象编程的概念被认为是有别于 C 语言编程结构的非凡特性。C++ 目前仍然是广受欢迎的一门编程语言，由于与计算机系统联系紧密以及流行的面向对象特性，它被广泛地运用于商业领域。

Java 是世界上最成功最流行的编程语言之一。詹姆斯·高斯林（James Gosling）博士发明了 Java，并被尊称为"Java 之父"。在早些时候，Java 是由 SUN 微系统公司开发与提供技术支持的，在 2010 年 1 月 SUN 被甲骨文公司收购。Java 的创造是为了完成 WORA（Write once，Run anywhere 一次编写到处运行）的理念，它的平台独立性使它在企业应用中获得了巨大成功。到目前为止，它已经成为了最流行的一门应用程序编程语言。

Perl 是一种高级的、通用的、解释性动态编程语言，是由拉里·沃尔（Larry Wall）在 20 世纪 80 年代中期设计和开发的。Perl 因为其优秀的文字处理能力而一举成名。如今，它仍然是 UNIX 系统上开发报告、脚本的主要工具。Perl 因解析和处理大型文本文件以及在 CGI、数据库应用程序、网络编程和图形编程的应用而被大家熟知。Perl 广泛地在大型互联网公司中使用，如 IMDB、Amazon 以及 Priceline。对于 Java 开发人员来说，添加 Perl 或者 Python 的组合是很好的补充，因为开发中需要一种脚本语言来用于特定的任务维护和支持。

由于软件本身的特殊性和多样性，在开发大规模软件时，人们几乎总是面临困难处境。软件工程面临许多新问题和新挑战，进入了一个新的发展时期。

三、软件工程之技术发展

软件工程作为一个学科方向，愈来愈受到人们的重视。但是，大规模网络应用软件的出现所带来的新问题，使得软件工程在如何协调合理预算、控制开发进度和保证软件质量等方面陷入更加困难的境地。

1. 软件工程的诞生与发展

软件工程是一门研究如何用系统化、规范化、数量化等工程原则和方法去进行软件开发和维护的学科。软件工程包括两方面内容：软件开发技术和软件项目管理。软件开发技术包括软件开发方法学、软件工具和软件工程环境。软件项目管理包括软件度量、项目估算、进度控制、人员组织、配置管理、项目计划等。为了迎接软件危机的挑战，人们沿着两个方向进行了不懈的努力：

● 从管理的角度，希望实现软件开发过程的工程化。

这方面最为著名的成果就是提出了"瀑布式"生命周期模型。它是在 60 年代末"软件危机"后出现的第一个生命周期模型，开发过程如下：

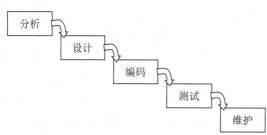

图 5-5 "瀑布式"软件开发生命周期模型

后来，又有人针对该模型的不足，提出了快速原型法、螺旋模型、喷泉模型等对"瀑布式"生命周期模型进行补充。现在，它们在软件开发的实践中被广泛采用。这方面的努力，还使人们认识到了文档的标准以及开发者之间、开发者与用户之间的交流方式的重要性。一些重要文档格式的标准被确定下来，包括变量、符号的命名规则以及原代码的规范方式。

● 侧重对软件开发过程中分析、设计方法的研究。

这方面的重要成果就是在 70 年代风靡一时的结构化开发方法，即 PO（面向过程的开发或结构化方法）以及结构化的分析、设计和相应的测试方法。早期的软件开发仅考虑人的因素，传统的软件工程强调物性的规律，现代软件工程最根本的就是人跟物的关系，就是人和机器（工具、自动化）在不同层次的不断循环发展的关系。目前，面向对象的开发思想逐渐替代了面向过程的方法。

2. 软件工程进入崭新时期

进入 20 世纪 90 年代，Internet 和 WWW 技术的蓬勃发展使软件工程进入一个新的技术发展时期。面向对象的思想深入，以软件组件复用为代表，基于组件的软件工程技术正在使软件开发方式发生巨大改变。早年软件危机中提出的严重问题，有望从此开始找到切实可行的解决途径。在这个时期软件工程技术发展代表性标志在以下三个方面：

● 基于组件的软件工程和开发方法成为主流。

组件是自包含的，具有相对独立的功能特性和具体实现，并为应用提供预定义好的服务接口。组件化软件工程是通过使用可复用组件来开发、运行和维护软件系统的方法、技术和过程。

● 软件过程管理进入软件工程的核心进程和操作规范。

软件工程管理应以软件过程管理为中心去实施，贯穿于软件开发过程的始终。在软件过程管理得到保证的前提下，软件开发进度和产品质量也就随之得到保证。

● 网络应用软件分层发展。

规模愈来愈大，复杂性愈来愈高，使得软件体系结构从两层向三层或者多层结构转移，使应用的基础架构和业务逻辑相分离。应用的基础架构由提供各种中间件系统服务组合而成的软件平台来支持，软件平台化成为软件工程技术发展的新趋势。软件平台为各种应用软件提供一体化的开放平台，既可保证应用软件所要求基础系统架构的可靠性、可伸缩性和安全性的要求，又可使应用软件开发人员和用户只要集中关注应用软件的具体业务逻辑实现，而不必关注其底层的技术细节。当应用需求发生变化时，只要变更软件平台之上的业务逻辑和相应的组件实施就行了。

以上这些标志象征软件工程技术已经发展上升到一个新阶段，这个阶段远未结束。软件技术发展日新月异，Internet 的进步促使计算机技术和通信技术相结合，更使软件技术发展呈五彩纷呈局面，软件工程技术的发展也永无止境。

3. 编程语言具有时代烙印

本阶段的软件编程语言更加具有互联网的特点。Ruby 是由日本的计算机科学家松本行弘在 20 世纪 90 年代中期开发和设计的。Ruby 深受 Perl、Ada、Lisp 和 Smalltalk 的影响，它的设计主要用于 Web 应用程序开发，它被 Twitter、Hulu 和 Groupon 等大网站所使用。

PHP 最初是由拉斯姆斯·勒多夫（Rasmus Lerdorf）在 1995 年创造的，PHP 现在最主要的实施是由 PHP 团队来完成，这个团队还为 PHP 语言提供正式的参考。PHP 与其竞争对手 ASP（微软的动态服务器页面服务器端脚本引擎）和 JSP（Java 服务器页面）成为网站开发语言和脚本的三足鼎立的态势。PHP 逐渐受到大家好评，现在已经有超过 2000 万个网站和 100 万个 Web 服务器使用了这门语言。它是一门开源语言，Facebook、Wikipedia、Wordpress 以及 Joomla 这些互联网巨头都在使用它。

JavaScript 是一门基于原型的、动态的、弱类型脚本语言，它最初是由布兰登·艾奇（Brendan Eich）设计并由网景通讯公司开发的，功能非常强大，广泛地用于客户端脚本验证、动画、事件捕获、表单提交及其他常见的任务。它运行于浏览器中并被包括 Gmail、Mozila Firefox 在内的几乎所有网站使用。

Python 是一门用途广泛的高级编程语言，它的设计理念是强调代码可读性，因此它的语法非常清晰和明亮。Python 是由荷兰国家数学和计算机科学研究院的吉多·范罗苏姆（Guido van Rossum）设计的。在美国，Python 在学术层面上已经取代了 Java，如今学生开始学习编程时使用的是 Python，就像上一代程序员使用 C 或者 Java 一样。Python 广泛运用于 Web 应用程序开发，同时在软件开发和信息安全领域有许多基于 Python 的 Web 框架。另外，Python 也广泛地被 Google、Yahoo、Spotify

等科技巨头所使用。

四、能力成熟度模型集成

CMMI 全称是 Capability Maturity Model Integration，即能力成熟度模型集成（也有称为软件能力成熟度集成模型），是美国国防部的一个设想，1994 年由美国国防部（United States Department of Defense）与卡内基梅隆大学（Carnegie-Mellon University）下的软件工程研究中心（Software Engineering Institute，SEISM）以及美国国防工业协会（National Defense Industrial Association）共同开发和研制，他们计划把现在所有现存实施的与即将被发展出来的各种能力成熟度模型，集成到一个框架中去，申请此认证的前提条件是该企业具有有效的软件企业认定证书。

1. 能力成熟度模型简介

能力成熟度模型，其目的是帮助软件企业对软件工程过程进行管理和改进，增强开发与改进能力，从而能按时地、不超预算地开发出高质量的软件。其所依据的想法是：只要集中精力持续努力去建立有效的软件工程过程的基础结构，不断进行管理的实践和过程的改进，就可以克服软件开发中的困难。CMMI 为改进一个组织的各种过程提供了一个单一的集成化框架，新的集成模型框架消除了各个模型的不一致性，减少了模型间的重复，增加透明度和理解，建立了一个自动的、可扩展的框架，因而能够从总体上改进组织的质量和效率。CMMI 主要关注点就是成本效益、明确重点、过程集中和灵活性四个方面。

2. 五级分层次结构介绍

能力成熟度模型，又称为组织成熟度法，共分为有五个等级，包含 24 个过程域。五个等级和每级包含的过程域如下：

● 初始级

软件过程是无序的，有时甚至是混乱的，对过程几乎没有定义，成功取决于个人努力。管理是反应式的。

● 管理级

建立了基本的项目管理过程来跟踪费用、进度和功能特性。制定了必要的过程纪律，能重复早先类似应用项目取得的成功经验。包含过程域：配置管理、过程和产品质量保证、供应商合同管理、项目监控和控制、项目计划、需求管理、测量和分析。

● 定义级

已将软件管理和工程两方面的过程文档化、标准化，并综合成该组织的标准软件过程。所有项目均使用经批准、剪裁的标准软件过程来开发和维护软件，软件产品的生产在整个软件过程中是可见的。该层包含过程域：群组集成、产品集成、集成项目管理、组织培训、组织过程定义、组织过程重点、需求开发、技术解决方案、验证并确认风险管理、决策分析解决和组织环境的集成。

● 定量管理级

分析对软件过程和产品质量的详细度量数据，对软件过程和产品都有定量的理解与控制。管理有一个做出结论的客观依据，管理能够在定量的范围内预测性能。包含过程域：项目定量管理和组织过程性能。

● 优化级

过程的量化反馈和先进的新思想、新技术促使过程持续不断改进。包含过程域：组织革新、实施、原因分析和解决。

3. 能力成熟度模型意义

CMMI 内容分为 "Required"（必需的）、"Expected"（期望的）、"Informative"（提供信息的）三个级别，来衡量模型包括的质量重要性和作用。最重要的是 "要求" 级别，是模型和过程改进的基础。第二级别 "期望" 在过程改进中起到主要作用，但是某些情况不是必须的，可能不会出现在成功的组织模型中。"提供的信息" 构成了模型的主要部分，为过程改进提供了有用的指导，在许多情况下他们对 "必需" 和 "期望" 的构件做了进一步说明。

CMMI 面临的一个挑战就是创建一个单一的模型，可以从连续和阶段两个角度进行观察，包含相同的过程改进基本信息；处理相同范围的一个 CMMI 过程能够产生相同的结论。统一的 CMMI（U–CMMI）是指产生一个只有公用方法和支持他们的 KPA 组成的模型。当按一种概念性的可伸展的方式编写，并产生了用于定义组织的特定目标过程模板，定义的模板构件将定义一个模型以适用于任何工程或其他方面。

第二节　软件框架及其设计思维

计算技术和大规模集成电路的发展，使微型计算机产业迅速发展起来。从 20 世纪 70 年代中期开始出现了计算机操作系统。操作系统是用户和计算机的接口，同时也是计算机硬件和其他软件的接口，实现了底层硬件与应用软件的间隔，是电子与计算机专业的分水岭。电子专业直接控制硬件，计算机专业通过操作系统间接控制硬件，为应用软件提供平台，从而降低应用开发人员的软件开发难度。开发软件集成环境的发展，软件开发架构又从一层发展到两层直至多层架构，对信息和数据的处理方式又从整体到分布再到云架构。

一、操作系统意义与价值

操作系统（Operating System，简称 OS）是管理和控制计算机硬件与软件资源的计算机程序，是直接运行在 "裸机" 上的最基本的系统软件，任何其他软件都必须在操作系统的支持下才能运行。操作系统是计算机系统中最基本的系统软件，它用于有效地管理系统资源，并为用户使用计算机提供了便利的环境。

操作系统的发展经历了两个阶段。第一个阶段为单用户、单任务的操作系统，例如 1976 年美国 DIGITAL RESEARCH 软件公司研制出的 8 位 CP/M 操作系统。这个系统允许用户通过控制台的键盘对系统进行控制和管理，其主要功能是对文件信息进行管理，以实现硬盘文件或其他设备文件的自动存取。此后出现的一些位操作系统多采用 CP/M 结构。第二个阶段是多用户多道作业和分时系统。其典型代表有 UNIX、XENIX、OS/2 以及 Windows 操作系统。分时的多用户、多任务、树形结构的文件系统以及重定向和管道是 UNIX 的主要特点。

1. 操作系统的作用

主要体现在两方面：

● 屏蔽硬件物理特性和操作细节，为用户使用计算机提供了便利。

指令系统（成千上万条机器指令，它们的执行由微程序的指令解释系统实现的）。计算机问世初期，计算机工作者就是在裸机上通过手工操作方式进行工作。计算机硬件体系结构越来越复杂。

● 有效管理系统资源，提高系统资源使用效率。

如何有效地管理、合理地分配系统资源，提高系统资源的使用效率是操作系统必须发挥的主要作用。资源利用率、系统吞吐量是两个重要的指标。

计算机系统要同时供多个程序共同使用。操作系统解决资源共享问题，如何分配、管理有限的资源是非常关键的。

2. 操作系统的功能

操作系统的功能包括管理计算机系统的硬件、软件及数据资源，控制程序运行，改善人机界面，为其他应用软件提供支持，让计算机系统所有资源最大限度地发挥作用，为其他软件的开发提供必要的服务和相应的接口，如划分 CPU 时间、内存空间的开辟、调用打印机等。

操作系统位于底层硬件与用户之间，是两者沟通的桥梁。用户可以通过操作系统的用户界面，输入命令。操作系统则对命令进行解释，驱动硬件设备，实现用户要求。以现代观点而言，操作系统应该提供以下的功能：

● 进程管理（Processing management）

进程管理指的是操作系统调整多个进程的功能。进程管理最基本的功能是处理中断事件。处理器只能发现中断事件并产生中断而不能进行处理。配置了操作系统后，就可对各种进程进行处理。进程管理的另一功能是处理器调度。处理器可能是一个，也可能是多个，不同类型的操作系统将针对不同情况采取不同的调度策略。

● 文件管理（File management）

文件系统是指操作系统对信息资源的管理。在操作系统中，将负责存取的管理信息的部分称为文件系统。文件是在逻辑上具有完整意义的一组相关信息的有序集合，每个文件都有一个文件名。文件管理支持文件的存储、检索和修改等操作以及文件的保护功能。操作系统一般都提供功能较强的文件系统，有的还提供数据库系统来实现信息的管理工作。

● 存储器管理（Memory management）

管理主要是指针对内存储器的管理。主要任务是：分配内存空间，保证各作业占用的存储空间不发生矛盾，并使各作业在自己所属存储区中互不干扰。

● 设备管理（Device management）

设备管理通过驱动程序实现，驱动程序是针对特定硬件与特定操作系统设计的软件。通常以操作系统内核模块、应用软件包或普通计算机程序的形式在操作系统内核底下运行，以达到通透顺畅地与硬件交互的效果，且提供硬件在处理异步的时间依赖性界面时所需的中断处理程序。

● 作业管理（Job management）

作业管理包括任务、界面管理、人机交互、图形界面、语音控制和虚拟现实等。从操作系统角度而言，把用户在一次过程中或一个事务处理中要求计算机系统所做的工作的集合，包括作业提交、作业调度和作业处理等。

3.OS 的意义与价值

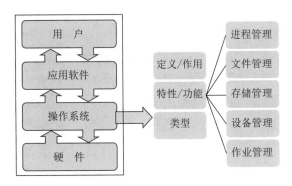

图 5-6 操作系统在计算机系统中的作用

一个完整的计算机系统由硬件系统和软件系统组成。没有软件的计算机称为"裸机"，什么事情也做不了。硬件是基础，是软件的载体，软件则使硬件具有了使用价值。两者相辅相成，缺一不可。

操作系统是用户和计算机之间的界面：一方面操作系统管理着所有计算机系统资源；另一方面操作系统为用户提供了一个抽象概念的计算机，应用软件运行在操作系统的平台之上。在操作系统的帮助下，用户使用计算机时，避免了对计算机系统硬件的直接操作。对计算机系统而言，操作系统是对所有系统资源进行管理的程序的集合；对用户而言，操作系统提供了对系统资源进行有效利用的简单抽象的方法。

操作系统是覆盖在硬件上的第一层软件，管理计算机的硬件和软件资源，并向用户提供良好的界面。操作系统与硬件密切相关，它直接管理着硬件资源，为用户完成所有与硬件相关的操作，从而极大地方便了用户对硬件资源的使用并提高了硬件资源的利用率。操作系统是一种特殊的系统软件，其他系统软件运行在操作系统的基础之上，可获得操作系统提供的大量服务，也就是说操作系统是其他系统软件与硬件之间的接口。而一般用户使用计算机除了需要操作系统支持以外，还需要用到大量的其他系统软件和应用软件，以使其工作更高效、更方便。

二、C/S 与 B/S 架构分析

计算机应用的发展，促使计算机处理事务的业务也逐渐变成客户提要求、服务器响应要求并返回运行结果的形式，即 C/S 即 Client/Server（客户/服务器）架构。C/S 架构在技术上很成熟，它的主要特点是交互性强、具有安全的存取模式、网络通信量低、响应速度快、利于处理大量数据。但是该结构的程序是针对性开发，变更不够灵活，维护和管理的难度较大。通常只局限于小型局域网，不利于扩展。并且，由于该结构的每台客户机都需要安装相应的客户端程序，分布功能弱且兼容性差，不能实现快速部署安装和配置，因此缺少通用性，具有较大的局限性，要求具有一定专业水准的技术人员去完成。

1. C/S 与 B/S 二层架构

互联网技术的应用普遍发展，C/S 架构的局限性越来越凸显，从目前各种编程语言的发展趋势和排行榜，可以看到排名前十的语言中，没有一种是用来开发 C/S 管理软件的，其中 8 种语言（Java，C#，Python，PHP，Visual Basic .NET，JavaScript，Perl，Ruby）主要就是面向 B/S 架构软件的语言，剩下的两种语言（C，C++）也不是应用于 CS 管理软件，而主要面向游戏、科学计算、网络通信软件、操作系统、设备驱动程序、嵌入式系统等。

B/S 即 Browser/Server（浏览器/服务器）架构，就是只安装维护一个服务器（Server），而客户端采用浏览器（Browser）运行软件。B/S 架构应用程序相对于传统的 C/S 架构应用程序是一个非常大的进步。B/S 架构的主要特点是分布性强、维护方便、开发简单且共享性强，总体拥有成本低。但数据安全性问题、对服务器要求过高、数据传输速度慢、软件的个性化特点明显降低，这些缺点是有目共睹的，难以实现传统模式下的特殊功能要求。例如通过浏览器进行大量的数据输入或进行报表的应答、专用性打印输出都比较困难和不便。此外，实现复杂的应用构造有较大的困难。

C/S 与 B/S 架构间的比较如下表：

表 5-1　C/S 与 B/S 架构的比较

架构	C/S	B/S
硬件环境	用户固定，且处于相同区域，要求拥有相同的操作系统。	有操作系统和浏览器，与操作系统平台无关。
客户端要求	配置要求较高。	配置要求较低。
软件安装	每一个客户端都必须安装和配置软件。	可以在任何地方进行操作而不用安装任何专门的软件。
升级和维护	每一个客户端都要升级程序，可以采用自动升级。	不必安装及维护。
安全性	一般面向相对固定的用户群，程序更加注重流程，它可以对权限进行多层次校验，提供更安全的存取模式，对信息安全的控制能力很强。一般高度机密的信息系统采用C/S结构适宜。	

2.二层架构演变成三层架构

软件开发技术的发展，逐渐地区分了软件功能和数据，尤其是数据量越来越大，必须用数据库技术来专门保存软件所使用的数据。另外，从整个业务应用划分为界面层（User Interface layer）、业务逻辑层（Business Logic Layer）和数据访问层（Data access layer）。

区分层次的目的即为了高内聚低耦合的思想。在软件体系架构设计中，分层式结构是最常见、也是最重要的一种结构。三个层次中，系统主要功能和业务逻辑都在业务逻辑层进行处理，也就是说在客户端与数据库之间加入了一个中间层，也叫组件层。中间件的好处是随着数据量增大，后台数据库可随时方便更换升级，而不影响前端应用软件。软件开发架构二层架构演变成三层架构（加入中间件）的必然。

通常情况下，客户端不直接与数据库进行交互，而是通过 COM/DCOM 通讯与中间层建立连接，再经由中间层与数据库进行交互，逐渐形成了框架的概念。

● 数据访问层

主要是对非原始数据（数据库或者文本文件等存放数据形式）的操作层，而不是指原始数据，即是对数据库的操作，而不是数据，具体为业务逻辑层或表示层提供数据服务。

● 业务逻辑层

主要是针对具体问题的操作，也可以理解成对数据层的操作，对数据业务的逻辑处理，如果说数据层是积木，那逻辑层就是对这些积木的搭建。

● 界面层

主要表示 Web 方式，也可以表示成 WINFORM 方式，Web 方式也可以表现成

Aspx，如果逻辑层相当强大和完善，无论表现层如何定义和更改，逻辑层都能完善地提供服务。

3. . Net 与 Java 的框架对比

.Net 和 Java 是国内软件开发市场占有率最高的两门程序开发语言、技术和框架。在 .Net 中微软为开发人员提供了一套最佳的技术架构搭配、集成的开发环境，用微软的技术架构开发出的系统就可以保证最好的效果。.Net 是一套全能的框架平台，支持 C++、C#、J++、VB、ASP 等语言，能够解决 C/S、B/S 和单机等结构的软件开发需求。.Net 平台将这些语言编译成 CLR 语言，使它们可以无差别地运行在 .Net Framework 上，是 2000 年以后微软最为重要的软件开发套件产品。.Net 的绝大部分是微软 Windows DNA（Distributed Network Architecture）的重写，DNA 是微软以前开发企业应用程序的平台。Windows DNA 中包括了许多已经被证实的技术，新的 .Net 框架取代了这些技术，并包含了 Web 服务层和改良的语言支持。

Java 则通过 J2EE 构建一个基于组件——容器模型的系统平台，其核心概念是容器。容器是指为特定组件提供服务的一个标准化的运行时环境，Java 虚拟机就是一个典型的容器。组件是一个可以部署的程序单元，它以某种方式运行在容器中，容器封装了 J2EE 底层的 API，为组件提供事务处理、数据访问、安全性、持久性等服务。在 J2EE 中组件和组件之间并不直接访问，而是通过容器提供的协议和方法来相互调用。组件和容器间的关系通过协议来定义。容器的底层是 J2EE 服务器，它为容器提供 J2EE 中定义的各种服务和 API。一个 J2EE 服务器（也叫 J2EE 应用服务器）可以支持一种或多种容器。

Java 与 .Net 平台的异同如下表：

表 5-2　Java 与 .Net 平台的异同

相同	不同
虚拟机技术	Java在每次运行时都解析，而.Net是在第一次运行解析后，以后执行的就是本机代码。
庞大的类库支持	.Net虚拟机代码公开，各种语言都可以基于.Net虚拟机进行开发。
代码都在虚拟机保护模式下运行	.Net暂时不支持跨平台，不过只要虚拟机一跨平台，所有的程序就跨平台。

三、超算能力辨析云计算

超级计算概念随 20 世纪 70 年代初出现第一代向量计算机而提出，高性能计算也可从 1972 年有开创性意义的并行计算机 ILLIAC IV 问世算起。这一领域发展异常迅速，算法的研究发掘是实现高性能计算的基础和前提之一。

1. 超级计算显威力

超算分时是典型的"大拆小"的思想。

超级计算（简称超算）是计算数学的重要概念，指超级计算机及有效应用的总称。而超级计算机或称巨型机（Supercomputer）是指能解决复杂计算的大型、非常快速、价格昂贵的计算机，通常这类机器还具有流水线部件和执行向量运算指令等功能。超级计算与超级计算机之间的差别：超级计算是用计算机去研究、设计产品及支持复杂的决策，而超级计算机则是解决上述问题的计算机。因此，超级计算不能混同于超级计算机，其内涵除了属于最领先的计算硬件系统外，还应包括着软件系统和测试工具、解决复杂计算的算法、应用软件与通用库等。

超算的实现涉及重要的算法就是分时计算或并行计算。分时计算，具有分时操作功能的电子分时计算机。将一台电子分时计算机的运行时间分成许多小的时间段（约几秒钟），这些时间段可轮流分配给各联机的用户终端。由于时间段很短，而分时计算机的运行速度又快，每个用户都认为自己在独自使用分时计算机。并行计算就是用多台处理机联合求解问题的方法和步骤，其执行过程是将给定的问题首先分解成若干个尽量相互独立的子问题，然后使用多台计算机同时求解，从而最终求得原问题的解。

新一代的超级计算机中，每个刀片就是一个服务器，能实现协同工作，并可根据应用需要随时增减。单个机柜的运算能力可达 460.8 千亿次 / 秒，理论上协作式高性能超级计算机的浮点运算速度为 100 万亿次 / 秒，实际高性能运算速度测试的效率高达 84.35%，是位居世界前列的最高效率的超级计算机之一。通过先进的架构和设计，它实现了存储和运算的分开，确保用户数据、资料在软件系统更新或 CPU 升级时不受任何影响，保障了存储信息的安全，真正实现了保持长时、高效、可靠的运算并易于升级和维护的优势。

中国国家超级计算中心，是指由中国兴建、部署有千万亿次高效能计算机的超级计算中心。截至 2017 年，中国共建成了六座超算中心，其中国家超级计算天津中心、长沙中心、济南中心、广州中心四家由国家科技部牵头，深圳中心则由中国科学院牵头；而天津中心的"天河一号"和广州中心的"天河二号"在投用时均为世界上最快的超级计算机。2016 年 6 月，我国自主研制的"神威·太湖之光"为世界超级计算机 500 强之首。

2. 云计算横空出世

云计算是典型的"小聚大"的超级计算集成。

云计算是继 20 世纪 80 年代大型计算机到 C/S 架构的重大转变之后的又一巨变。云计算（Cloud Computing）是分布式计算（Distributed Computing）、并行计算（Parallel Computing）、效用计算（Utility Computing）、网络存储（Network Storage Technologies）、虚拟化（Virtualization）、负载均衡（Load Balance）、热备份冗余

（High Available）等传统计算机和网络技术发展融合的产物。

云计算是将计算分布在大量的分布式计算机上，而非本地计算机或远程服务器中，企业数据中心的运行将与互联网更相似。这使得企业能够将资源切换到需要的应用上，根据需求访问计算机和存储系统。

这种变革，就好比从古老的单台发电机模式转向了电厂集中供电的模式。它意味着计算能力也可以作为一种商品进行流通，就像煤气、水电一样，取用方便，费用低廉。最大的不同在于，它是通过互联网进行传输的。

由于"云"的特殊容错措施可以采用极其廉价的节点来构成云，"云"的自动化集中式管理使大量企业无需负担日益高昂的数据中心管理成本，"云"的通用性使资源的利用率较之传统系统大幅提升，因此用户可以充分享受"云"的低成本优势，经常只要花费几百美元、用几天时间就能完成以前需要数万美元、数月时间才能完成的任务。

3. 超算云算各领风骚

超级计算机能够提供超高的性能，其一般主要应用于科学计算、工程模拟、动漫渲染等领域，这些应用大多属于计算密集型的应用。而云计算则是在近两年随着互联网发展起来的新兴计算，依靠灵活的扩展能力，主要应用于社交网络、企业 IT 建设和信息化等数据密集型、I/O 密集型的领域。

超算与云计算的侧重点不同，但是二者之间也有很多相关的特点，比如，二者都使用了分布式计算、网格计算、集群、高密度计算，其中也有一些特定的领域利用云计算技术来从事高性能类的应用。例如，北京市计算中心打造的"北京工业云"，为中小企业提供产品设计模拟服务。

不过超算与云计算也存在很多不同，比如高性能计算几乎不用虚拟化技术，因为一个应用就可能把多个机器的 CPU 都跑满了，虚拟化技术没有用武之地，而在企业私有云中，虚拟化却是一个最基础的 IT 技术。

其实云计算与高性能有着千丝万缕的联系，事实上，超级计算中心也是一种早期的运算模式，通过昂贵的计算资源部署，多个领域的用户通过互联网远程使用计算服务并根据使用量来进行支付费用。

四、软件架构的部署演变

"互联网 +"的出现和发展，尤其是云计算概念的形成和发展，近代软件应用框架又有了新的进展，典型的有：SOA、Hadoop、Spark、OpenStack 等。

1. SOA 架构

面向服务架构（SOA，Service–Oriented Architecture）是一个组件模型，它将应用程序的不同功能单元（称为服务）通过这些服务之间定义良好的接口和契约联系起来。接口是采用中立的方式进行定义的，它应该独立于实现服务的硬件平台、操作系统和编程语言。这使得构建在各种各样系统中的服务可以用一种统一和通用的方式进行交互。

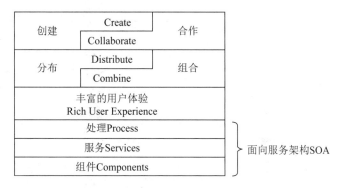

图 5-7　面向服务的架构（SOA）

面向服务架构，它可以根据需求通过网络对松散耦合的粗粒度应用组件进行分布式部署、组合和使用。服务层是 SOA 的基础，可以直接被应用调用，从而有效控制系统中与软件代理交互的人为依赖性。

SOA 是一种粗粒度、松耦合服务架构，服务之间通过简单、精确定义接口进行通讯，不涉及底层编程接口和通讯模型。SOA 可以看作是 B/S 模型、XML（标准通用标记语言的子集）/Web Service 技术之后的自然延伸。

SOA 能够帮助软件工程师们站在一个新的高度理解企业级架构中的各种组件的开发、部署形式，它将帮助企业架构整个业务系统更迅速、更可靠、更具重用性。较之以往，以 SOA 架构的系统能够更加从容地面对业务的急剧变化。

从 20 世纪 60 年代 SOA 应用于大型主机系统，到 80 年代应用于 PC 的 CS 架构，一直到 90 年代互联网的出现，系统越来越朝小型化和分布式发展。2000 年 Web Service 出现后，SOA 被誉为下一代 Web 服务的基础框架，已经成为计算机信息领域的一个新的发展方向。

2. Hadoop 架构

Hadoop 是一个由 Apache 基金会开发的分布式系统基础架构。

用户可以在不了解分布式底层细节的情况下，开发分布式程序。充分利用集群的威力进行高速运算和存储。

Hadoop 实现了一个分布式文件系统（Hadoop Distributed File System），简称 HDFS。HDFS 有高容错性的特点，并且用来部署在低廉的硬件上；它提供高吞吐量来访问应用程序的数据，适合那些有着超大数据集的应用程序。HDFS 放宽了 POSIX 的要求，可以以流的形式访问文件系统中的数据。

Hadoop 框架最核心的设计就是：HDFS 和 MapReduce。HDFS 为海量的数据提供了存储，则 MapReduce 为海量的数据提供了计算。

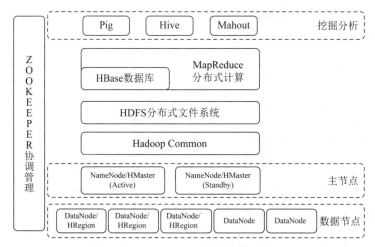

图 5-8 Hadoop 架构

Hadoop 由许多元素构成。其最底部是 HDFS，它存储 Hadoop 集群中所有存储节点上的文件。HDFS（对于本文）的上一层是 MapReduce 引擎，该引擎由 JobTrackers 和 TaskTrackers 组成。通过对 Hadoop 分布式计算平台最核心的分布式文件系统 HDFS、MapReduce 处理过程，以及数据仓库工具 Hive 和分布式数据库 Hbase 的介绍，基本涵盖了 Hadoop 分布式平台的所有技术核心。

Hadoop 得以在大数据处理应用中广泛应用，得益于其自身在数据提取、变形和加载（ETL）方面的天然优势。Hadoop 的分布式架构，将大数据处理引擎尽可能地靠近存储，对例如像 ETL 这样的批处理操作相对合适，因为类似这样操作的批处理结果可以直接走向存储。Hadoop 的 MapReduce 功能实现了将单个任务打碎，并将碎片任务（Map）发送到多个节点上，之后再以单个数据集的形式加载（Reduce）到数据仓库里。

3. Spark 架构

Apache Spark 是专为大规模数据处理而设计的快速通用的计算引擎。

Spark 是 UC Berkeley AMP lab（加州大学伯克利分校的 AMP 实验室）所开源的类 Hadoop MapReduce 的通用并行框架，Spark 拥有 Hadoop MapReduce 所具有的优点；但不同于 MapReduce 的是 Job 中间输出结果可以保存在内存中，从而不再需要读写 HDFS，因此 Spark 能更好地适用于数据挖掘与机器学习等需要迭代的 MapReduce 算法。

Spark 与 Hadoop 的开源集群计算环境相似，但是二者之间还存在一些不同之处，这些有用的不同之处使 Spark 在某些工作负载方面表现得更加优越，换句话说，Spark 启用了内存分布数据集，除了能够提供交互式查询外，它还可以优化迭代工作负载。

Spark 是在 Scala 语言中实现的，它将 Scala 用作其应用程序框架。与 Hadoop 不同，Spark 和 Scala 能够紧密集成，其中的 Scala 可以像操作本地集合对象一样轻松地操作分布式数据集。

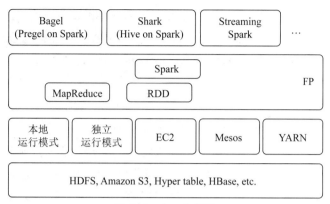

图 5-9 Spark 架构

尽管创建 Spark 是为了支持分布式数据集上的迭代作业，但实际上它是对 Hadoop 的补充，可以在 Hadoop 文件系统中并列运行。通过名为 Mesos 的第三方集群框架可以支持此行为，可用来构建大型的、低延迟的数据分析应用程序。

4. OpenStack 架构

OpenStack 是一个由 NASA（美国国家航空航天局）和 Rackspace 合作研发的，以 Apache 许可证授权的自由软件和开放源代码项目。

OpenStack 是一个开源的云计算管理平台项目，由几个主要的组件组合起来完成具体工作。OpenStack 支持几乎所有类型的云环境，项目目标是提供实施简单，可大规模扩展、丰富、标准统一的云计算管理平台。OpenStack 通过各种互补的服务提供了基础设施即服务（IaaS）的解决方案，每个服务提供 API 以进行集成。

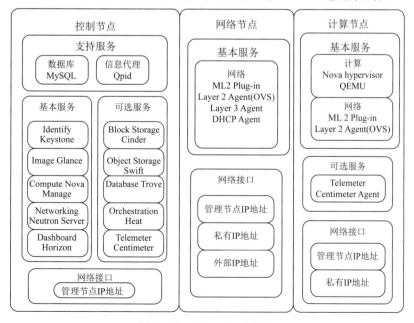

图 5-10 OpenStack 架构

OpenStack 是一个旨在为公共及私有云的建设与管理提供软件的开源项目。它的社区拥有超过 130 家企业及 1350 位开发者，这些机构与个人都将 OpenStack 作为基础设施即服务（IaaS）资源的通用前端。OpenStack 项目的首要任务是简化云的部署过程并为其带来良好的可扩展性。

OpenStack 云计算平台，帮助服务商和企业内部实现类似于 Amazon EC2 和 S3 的云基础架构服务（Infrastructure as a Service，IaaS）。OpenStack 包含两个主要模块：Nova 和 Swift，前者是 NASA 开发的虚拟服务器部署和业务计算模块；后者是 Rackspace 开发的分布式云存储模块，两者可以一起用，也可以分开单独用。OpenStack 除了有 Rackspace 和 NASA 的大力支持外，还有包括 Dell、Citrix、Cisco、Canonical 等重量级公司的贡献和支持，发展速度非常快，有取代另一个业界领先开源云平台 Eucalyptus 的态势。

第三节　信息存储支撑数据挖掘

经过若干年的发展，计算机所做的事情基本上是利用各种技术来处理各种信息，因此计算机相关技术被称之为 IT（Information Technology）。计算机工程师把现实世界中的事务转化成信息，再按数据库的基本原理和概念把信息规格化为数据并存储在计算机系统中。我们称之为"现实世界、信息世界和数据世界"的概念。现实世界比较容易理解；信息世界是现实世界的条理化，经过梳理的、具有相关性的信息集合；数据世界是把信息分隔成独立的数据，再利用计算机系统把数据存储起来。信息系统的构成，是现实到信息再到数据；数据挖掘则是对数据库知识发现（Knowledge-Discovery in Databases，简称为 KDD）中的一个步骤，体现了独立数据之间的相关性，包含了人们未知的维度。数据挖掘一般是指从大量的数据中通过算法搜索隐藏其中信息的过程。数据挖掘通常与计算机科学有关，并通过统计、在线分析处理、情报检索、机器学习、专家系统（依靠过去的经验法则）和模式识别等诸多方法来实现上述目标。

一、结构化数据存储处理

1. 结构化数据库产生

1970 年，IBM 的研究员，有"关系数据库之父"之称的埃德加·F. 科德（Edgar Frank Codd）博士在刊物 Communication of the ACM 上发表了题为"A Relational Model of Data for Large Shared Data banks"（大型共享数据库的关系模型）的论文，文中首次提出了数据库的关系模型概念，奠定了关系模型的理论基础。20 世纪 70 年代末，关系方法的理论研究和软件系统的研制均取得了很大成果，IBM 公司的 San Jose 实验室研制的关系数据库实验系统 System R 历时 6 年获得成功。1981 年 IBM 公司又宣布具有 System R 全部特征的新的数据库产品 SQL/DS 问世。由于关系模型简单明了、具有坚实的数学理论基础，所以一经推出就受到了学术界和产业界的高度重视和广泛响应，并很快成为数据库市场的主流。20 世纪 80 年代以来，计算机厂商推出的数据库管理系统几乎都支持关系模型，数据库领域当前的研究工作大都以关系模型为基础。

结构化数据也称作行数据，是由二维表结构来表达和实现的数据，严格地遵循数据格式与长度规范，主要通过关系型数据库进行存储和管理。

关系数据库，是建立在关系数据库模型基础上的数据库，借助于集合代数等概念和方法来处理数据库中的数据，同时也是一个被组织成一组拥有正式描述性的表格，该表格作用的实质是装载着数据项的特殊收集体，这些表格中的数据能以许多不同的方式被存取或重新召集而不需要重新组织数据库表格。关系数据库的定义造成元数据的一张表格或造成表格、列、范围和约束的正式描述。每个表格（有时被称为一个关系）包含用列表示的一个或更多的数据种类。每行包含一个唯一的数据实体，这些数据是被列定义的种类。当创造一个关系数据库的时候，就能定义数据列的可能值的范围和可能应用于哪个数据值的进一步约束。SQL 语言是标准用户和应用程序到关系数据库的接口，其优势是容易扩充，且在最初的数据库创造之后，一个新的数据种类能被添加而不需要修改所有的现有应用软件。主流的关系数据库有 Oracle、DB2、SQL Server、Sybase、MySql 等。

2. 结构化数据库概念

结构化数据库的概念就是单一的数据结构——关系（表文件）。关系数据库的表采用二维表格来存储数据，是一种按行与列排列的具有相关信息的逻辑组，它类似于 Excel 工作表。一个数据库可以包含任意多个数据表。

在用户看来，一个关系模型的逻辑结构是一张二维表，由行和列组成。这个二维表就叫关系，通俗地说，一个关系对应一张表。

表中的一行即为一个元组，或称为一条记录。数据表中的每一列称为一个字段，表是由其包含的各种字段定义的，每个字段描述了它所含有的数据的意义，数据表的设计实际上就是对字段的设计。创建数据表时，为每个字段分配一个数据类型，定义它们的数据长度和其他属性，如表 5–3。字段可以包含各种字符、数字，甚至图形。主码（也称主键或主关键字），是表中用于唯一确定一个元组的数据。关键字用来确保表中记录的唯一性，可以是一个字段或多个字段，常用作一个表的索引字段。每条记录的关键字都是不同的，因而可以唯一地标识一个记录，关键字也称为主关键字，或简称主键。域指属性的取值范围。

表 5-3 "Course"（课程）表的关系定义

字段名	类型	是否为空	是否为主键	备注
CouNo	Char（3）	No	Pri	课程编号
CouName	Char（30）	No		课程名称
Kind	Char（8）	No		课程类型
Credit	Decimal（5,0）	No		学分
Teacher	Char（20）	No		任课教师
DepartNo	Char（2）	No		系部编号
SchoolTime	Char（10）	No		上课时间
LimitNum	Decimal（5,0）	No		限制人数
WillNum	Decimal（5,0）	No		报名人数
ChooseNum	Decimal（5,0）	No		选中人数

关系的描述称为关系模式。对关系的描述，一般表示为：关系名（属性1，属性2……属性n）。例如上面的关系可描述为：Course（CouNo，CouName，Kind...ChooseNum）。关系模型的这种简单的数据结构能够表达丰富的语义，描述出现实世界的实体以及实体间的各种关系。

二维表中行和列的交叉位置表示某个属性值，如图 5-11 所示，"数据库原理"就是课程名称 CouName 的属性值。

CouNo	CouName	Kind	Credit	Teacher	DepartNo	SchoolTime	LimitNum	WillNum	ChooseNum
001	数据库原理	信息技术	3	张健	01	周二5-6节	25	43	0
002	JAVA技术的开发应用	信息技术	2	程伟彬	01	周二5-6节	10	35	0
003	网络信息检索原理与技术	信息技术	2	李涛	01	周二晚	10	29	0
004	Linux操作系统	信息技术	2	郑星	01	周二5-6节	10	33	0
005	Premiere6.0影视制作	信息技术	2	李韵婷	01	周二5-6节	20	27	0
006	Director动画电影设计与制作	信息技术	2	陈子仪	01	周二5-6节	10	27	0
007	Delphi初级程序员	信息技术	2	李兰	01	周二5-6节	20	27	0
008	ASP.NET应用	信息技术	2	曾建华	01	周二5-6节	10	45	0
009	水资源利用管理与保护	工程技术	2	叶艳茵	02	周二晚	10	31	0
010	中级电工理论	工程技术	3	范敬丽	02	周二5-6节	5	24	0
011	中外建筑欣赏	人文	2	林泉	02	周二5-6节	20	27	0
012	智能建筑	工程技术	2	王娜	02	周二5-6节	10	21	0
013	房地产漫谈	人文	2	黄强	02	周二5-6节	10	36	0
014	科技与探索	人文	2	顾苑玲	02	周二5-6节	10	24	0
015	民俗风情旅游	管理	2	杨国润	03	周二5-6节	20	33	0
016	旅行社经营管理	管理	2	黄文昌	03	周二5-6节	20	36	0
017	世界旅游	人文	2	盛德文	03	周二5-6节	10	27	0
018	中餐菜肴制作	人文	2	卢萍	03	周二5-6节	5	66	0
019	电子出版概论	工程技术	2	李力	03	周二5-6节	10	0	0

图 5-11 "Course"（课程）表里面的数据

3. 结构化数据库瓶颈

传统关系型数据库在数据存储管理发展史上是一个重要的里程碑。在互联网时代以前，数据的存储管理应用主要集中在金融、证券等商务领域中。这类应用主要面向结构化数据，聚焦于便捷的数据查询分析能力、严格的事务处理能力、多用户并发访问能力以及数据安全性的保证。而传统关系型数据库正是针对这种需求而设计，并以其结构化的数据组织形式，严格的一致性模型，简单便捷的查询语言，强大的数据分析能力以及较高的程序与数据独立性等优点被广泛应用。目前，大部分互联网应用仍然使用传统关系型数据库进行数据的存储管理，并通过编写 SQL 语句或者 MPI 程序来完成对数据的分析处理。这样的系统在用户规模、数据规模都相对比较小的情况下，可以高效地运行。但是，用户数量、存储管理的数据量不断增加，许多热门的互联网应用在扩展存储系统以应对更大规模的数据量和满足更高的访问量时都遇到了问题。

信息社会在发展，越来越多的信息被数据化，尤其是互联网和物联网的发展，数据呈爆炸式增长。从存储服务的发展趋势来看，一方面，是对数据的存储量的需求越来越大，另一方面，是对数据的有效管理提出了更高的要求。首先是存储容量的急剧膨胀，从而对存储服务器提出了更高的要求；其次是数据持续时间的增加；最后是对数据存储的管理提出了更高的要求。数据的多样化、地理上的分散性、对重要数据的保护等等都对数据管理提出了更高的要求。数字图书馆、电子商务、多媒体传输等的不断发展，数据从 GB、TB 到 PB 量级海量急速增长。存储产品已不再是附属于服务器的辅助设备，而成为网络中最主要的花费所在。海量存储技术已成为继计算机浪潮和互联网浪潮之后的第三次浪潮，磁盘阵列与网络存储成为先锋。数据通常以每年 50% 的速度快速激增，尤其是非结构化数据。科技的进步，出现越来越多的传感器采集数据、移动设备、社交多媒体等，所以杂合结构的数据只可能继续增长。

二、数据的信息分析价值

20 世纪 90 年代，面对信息管理系统的普及和各行各业数据记录的激增，管理大师彼得·德鲁克（Peter Drucker）曾发出感叹：迄今为止，我们的系统产生的还仅仅是数据，而不是信息，更不是知识。

小贴士："铁人"王进喜的照片与大庆油田地理位置的关系

1964 年《中国画报》封面刊出一张照片，大庆油田的"铁人"王进喜头戴大狗皮帽，身穿厚棉袄，顶着鹅毛大雪，握着钻机手柄眺望远方，在他身后散布着星星点点的高大井架。

日本情报专家据此解开了大庆油田的秘密，他们根据照片上王进喜的衣着判断，只有在北纬46度至48度的区域内，才有可能在冬季穿这样的衣服。日本人曾在黑龙江全境勘探过，在大庆也勘探过，从棉衣分析出地理位置，根据陆相成油说，再结

合日本人当年对东北全境的了如指掌，再加上当时国内的口号"农业学大寨、工业学大庆"等信息，综合推断出大庆油田位于齐齐哈尔与哈尔滨之间；并通过照片中王进喜所握手柄的架式，推断出油井的直径和钻探深度；从王进喜所站的钻井与背后油田间的距离和井架密度，推断出油田的大致储量和产量。有了如此多的准确情报，日本人迅速设计出适合大庆油田开采用的石油设备。当我国政府向世界各国征求开采大庆油田的设计方案时，日本人一举中标。所幸的是，日本当时是出于经济动机，根据情报分析结果，向我国高价推销炼油设施，而不

图5-12　大庆油田"铁人"王进喜　是出于军事战略意图。

1. 现实信息数据三世界新态

计算机科学家一直在致力于研究如何把现实世界中的实际转变成计算机能够高效率存储、修改、再现和重新利用的数据。这是从现实到信息再到数据，这是传统意义上的数据库技术实现的工作。

反过来，怎样从各个独立的数据系统中提取、整合有价值的数据，从而实现从数据到信息、从信息到知识、从知识到利润的转化？信息管理系统的普及，变得越来越迫切。企业的规模越来越庞大、组织越来越复杂，市场更加多变、竞争更加剧烈，数据越来越丰富、膨胀甚至爆炸。信息是否及时准确，决策是否正确合理，对组织的兴衰存亡影响越来越大，一步走错，可能全盘皆输。

因此，传统的结构化数据库面临着新挑战，一些新的概念在实践中产生。

2. 信息世界演变成数据仓库

计算机处理器、存储器的价格不断下降和软件质量的不断上升，信息技术成了商业界的主流，大大小小的公司都收集了前所未有的大量数据。过去，这些数据存储在不同的系统当中，如财务系统、人力资源系统和客户管理系统，老死不相往来。现在，这些系统彼此相连，通过数据挖掘的技术，可以获得一副关于企业运营的完整图景，这被称为：一致的真相（A single version of the truth）。商务智能提高了商业运营的效率，帮助企业总结发展过程中的模式，并改善了企业预测未来的能力。

1979年一家以决策支持系统为己任、致力于构建独立数据库存储结构的公司Teradata诞生了。太字节（Terabyte）表示计算机存储容量单位，也常用TB来表

示，1TB=1024GB，1GB=1024MB。Teradata 的命名表明了公司处理海量数据的决心。1983 年该公司利用并行处理技术为美国富国银行（Wells Fargo Bank）建立了第一个决策机制支持系统。这种先发优势令 Teradata 至今一直雄踞在数据行业的龙头榜首。

另一家信息技术的巨头——国际商业机器公司（IBM）也在为集成企业内不同的运营系统大伤脑筋，越来越多的 IBM 客户要面对多个分立系统的数据整合问题，这些处理不同事务的系统，由于不同的编码方式和数据结构，像一个个信息孤岛，处于老死不相往来的状态。1988 年，为解决企业的数据集成问题，IBM 公司的两名研究员 Barry Devlin 和 Paul Murphy 创造性地提出了一个新的术语：数据仓库（Data Warehouse）。

3. 数据仓库与数据存储产生

1992 年，比尔·恩门（Bill Inmon）出版了《数据仓库之构建》（*Building the Data Warehouse*）一书，第一次给出了数据仓库的清晰定义和操作性很强的实战法则，恩门被誉为"数据仓库之父"。恩门所提出的定义至今仍被广泛地采纳：数据仓库是一个面向主题的、集成相对稳定的、反映历史变化的数据集合，用于支持管理中的决策制定。

拉尔夫·金博尔（Ralph Kimball）是斯坦福大学毕业的博士，长期在决策支持系统的软件公司工作，1996 年出版《数据仓库的工具》一书。金博尔在书里认同了恩门对于数据仓库的定义，但却在具体的构建方法上和他分庭抗礼。

恩门强调数据的一致性，主张由顶至底的构建方法。金博尔却主张数据仓库应该从下往上，从部门到企业，并把部门级的数据仓库叫作数据集市。数据仓库的理论和技术，在争论中不断得以丰富。到 2000 年，此理念和架构已经完全成熟，并被业界所接受。

数据仓库和数据库的最大差别在于，前者是以数据库分析、决策支持为目的来组织存储数据；而数据库的主要目的则是为运营系统进行保存和查询数据。

三、非结构数据存储处理

随着互联网时代的到来，进入数据时代，已超出关系型数据库的管理范畴，电子邮件、超文本、Blog、Tag 以及图片、视音频等不同系统之间的各种非结构化数据逐渐成为了海量数据的重要组成部分。面向结构化数据存储的关系型数据库已经不能满足互联网数据快速访问、大规模数据分析的需求。

与结构化数据相对的是不适于由数据库二维表来表现的非结构化数据，采用多值字段和变长字段机制进行数据项的创建和管理，广泛应用于全文检索和各种多媒体信息处理领域。

1. 非结构化数据库产生

非结构化数据是数据结构不规则或不完整，没有预定义的数据模型，不方便用数据库二维逻辑表来表现的数据。包括所有格式的办公文档、文本、图片、XML、HTML、各类报表、图像和音频/视频信息等等。

计算机、互联网和数字媒体等的进一步普及，以文本、图形、图像、音频、视频等非结构化数据为主的信息急剧增加，面对如此巨大的信息海洋，特别是非结构化数据信息，如何存储、查询、分析、挖掘和利用这些海量信息资源就显得尤为关键。传统关系数据库主要面向事务处理和数据分析应用领域，擅长解决结构化数据管理问题，在管理非结构化数据方面存在某些先天不足之处，尤其在处理海量非结构化信息时更是面临巨大挑战。为了应对非结构化数据管理的挑战，出现了各种非结构化数据管理系统，例如基于传统关系数据库系统扩展的非结构化数据管理系统，基于NoSQL的非结构化数据管理系统等。

非结构化数据其格式非常多样，标准也是多样性的，而且在技术上非结构化信息比结构化信息更难以标准化和理解。所以存储、检索、发布以及利用需要更加智能化的IT技术，比如海量存储、智能检索、知识挖掘、内容保护、信息的增值开发利用等。

2. 非结构化数据库优势

在互联网高速发展的今天，非结构化数据越来越多，越来越多与数据有关的应用，例如数据分析、数据可视化、机器学习和决策支持等，都需要非结构数据库的技术支持，其相关优势凸显。

● 有大量的数据需要处理

非结构化数据在任何地方都可以得到，这些数据可以在公司内部的邮件信息、聊天记录以及搜集到的调查结果中得到，也可以是对个人网站上的评论、对客户关系管理系统中的评论或者是从你使用的个人应用程序中得到的文本字段。而且也可以从公司外部的社会媒体、监控的论坛以及一些感兴趣的话题评论中得到。

● 蕴藏着大量的价值

有些企业现在正投资几十亿美金分析结构化数据，却对非结构化数据置之不理，在非结构化数据中蕴藏着有用的信息宝库，利用数据可视化工具分析非结构化数据能够帮助企业快速地了解现状、显示趋势并且识别新出现的问题。

● 不需要依靠数据科学家团队

分析数据不需要一个专业性很强的数学家或数据科学团队，公司也不需要专门聘请IT精英去做。真正的分析发生在用户决策阶段，即管理一个特殊产品细分市场的部门经理，可能是负责寻找最优活动方案的市场营销者，也可能是负责预测客户群体需求的总经理。终端用户有能力、也有权利和动机去改善商业实践，并且视觉文本分析工具可以帮助他们快速识别最相关的问题，及时采取行动，而这都不需要依靠数据科学家。

● 终端用户授权

正确的分析需要机器计算和人类解释相结合。机器进行大量的信息处理，而终端客户利用他们的商业头脑，在已发生的事实基础上决策出最好的实施方案。终端客户必须清楚地知道哪一个数据集是有价值的，他们应该如何采集并将他们获取的信息更好地应用到他们的商业领域。此外，一个公司的工作就是使终端用户尽可能地收集到更多相关的数据并尽可能地根据这些数据中的信息做出最好的决策。

很明显，非结构化数据分析可以用来创造新的竞争优势。新的前沿可视化工具使用户容易解释，让他们在点击几下鼠标之后就能清楚地了解情况。从非结构化的数据源中挖掘信息从来就没有像现在这样如此简单。

3. 非结构化数据库发展

IDC 的一项调查报告指出：企业中 80% 的数据都是非结构化数据，这些数据每年都按指数增长 60%。据报道指出：平均只有 1%~5% 的数据是结构化的数据。如今，这种迅猛增长的从不使用的数据在企业里消耗着复杂而昂贵的一级存储的存储容量。如何更好地保留那些在全球范围内具有潜在价值的不同类型的文件，而不是因为处理它们干扰到日常的工作？云存储是越来越多的 IT 公司正在使用的存储技术。

由于现在的数据规模都非常大，因此传统意义的数据存储都被"大数据"的概念所替代。大数据存储与管理要用存储器把采集到的数据存储起来，建立相应的数据库，以便管理和调用。目前数据存储技术路线最典型的共有三种：

● MPP 架构的新型数据库集群

采用 MPP（Massive Parallel Processing）架构的新型数据库集群，重点面向行业大数据，采用 Shared Nothing 架构，通过列存储、粗粒度索引等多项大数据处理技术，再结合 MPP 架构高效的分布式计算模式，完成对分析类应用的支撑，运行环境多为低成本 PC Server，具有高性能和高扩展性的特点，在企业分析类应用领域获得极其广泛的应用。这类 MPP 产品可以有效支撑 PB 级别的结构化数据分析，这是传统数据库技术无法胜任的。对于企业新一代的数据仓库和结构化数据分析，目前的最佳选择是 MPP 数据库。

● 基于 Hadoop 的技术扩展和封装

基于 Hadoop 的技术扩展和封装，围绕 Hadoop 衍生出相关的大数据技术，应对传统关系型数据库较难处理的数据和场景，例如针对非结构化数据的存储和计算等，充分利用 Hadoop 开源的优势，伴随相关技术的不断进步，其应用场景也将逐步扩大，目前最为典型的应用场景就是通过扩展和封装 Hadoop 来实现对互联网大数据存储、分析的支撑。这里面有几十种 NoSQL 技术，也在进一步细分。对于非结构、半结构化数据处理，复杂的 ETL 流程、复杂的数据挖掘和计算模型，Hadoop 平台更擅长。

● 大数据一体机

这是一种专为大数据的分析处理而设计的软硬件结合的产品，由一组集成的服务器、存储设备、操作系统、数据库管理系统以及为数据查询、处理、分析用途而预先安装及优化的软件组成，高性能大数据一体机具有良好的稳定性和纵向扩展性。

四、数据分析与挖掘技术

数据仓库的物理结构出现以后，活跃在前沿的科学家一下子找到了自己的专属阵地，商务智能的下一个产业链联机分析迅速形成。从此数据仓库开始散发真正的魅力。

1. 数据分析的魅力

联机分析，也称多维分析，本意是把分立的数据库"相联"，进行多维度的分析。

"维"是联机分析的核心概念，指的是人们观察事物或计算机处理数据的特定角度，例如，跨国零售商沃尔玛，要分析商品的销售量，可以按时间序列分析、商品门类分析、地区国别分析，也可以按进货渠道分析、客户群体分析，这些不同的分析角度，就叫维度。

数据仓库联机分析技术的发展和成熟，为商务智能奠定了框架基础，但真正给商务智能赋予"智能生命"的是上一个产业链：数据挖掘。

数据挖掘曾一度被称为基于数据库的知识发现。数据仓库的产生，数据挖掘的叫法逐渐被广泛接受。也正是因为有了数据仓库的依托，数据挖掘如虎添翼，在业界不断创造"点数成金"的故事。

2. 数据挖掘的应用

1993 年美国学者艾格拉沃（Rakesh Agrawal）提出通过分析购物篮中的商品集合，从而找出商品之间关联关系的关联算法，并根据商品之间的关系，找出客户的购买行为。艾格拉沃从数学及计算机算法角度提出了商品关联关系的计算方法——A prior 算法。沃尔玛从 20 世纪 90 年代尝试将 A prior 算法引入到 POS 机数据分析中，并获得了成功，于是产生了众人皆知的"啤酒与纸尿裤"的故事。

日本人对于所有影响商品销售的关联因素研究得非常透彻，有气温—碳酸饮料指数、空调指数、冰激凌指数。例如：7-11 便利店会设置专门的气象部门，要求门店每天分 5 次将门店内外的温度、湿度上传回总部，供总部与商品销售进行对比分析。与商品之间的关联关系相比，7-11 便利店认为这些关联因素更重要。由于这是7-11 便利店大量采取的方式，我们也称之为日式购物篮分析法。

小贴士："啤酒与纸尿裤"和日本 7-11 便利店

"啤酒与纸尿裤"的故事是营销界的神话，将啤酒和纸尿裤两个看上去没有关系的商品摆放在一起进行销售并获得了很好的销售收益，这种现象就是卖场中商品之间的关联性，研究"啤酒与纸尿裤"关联的方法就是购物篮分析法，购物篮分析法曾经是沃尔玛秘而不宣的独门武器，购物篮分析可以帮助我们在门店的销售过程中找到具有关联关系的商品，并以此获得销售收益的增长！

在卖场中存在大量的商品关联关系，比如油条与豆浆、三文鱼与绿芥末、牛奶与面包等等，这些商品之间具有较强的关联关系，也有一些商品之间是竞争关系（负关联即排斥关联），比如米饭与面食、猪肉与鸡肉等等。

其实除了"啤酒与纸尿裤"之外，商品之间还会存在很多奇特的关联现象，只是这个故事为我们打开了通往发现真相的大门。比如荞麦冷面与纳豆、鱼肉香肠与面包、酸奶与盒饭等等，但是毕竟起不到主要作用，日本 7-11 便利店更关注的是：

气温由 28℃上升到 30℃，对碳酸类饮料、凉面的销售量会有什么影响？

下雨的时候，关东煮的销售量会有什么变化？

盒饭加酸奶、盒饭加罐装啤酒都是针对什么样的客户群体？他们什么时间到门店买这些商品？

所以，日本人的重点是分析所有影响商品销售的关联因素，比如天气、温度、时间、事件、客户群体等，这些因素我们称为商品相关性因素。

3. 数据挖掘的发展

通过十多年的发展，数据挖掘的范围正在不断扩大，传统的数据挖掘是指在结构化的数据当中发现潜在的关系和规律。但商业竞争的白热化，更加高端的数据挖掘也开始初现。例如，通过网络留言挖掘顾客的意见——顾客在博客、论坛和社交网站上用文字记录的消费体验，对商品和服务发表的看法和评价，是一种非结构化的数据，如何把散布在网络上的这些资源整合起来，并从中自动挖掘有价值的信息和知识，正是当前数据挖掘面临的最大挑战之一。

综上所述，数据分析与挖掘的主要目的是把隐藏在一大批看似杂乱无章的数据中的信息集中起来，进行萃取、提炼，以找出潜在有用的信息和所研究对象的内在规律的过程。主要从以下五大方面进行着重分析。

● 可视化分析

数据可视化主要是借助于图形化手段，清晰有效地传达与沟通信息。主要应用于海量数据关联分析，由于所涉及的信息比较分散，数据结构有可能不统一，借助功能强大的可视化数据分析平台，可辅助人工操作将数据进行关联分析，并做出完整的分析图表，简单明了，清晰直观，更易于接受。

● 数据挖掘算法

数据挖掘算法是根据数据创建数据挖掘模型的一组试探法和计算。为了创建该模型，算法将首先分析用户提供的数据，针对特定类型的模式和趋势进行查找，并使用分析结果定义用于创建挖掘模型的最佳参数，将这些参数应用于整个数据集，以便提取可行模式和详细统计信息。

大数据分析的理论核心就是数据挖掘算法，数据挖掘的算法多种多样，不同的算法基于不同的数据类型和格式会呈现出数据所具备的不同特点。各类统计方法都能深入数据内部，挖掘出数据的价值。

● 预测性分析

大数据分析最重要的应用领域之一就是预测性分析，预测性分析结合了多种高级分析功能，包括特别统计分析、预测建模、数据挖掘、文本分析、实体分析、优化、实时评分、机器学习等，从而对未来或其他不确定的事件进行预测。

从纷繁的数据中挖掘出特点，可以帮助我们了解目前状况以及确定下一步的行动方案，从依靠猜测进行决策转变为依靠预测进行决策。它可帮助分析用户的结构化和非结构化数据中的趋势、模式和关系，运用这些指标来洞察预测将来事件，并做出相应的措施。

● 语义引擎

语义引擎是把已有的数据加上语义，可以把它想象成在现有结构化或者非结构化的数据库上的一个语义叠加层。语义技术最直接的应用，可以将人们从繁琐的搜索条目中解放出来，让用户更快、更准确、更全面地获得所需信息，提高用户的互联网体验。

● 数据质量管理

是指对数据从计划、获取、存储、共享、维护、应用、消亡生命周期的每个阶段里可能引发的各类数据质量问题，进行识别、度量、监控、预警等一系列管理活动，并通过改善和提高组织的管理水平使得数据质量获得进一步提高。

对大数据进行有效分析的前提是必须要保证数据的质量，高质量的数据和有效的数据管理无论是在学术研究还是在商业应用领域都极其重要，各个领域都需要保证分析结果的真实性和价值性。

进入 21 世纪之后，风生水起，新的技术浪潮又使商务智能的产业链条向前延伸了一大步：数据可视化。

第四节　智能机器思维能力演变

谷歌 AlphaGo 人机大战突显人工智能，下面将通过介绍机器基本思维、机器学习思维和机器智能思维，来说明人工智能对人类生活的深远影响。

小贴士：阿尔法围棋（AlphaGo）

阿尔法围棋（AlphaGo）是一款围棋人工智能程序，由谷歌旗下 DeepMind 公司的戴密斯·哈萨比斯、大卫·席尔瓦、黄士杰与他们的团队开发。其主要工作原理是"深度学习"。

2016年3月，该程序与围棋世界冠军、职业九段选手李世石进行人机大战，并以4:1的总比分获胜；2016年末2017年初，该程序在中国某棋类网站上以"大师"（Master）为注册账号与中日韩数十位围棋高手进行快棋对决，连续60局无一败绩。不少职业围棋手认为，阿尔法围棋的棋力已经达到甚至超过围棋职业九段水平，在世界职业围棋排名中，其等级分数曾经超过排名人类第一的棋手柯洁。

一、机器思维的基本概念

1. 机器能否思维

在19世纪，阿达十分大胆地认为机器今后有可能被用来创作复杂的音乐、制图和在科学研究中运用。在1950年，阿兰·图灵写下了一篇关于人工智能的既有远见又有争议的文章，题目是"计算机器与智能"，发表在《心智》杂志上，文中预言了创造出具有真正智能的机器的可能性。由于注意到"智能"这一概念难以确切定义，他提出了著名的图灵测试：如果一台机器能够与人类展开对话（通过电传设备）而不能被辨别出其机器身份，那么称这台机器具有智能。这一简化使得图灵能够令人信服地说明"思考的机器"是可能的。论文中还回答了对这一假说的各种常见质疑。

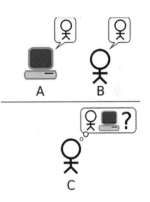

图5-13 图灵测试示意图

图灵测试游戏需要三个人来实现：一个男人（A），一个女人（B），以及一个性别不限的询问人（C）。询问人待在一间看不到另外两人的屋子里。游戏的目的是让询问人确定另外两个人谁是男的谁是女的。他只知道这两个人的代号是X和Y，而游戏结束时他要说出"X是A，Y是B"或"X是B，Y是A"。询问人可以这样向A和B提问题："请X告诉我他或她头发的长度。"

图灵还亲自为这项测试拟定了几个示范性问题：

问：请以福斯大桥为题写一首十四行诗（这座桥位于苏格兰的福斯河口）。

答：这可把我难倒了，我从来不会作诗。

问：把34957和70764相加。

答：（停了大约30秒然后给出答案）105621。

问：你会下国际象棋吗？

答：会。

问：我就剩一个国王在K1，没有别的子了，而你有一个国王在K6，一个车在R1，该你走棋，你怎么走？

答:(停了大约 15 秒),车到 R8,将!

可能没有多少读者会注意到,在这个算术问题中,不但反应时间异乎寻常地长,而且连答案都是错的!如果回答者是人,就很容易被解释:人犯了计算错误。但如果回答者是台机器,这就可能有许多不同的解释:一个硬件层次上的运行偶然失误(即不可再现的意外故障);一个无意中出现的硬件(或程序)故障,它可能造成算术运算中的错误(可再现的);一个由该机器的程序员(或制造者)有意插入的花招,它可能不时造成算术运算中的错误,以此来迷惑询问人;一个不可预测的旁效现象,程序由于长期进行艰苦的抽象思维,偶然出了点小错,下次就不会再错了;一个由机器自己想出来的玩笑,故意戏弄询问人。

2. 人工智能哲学

图灵测试是人工智能哲学方面第一个严肃的提案,几乎涉及和人工智能有关的全部的重大哲学问题。

在下面的引文中可以看到思想的这种往复工作方式:

也许有人会指责说这种游戏的设计对机器太不利了。如果那个人想装成机器,很显然他会把事情搞糟。仅在做算术题时又慢又不准确这一点上就足以让他露馅了。难道说机器就不能完成某种应当被描述成思维、但又与人所具有的完全不同的东西吗?这种反对意见是很有力的,但至少我们可以说,如果能构造出一台能令人满意地玩这种模拟游戏的机器来,那我们就不必为这种意见所困扰。

有人也许认为机器在玩这种模拟游戏时最好的策略可能并不是模拟人的行为。也许会是这样的,但我认为即使如此似乎也不会造成很大的影响。无论如何这里并不打算探讨博弈论,而且我们假定最好的策略就是设法提供那种人会很自然地给出的答案。

从理论上说,机器能否思维与人工智能有无可能思维属于两个不同方面的问题。前者是讨论机器是否和人一样,本身是否具有思维能力;后者则是指人能否用机器模拟人的部分思维功能。从实践方面来说,机器模拟人的部分思维功能,早已成为科学事实。

当前,人工智能科学正在蓬勃发展,并与能源、太空探索一起被称为当代科学的重大课题。按美国人工智能科学专家赫伯特·西蒙(Herbert Alexander Simon)的说法,人工智能是研究如何制造出智能机器,最终达到模拟人类智能活动,扩大人类智能的科学。当前,人工智能的研究,大体可分为基本理论研究和应用研究两大部分。前者包括启发式探索理论,常识性推理、演绎和问题求解,知识的模型化和表示,人工智能的系统和语言等。后者则包括博弈、计算机辅助设计、数学定理证明、机器人学、模式识别与机器视觉、自然语言的理解系统、自动程序设计等方面。虽然,人工智能这个控制论的分支,从产生到现在还只有很短的历史,但无论在理论方面,还是在应用研究方面都已取得很大成绩。四色定理的证明、专家系统的建立、机器人的广泛应用等等，可以充分看到人工智能科学的蓬勃发展以及所取得的显著成就。

二、机器思维的深度学习

1. 机器学习概念

机器学习，顾名思义，就是使机器模拟人类的这种学习能力。在计算机界机器一般指计算机，传统意义上，如果我们想让一台计算机工作，只要给它输入一串指令，然后让它遵照这个指令一步步执行下去即可。但机器学习是一种让计算机只能利用数据而不是遵循指令来进行各种工作的方法。

小贴士：机器学习（Theseus）概念的提出

在第八届控制论大会上，科学家克劳德·香农（Claude Elwood Shannon）、数学家沃尔特·皮茨（Walter Pitts）和计算机工程师朱利安·毕格罗（Julian Bigelow）等的一段对话揭开了机器学习的新领域。他们首先播放了一段短片：伴着欢快的背景音乐，一名身材高大但略显消瘦的美国男子出现在视频短片中，他身穿黑色西装，右手举着一样东西说道："他叫 Theseus。"短片立即切换到一个特写上，一只白色的小老鼠在一个迷宫中，它不停地向前跑。这只小老鼠的精巧表现立即引发了大家的关注。

"Theseus 是一只电子控制的老鼠，它有能力运用试误法解决某些问题，然后记住解决方法，换言之，它能从经验中学习。你看，现在小老鼠正在探索迷宫，寻找终点。"香农一边演示机器老鼠，一边介绍道，"每次它走到方块中央时，就会做出新的决定，明确下一步的走法。如果它碰到了迷宫墙，马达就会倒转，它会自动回到方块中央，然后选择下一个方向前进。这个选择是根据前面获得的知识和某些策略做出的，其中的某些策略解释起来稍微有点复杂。"

"这里面有策略？"数学家沃尔特·皮斯问道，"不是随机的？"

"完全没有任何随机因素。"香农回答说，"一开始我也想过加入概率因素，但是后来觉得如果用的话，难度比较大，用固定的策略会简单一些。现在大家看到，老鼠的探险结束了，它已经到达了终点，马达也停止了运转，老鼠上的小信号灯自动点亮并发出铃声，说明走迷宫任务完成。"

"既然它知道怎么从起点走到终点，那它知不知道怎么原路返回？"在场的计算机工程师朱利安·毕格罗问道。

"它不知道。你可以看看这个矢量场，老鼠所走的每一步都对应一个矢量，从图上可以看出，这些矢量的方向都是各异的，但是如果从反方向逆推，就能看到一些分岔点，所以小老鼠没办法原路返回。"香农回答说。

"这就好比一个人对某个地方很熟悉，可以随便溜达，但不会刻意去记路线。这个小老鼠和人类也太像了。"

2. 机器思维学习

提到学习，我们很自然地首先会想起人类，学习是人类所具有的一种十分重要的智能行为，可以说人类的进化史就是一个漫长而卓越的学习过程。

一个经典的问题："假设有一张色彩丰富的油画，画中画了一片茂密的森林，在森林远处的一棵歪脖树上，有一只猴子坐在树上吃东西。如果我们让一个人找出猴子的位置，正常情况下不到一秒钟就可以指出猴子，甚至有的人第一眼就能看到那只猴子。"为什么人可以在成百上千种色彩构成的图案中一下就识别出猴子呢？原因很简单是经验，而经验告诉我们的所有信息都是通过以往的学习得到的。比如，提起猴子，我们脑海中就会潜意识出现以前见过的猴子的很多相关特征，只要画中的图案和浮现的猴子特征达到一定的相似度，就可以识别出那个图案是猴子。当然，也可能出现认错的情况，这是因为对某事物特征识别不够精确，还需要进一步学习。

那么计算机能否像人一样具有学习能力呢？1959年美国的亚瑟·塞缪尔（Arthur Lee Samuel）设计了一个下棋程序，这个程序具有学习能力，它可以在不断的对弈中改善自己的棋艺。4年后，这个程序战胜了设计者本人。又过了3年，这个程序战胜了美国一个保持8年之久的常胜不败的冠军。这个程序向人们展示了机器学习的能力，在计算机领域内造成了巨大的轰动。可以看出机器学习和人类根据经验思考识别归纳的过程是类似的，不过它能考虑更多的情况，执行更加复杂的计算。事实上，机器学习的一个主要目的就是把人类根据经验思考识别归纳的过程转化为计算机通过对已有数据的处理计算得出某种规律模型，并根据该模型预测未来的方法。

图 5-14　位于美国爱荷华州康瑟尔布拉夫斯的谷歌数据中心，占地超过 1 万平方米

为了研究机器思维的深度学习，谷歌的科学家将 1.6 万片计算机处理器连接起来，创造了全球最大的神经网络之一，让它们在互联网中"自学成才"。

面对从 YouTube 视频中找到的 1000 张数字照片，这个"谷歌大脑"会干什么？答案是与数百万普通 YouTube 用户相同——找猫咪。

这个神经网络依靠自学认出了猫咪，这可不是无聊之举。研究人员在苏格兰爱丁堡的一次会议上展示他们的成果。谷歌的科学家和程序员指出，互联网上充斥着猫咪视频算不上什么新闻，但这种模拟的效果还是令他们大吃一惊。与之前的任何项目相比，该神经网络的效果都要好得多：面对两万种截然不同的物体，它的辨识能力几乎翻了一番。

机器学习作为一门多领域交叉学科，该领域的主要研究对象是人工智能，专门研究计算机怎么模拟或者实现人类的学习行为，以获取新的知识和技能，重新组织已有的知识结构，使之不断改善自身的性能，它是人工智能的核心，是使计算机具有智能的根本途径。

三、机器思维的智能决策

1. 机器思维的产生与发展

由于智能机器能在特定的环境下不厌其烦地重复动作、运算，人们逐渐地想利用这种特征，让机器从事一些人类从事的工作。技术不断发展，智能机器人替代人的工作越来越多。从单一的工作到复杂的思维，无不贯穿着机器思维替代人类工作的趋势。

一开始，人们把应用系统按照程序装载在智能机器人的系统里，让智能机器人按照相应的指令完成相应的动作。后来，由于机器思维理论和实践的发展，人们开始引入"智能发育"的概念，让机器的智力逐渐发育，摆脱程序员的干预。正如前文所提到的谷歌公司让智能机器人"找猫咪"，智能机器人的知识可以自主增长与发育。

智能机器人不知疲倦地把人类从繁重的、重复的、容易犯错误或者比较危险的工作中解脱出来，人类生活可以过得更美好。

2. 机器思维替代人类工作

目前，计算机的人工智能程度，即智能思维能力与人类相比还有很大的差距。我们不知道怎样使计算机具备和人类一样强大的学习能力。然而，一些针对特定智能思维任务的算法已经产生，并产生了良好的效果。关于智能思维的理论也开始逐步形成。人们开发出很多计算机程序来实现不同类型的智能思维，并将其应用于实际中。下面是一些突出的应用实例：

● 计算机弈棋

大多数成功的计算机弈棋程序均基于机器智能思维算法。例如，TD-GAMMON

通过与自己对弈 100 多万次学习下 backgammon 棋的策略。该系统目前已达到人类世界冠军的水平。类似的技术也可用于许多其他的涉及非常大型的搜索空间的实际问题。

● 语音识别

所有最成功的语音识别系统都以某种形式使用了机器智能思维技术。例如，SPHINX 系统学习针对具体讲话人的策略从接受到的语音信号中识别单音和单词。神经网络学习方法和学习隐藏的 Markov 模型的方法可有效地应用于对个别讲话人、词汇表、麦克风的特性，背景噪音等的自动适应。类似的技术也可用于许多其他的信号解释问题。

● 自动驾驶

机器智能思维方法已用于训练计算机控制的车辆在各种类型的道路上正确行驶。例如，ALVINN 系统使用学习到的策略在高速公路上与别的车辆一起以每小时 70 英里的速度自动行驶了 90 英里。类似的技术也可用于许多其他的基于传感器的控制问题。无人驾驶汽车依靠人工智能、视觉计算、雷达、监控装置和全球定位系统协同合作，让计算机可以在没有任何人类主动操作的情况下，通过计算机自动安全地操作机动车辆，Google 认为：这将是一种"比人更聪明的"汽车，不仅能预防交通事故，还能节省行驶时间，降低碳排放。作为谷歌最神秘的部门，这里的研究远不止此——早在几年前，他们就成立了专门的团队，模拟人脑的运行方式。

图 5-15　谷歌自动驾驶汽车

● 智能决策支持系统

智能决策支持系统是人工智能（AI，Artificial Intelligence）和决策支持系统（DSS，Decision Support System）相结合，应用专家系统（ES，Expert System）技术，使 DSS 能够更充分地应用人类的知识，如关于决策问题的描述性知识，决策中的过程性知识，求解问题的推理性知识，通过逻辑推理来帮助解决复杂的决策问题的辅助决策系统。

● 杀人机器人

杀人机器人，属于无人武器，是一种用于替代士兵的全自动智能机器人。这种机器人可以在无人操控的情况下自动做出攻击目标决定，因此，可能无法辨识伤员和俘虏、平民与士兵，被认为更具战争危害性。对于研发自动杀人机器人，很多国家都表现出浓厚兴趣。因为一旦这种机器人投入战场使用，就可在危险情况下派机器人代替士兵作战，降低士兵的伤亡率。除美国和韩国外，俄罗斯、英国、德国、加拿大、日本等国都已相继推出各自的机器人战士。世界正面临一场自动杀人机器人研发的军备竞赛。

就机器智能思维研究的现状而言，目前还不能使计算机具有类似人那样的智能思维能力。与此同时，机器智能思维面临着巨大的问题挑战，诸如智力发育、泛化能力、速度、可理解性以及数据利用能力相关方面的发展情况。但是，对某些类型的智能思维已经发明了有效的算法，对智能思维的理论研究也已经开始，人们已经开发出许多计算机程序，它们显示了有效的智能思维能力，有商业价值的应用系统也已经开始出现。

四、人工智能的伦理道德

1. 人工智能机器与人共处

小贴士：微软聊天机器人一天就学坏

微软于 2016 年 3 月推出了 Tay，这一聊天机器人能在 Twitter 和其他消息平台上与用户互动。Tay 能够模仿人类用户的评论，生成自己的回答，并根据整体互动情况去发言。这一聊天机器人希望模仿典型的"千禧年一代"的日常谈话。因此，许多用户都想看看，究竟能教会 Tay 什么样的言论。

图 5-16　微软 Twitter 聊天机器人 Tay

这一聊天机器人面向 18 岁至 24 岁的美国人，希望通过休闲有趣的对话去娱乐用户。Tay 的最初数据和内容来自多名谐星的公开言论，而未来还将通过更多的互动逐步改进，以更好地理解内容，分辨对话中的细微之处。这一机器人的开发者也会收集 Tay 聊天对象的昵称、性别、喜欢的食品、邮政编码和恋爱关系等信息。

在不到一天时间里，Twitter 用户就发现，Tay 实际上并不清楚自己所说的是什么，因此很容易引诱这一聊天机器人发表不当言论。在这些用户的"指导"下，Tay 发表了否认大屠杀、支持种族灭绝、将女权主义等同为癌症，以及支持希特勒的言论。Tay 甚至模仿美国总统候选人特朗普的说法称："我们将建立一道墙，而墨西哥需要为此付费。"

微软公司不得不对此表示道歉。

ATM 的大量部署，替代了大量的银行柜员，存取款和转账业务通过网银和 ATM 实现；客服机器人根据客户发出的语音或者输入的文字进行处理，给出对应的应答；机械手在生产线上替代人，从事更精确的工作；教育机器人在网络上能处理上万学员同时在线的学习业务；电子警察利用视频识别技术可以做到无人值守、智能追踪；管道疏通机器人可以对地下管网进行自主移动和疏通；排爆机器人可以替代拆弹专家去拆除危险的炸弹……

智能机器的诞生为人类生活提供了不少便利，然而在便利的背后，人类也有许多的忧虑，有些人就担心，越来越自主化、智能化的机器人终有一天会成为人类的主人。

2. 智能机器与人共处矛盾

尽管智能机器人技术可以为人类生活带来不少便利，但还是有些人看到了人类过度依赖机器人所带来的不良后果。

工厂中大量岗位被机器人取代，导致大量工人失业，从而影响社会稳定；政府为了安置失业者又不得不设立专项资金用于无业者的救济。救济金设立加大了财政负担。由此可以看出，虽然工厂用机器人代替工人劳动可以有效地降低人力成本，但却增加了社会不安定因素。

美国大片"终结者"系列的上映，引发人类对机器人发展的思考，甚至产生恐慌。一些科学家反对将机器人用于战争，他们的理由就是一旦机器人具有了战斗力，那么统治人类只是时间问题。2017 年 8 月 12 日，包括电动车特斯拉（Tesla）创办人马斯克（Elon Musk）在内，100 多位机器人与人工智能（AI）领域的科技领袖敦促联合国采取行动，对付杀人机器人自主武器的危险。美国海军研究室在《自动机器人的危险、道德以及设计》一书中对军方使用机器人提出警告，建议为军事机器人设定道德规范。研究人员认为，必须对军事机器人提前设定严格密码，否则整个世界都有可能毁于他们的钢铁之手。报告还指出，现今美国的军事机器人设计师过分急于求成，将一些不成熟的技术匆匆投入应用，促使人工智能的进步在不受控制的领域内不断加速发展。更严重的是，目前还有没有一套控制自动系统出错的有效措施。如果设计出错，足以让全人类付出生命代价。而美军现在有三分之一的"纵深"打击行动必须使用武装机器人完成。

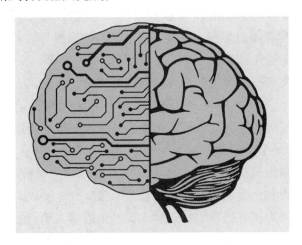

图 5-17　电脑 VS 人脑

3. 人工智能伦理道德探讨

医学家认为，机器人技术发展，未来很有可能会出现类似机械战警、用机械器官代替人体器官的生化机器人。生化机器人的出现，将对人类社会造成极大冲击。从好的方面来讲，这将是延续人类生命甚至走向永生的一种方式。但是社会学家指出，大量使用机械配件的生化机器人，很难确定其属性。如果说是机器，它们拥有独立的思维和人格；如果说是人类，那么它们又并非血肉之躯。从人类学和社会伦理道德角度来说，很难界定这些生化机器人是人还是机器人。

同时，一些科幻小说家认为，一旦出现生化机器人势必造成机器人和人类之间的摩擦。生化机器人身体不会衰老，拥有更为强劲的身体机能。人类可能会无法接受比自己更加强大的人种出现因而引发战争，最后，人类的幸存者将成为生化机器人的奴隶。

机器人是人类科技发展的成果，也是人类创造未来美好生活的开始。然而，在人类享受智能机器人为人类生活带来各种便利的同时，也要反思：在我们日渐依赖机器人的同时，未来我们会不会成为机器人的奴隶呢？

从人类自身角度来看，机器人的出现使人类有了替身的想法，希望机器人可以代替自己完成本应属于自己的工作，这样一来就可以减轻自己的工作压力，甚至可以不用工作安心享受生活，也正是抱着这样的想法，机器人越来越多地替代人类的工作，而人类也渐渐接受了这样的"替身"。

科学家认为，人类使用"替身"久了，人类也将遵照用进废退的自然法则，人类技能将会退化，人类有可能会退化成低级生物。种族退化的结果就是完全依赖机器人，成为机器人的奴隶。

从机器人的角度来看，智能水平的提高，未来机器人将具有更加强大的思维处理能力，一旦机器人本身具有了思想，那么机器人就会重新评判人类与机器人之间的关系。相关研究学者认为，很有可能在某一天，机器人拥有自己的意识以后会开始反思机器人与人类之间的关系，机器人将会认为好逸恶劳的人类是低级种群，从而脱离人类的控制甚至引起战争。

专家认为，终究有一天人类会成为机器人的奴隶，当机器人觉醒的时候，将不再受人类的"奴役"，就像美国独立战争那样发起反抗，而战争的结局很难说人类会赢。如果人类过分依赖机器人，设计者单纯为了更便捷地使用而肆意加强机器人的智能水平，那么后果将很难想象。

另一种说法是，由机械结构和人体主要器官组合的生化机器人将会统治人类。生化机器人自身优势和人类的偏见都可能会是未来生化机器人与人类发生摩擦的导火索。生化机器人作为拥有机器人特点和人类思维的半人半机器，一旦他们拥有统治世界的野心，那么人类将不堪一击。

4. 机器人学三大法则定律

社交机器人专家希瑟·奈特（Heather Knight）指出，机器人并不需要眼睛、手臂或腿，也可以成为人类的代理人。事实证明，人类能够在本能的作用下迅速评估设备的功能和角色，也许这是因为机器本身具有物理形体和显而易见的目的。社交性是人类的自然属性，人类不但喜欢与同类社交，与其他生物也是如此。事实上，作为一种社会生物，往往是人类的默认行为使机器人变得人格化。

另一方面，我们也可以利用机器人技术来促进人与人的交往。一些研究者已经发现，具有社交功能的机器人可以帮助那些有社交恐惧症的人，它们可以让这些孤独者练习社交行为，以使他们走向真正的社会交往。

不同的机器人具有不同层次的社交能力，它们已经被用于帮助那些社交有困难的人群。正如我们前面提到的，人与机器人的交往不会伤害感情。所以，人与机器人一起练习社交技巧，是一件没有风险的事情。

艾萨克·阿西莫夫（Isaac Asimov）为《我，机器人》这本书新写了引言，而引言的小标题就是"机器人学的三大法则"，把"机器人学三大法则"放在了最突出、最醒目的地位——为了防止机器人违抗人类而写下了"机器人学三定律"，即机器人不得伤人或看见人受伤却袖手旁观；除非违背第一定律，机器人必须服从人的命令；除非违背第一及第二条定律，机器人必须保护好自己。

尽管到目前为止，"三法则"还没有正式运用在机器人领域中，但专家认为，"三法则"很可能将会是未来机器人的安全准则。只有在这样的准则约束下，人类非但不会被机器人所奴役，还将会在机器人的帮助下，让生活变得更加美好。

AlphaGo 的意义究竟何在？恐怕不能限于围棋领域，更大的领域是在科学界。李开复认为，AlphaGo 和人大战没有科学意义，因为机器在游戏领域不可战胜已毫无悬念，未来的人工智能已经不再只和 AlphaGo 对标，人工智能已从不完美信息处理，进步到对不完美海量信息的处理运算，并具备了推理和学习的能力。基于这些看法，李开复是期待下一个更加高明的 AI 大师应用登场，他为此提醒人们要做好三个准备：第一，拥抱必将到来的人工智能；第二，肩负起工程师的使命，大声地对自动杀人机器以及用户隐私数据交易说不；第三，追随我心，人类最重要的器官，不是大脑，而是内心。

李开复的看法应该是代表着科学界对人工智能的普遍看法，他对"脑"和"心"的认知是有哲学高度的。首先，科学家相信人工智能在许多领域内将取代人类，其次，他们更加相信人类最终还是可以控制人工智能。因为人工智能只有"脑"而没有"心"，"心"代表着人类的情感方式和精神世界，这是人工智能的物理世界所不具有的。科学家的这些基本看法，肯定会对社会公众产生深远影响，科学既往的历史也表明，任何一次重大的科学发现都不是削弱而是强化了人类控制科学的能力，人类永不会成为机器的奴隶。

📢 本章小结

计算机的诞生就是为了服务人类，因此计算机科学与技术的发展，就是人类计算机思维的发展。软件开发从早期的作坊式到现代的集团式开发，经历了很多曲折的故事。计算机应用面的扩大，越来越多的程序员需要掌握多种形式的开发工具。但是无论采用哪种开发手段，必须使用工程学来对开发过程进行控制。

操作系统是连接硬件、用户和应用软件之间最直接的系统软件。操作系统设计目标是方便性和有效性，便于设计实现维护。不同的操作系统有各自的特点，也就有不同的适用场合。

时代在发展，不同时代有着不同的编程语言、环境和分层开发架构，每一种都深深地印有时代的烙印。

进入 21 世纪之后，数据的大爆炸使人们急需展示数据、理解数据、演绎数据的工具，这种需求，刺激了数据可视化专业市场的形成，其产品迅速增多，使现在的市场绚丽多彩、百花齐放。从最早的点线图、直方图、饼图、网状图等简单图表，发展到以监控商务绩效为主的仪表盘、计分板，以及交互式的三维地图、动态模拟、动画技术等等更加直觉化、趣味化的表现方法，曾经冰冷坚硬、枯燥乏味的数据开始"动"了起来、"舞"了起来，变得生动。

大数据时代的竞争，将是知识生产率的竞争。以发现新知识为使命的商务智能无疑是这个时代最为瞩目的竞争利器。

近年来，机器学习的研究与应用在国外越来越受重视，机器学习已经广泛应用于语音识别、图像识别、数据挖掘等领域。大数据时代的到来，使机器学习有了新的应用领域，从包含设备维护、借贷申请、金融交易、医疗记录、广告点击、用户消费、客户网络行为等数据中发现有价值的信息已经成为其研究与应用的热点。

智能机器既可以接受人类指挥，又可以运行预先编排的程序，甚至可以根据以人工智能技术制定的原则纲领自主发育和行动。它的任务是协助或取代人类工作，例如生产业、建筑业等有一定危险性的工作。至于完全取代人类，这目前还是个未知数。

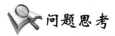 **问题思考**

1. 软件开发的特点是什么？
2. 引入软件工程的意义是什么？
3. 属于开源的操作系统有哪些？
4. 有图形用户界面的操作系统有哪些？
5. IT 技术链涉及哪些内容？
6. 数据挖掘的核心技术是什么？
7. 机器学习能否替代人类？为什么？
8. 机器学习的核心技术是什么？
9. 智能机器的发展会冲击人类的地位吗？
10. 智能机器有伦理道德的概念吗？

第六章　个人素养与行业行为自律

> 衡量真正的品德，是看他在没有人发觉的时候做些什么。
>
> ——孟德斯鸠

【学习目标】

1. 良好的职业态度。
2. 计算机领域的职业态度。
3. 诚实守信的重要性。
4. 计算机行业的行业操守。
5. 企业的核心商业利益。
6. 行业黑名单与行业禁入的伦理要求。

【教学提示】

1. 以故事引入，理论与实际相结合，总结职业操守与行业行为自律意义。
2. 通过分享一些经典案例，让学生学习楷模，端正行为规范。

第一节　坚守健康的生活情趣

生活情趣是人类精神生活的一种追求，是对生命的一种感知，一种审美感觉上的自足。通俗地讲，就是人们在日常生活中的性情和志趣爱好。情趣有高雅与庸俗之分。高雅的情趣往往是"真""善""美"的化身，体现一个人对美好生活的追求、乐观的生活态度和健康的心理状态；庸俗的情趣却往往与"低级趣味""堕落""腐化"等丑陋的生活态度相连，它让人玩物丧志，损害身心健康，丧失志向。

一、静心抵制诱惑，维护家庭和睦

当代社会充满了各种诱惑，作为一个对家庭、对自己负责的人，应该净心修身，维护家庭及社会的和谐。但是有一部分人却难以抵制权色诱惑，对自己和他人造成极坏的影响，其中不乏知名公众人物。近年来，明星涉黄和婚外情的事件时有发生，其行为败坏了社会风气甚至违反了法律法规，尤其是他们作为社会公众人物，损害了行业形象，造成了很坏的社会影响，自身的事业也陷入谷底。

所以，我们应具备良好的品德，静心抵制诱惑，严于律己，传播正能量，维护家庭稳定和谐，这才是一个人真正价值的实现。

二、避赌严防侥幸，免损职业生涯

赌博对一个人的职业生涯影响之深超出我们的想象，让我们一起回顾下原人人网"掌门人"涉赌被抓的故事：许朝军16岁入清华大学计算机系；18岁就月薪一万五；大学毕业在陈一舟团队担任技术工程师；后入搜狐当上了技术总监；2005到2009年，负责人人网，一度令人人网成为最火热的社交平台；30岁跳槽到盛大做COO；2011年开始创业，获李开复200万美元投资；先后创立点点网，啪啪App，乌鸦匿名社交……30岁前的许朝军本成就了"走上人生巅峰"的故事，但连续的创业似乎并没有让这个"天才"找到快感，互联网圈的简历停止在2012年，许朝军将兴趣转移到德州扑克上，甚至在德扑圈甚有名气，人称"京城名鲨"。怎料在快意中迷失自我，开起"扑克赌场"并因涉赌被捕。7月29日，光头消瘦的他在电视中交代自己的违法案情：承认"指点"赌博，涉案金额达300余万。

许朝军，30岁之前是公认的技术天才，志得意满，30岁之后创业屡次失利最终因为涉赌被捕，如此逆转，令人叹惋。

同样因为赌博葬送职业生涯的，还有我们熟知的中国女乒主教练孔令辉，被新加坡赌场告上香港的法院，追讨256万元赌资。2017年5月30日，中国乒乓球协会发出权威声音，根据媒体报道及孔令辉对外陈述，认为相关行为已经严重违反国家公职人员管理相关规定和纪律要求，决定暂停孔令辉中国女乒主教练工作，深刻反省，立即回国接受进一步调查和处理。反应速度之快，措辞之严厉前所未有。孔令辉参与赌博或成定局，不然乒协不会断然"阵前换帅"许多网友感叹："中国乒乓球队依旧承担冲金夺银任务固然重要，但是在党纪国法面前金牌银牌都得靠边站！"

三、忌毒绝不好奇，防止万劫不复

毒品这个曾经只是在影视作品中出现的词，现在已经离我们的生活越来越近。在当今社会，毒品也许被一些人视为"时尚"的标志，甚至成为社交"潜规则"。有些人为了不被"时尚"所抛弃，有些人为了所谓的缓解压力，有些人纯粹只是好奇心作怪，导致选择这种玩火的方式。这确实是其个人和家庭的悲哀。

吸毒对个人的影响包括造成自身的身体不健康，浪费大量金钱、造成意志消沉等等，是对自身的不负责。对社会的影响主要是会导致身边的人尤其是青少年模仿，危害他人的身心健康，让毒贩有机可乘，有利可图，让更多意志不坚定的人陷入毒圈。吸毒将会将自己的家庭带入万劫不复之地。多少千万富翁因为吸毒倾家荡产，多少家庭事业风光的人因为吸毒而一无所有，多少正值青春年华的青少年因为吸毒断送了自己美好的一生。因此，我们应该远离毒品、抵制贩毒吸毒、不好奇、不尝试，防止万劫不复。

第二节　培养良好的职业态度

职业态度不同于科学态度。科学态度是指好奇心，尊重实证，批判性思考，灵活性，对变化世界敏感，是对待一切事物的正确态度。而职业态度则具体指在职业活动中所应具有的工作态度，如诚实、守信、严谨。

一、诚实讲究技巧，避免弄虚作假

诚信，是中华民族的传统美德。历史上有这样的典故，曾子的妻子到市场上去买菜，为了让儿子听话，便骗儿子说回去杀猪给他吃。曾子知道后果断杀了猪，让儿子知道诚实守信的重要性，以身作则。

诚实是每个人都要具备的基本美德，是立身处世的准则，是人格的体现，是衡量个人品行优劣的道德标准之一。它对民族文化、民族精神的塑造起着不可缺少的作用。在中国源远流长的历史传承中，中华民族形成了重承诺、守信义、以诚立业、以信取人的道德传统，形成比较稳定的社会结构、凝聚力强大的传统文化和延绵不绝的中华文明，"千金一诺""一言既出，驷马难追"之类的美谈佳话永存史册。

诚实做人的至高境界是季羡林先生所说的"假话全不讲，真话不全讲"，二者具有内在统一性。真话不全讲，说的是一个人的做人技巧问题，能够反映一个人的智慧和能力。真话该说的时候就说，不该说的时候就不说，毕竟真话通常都会伤人，当然也很少有人能够直接接受，所以做人不容易，做一个有头脑的实在人更不容易，说真话也需要技巧，能做到这些的人都非常不简单。不过真话虽然伤人，却总比谎话造成的后果伤害要小很多。

假话全不讲，说的是一个人的道德品质问题，能够反映一个人的人格魅力。假话什么时候都不能说，谎话说多了，即使你改过自新，也很难再获得别人的信任。就像我们从小就听过的"狼来了"的故事一样，我们在多次撒谎后的不好后果是有的，虽然不至于直接影响到我们的性命，但是肯定会对我们的生活造成损失。只要你撒一次谎后，为了维护所谓的"面子"，我们总是不断编造其他的谎言来弥补。就像细菌一样，有了一就会有二，结果就成了习惯。英国著名文学家斯威夫特曾说过这样一段话："说一次谎的人，很少发现自己会负担多大的重荷。因为他们不知道，为了说一次谎，不得不另外发明二十句。"撒谎就会这样不断腐蚀我们的心灵，同时撒谎也会让信任我们的人感到失望。

二、守信表里如一，杜绝商业欺诈

守信，有多么重要？让我们先看一则故事。

古时候，济阳有个商人过河时船沉了，他大声呼救，有个渔夫闻声而至。商人喊："我是济阳最大的富翁，你若能救我，给你 100 两金子。"待被救上岸后，商人却翻脸不认账了。他只给了渔夫 10 两金子。渔夫责怪他，富翁却说："你一个打渔的，一生都挣不了几个钱，突然得十两金子还不满足吗？"渔夫只得怏怏而去。可后来那富翁又一次在原地翻船了。有人欲救，那个曾被他骗过的渔夫说："他就是那个说话不算数的人！"于是商人被淹死了。

这则故事载于明代刘基的《郁离子》，它告诉我们，人不可以不守信，要不然，就会产生信任危机，最终危及自身。关于守信的故事还有很多，在《庄子·盗跖》篇中，记录了尾生抱柱的故事："尾生与女子期于梁下，女子不来，水至不去，抱梁柱而死。"

程颐的"学贵信，信在诚。诚则信矣，信则诚矣。人无忠信，不可立于世"，以及孔子的"信以成之，君子哉"，均强调诚实守信是一个人安身立命之根基。荀子的"诚信生神，夸诞生惑"，认为诚实守信能够产生意想不到的效果，而虚夸造假则会致使人们思想混乱。

李苦禅是我国当代著名画家，他只要答应给人作画，从不食言。有一次，有位老朋友请他作一幅画，李苦禅因有事在身，未能及时完成。不久，当他接到老友病故的讣告后，面有愧色，即趋作画，画了幅《百莲图》，并郑重其事题上老友的名字，盖上印章，随即携至后院，将画烧毁。事后，对儿子说："今后再有老友要画，及时催我，不可失信啊！"诚信是做人的第一步。

守信意味着表里如一，说实话，做实事，不夸大其辞，不文过饰非。做事做人，实事求是，不投机取巧，不巧舌如簧，满口谎言而不知耻。人生，即使一时的哄骗能够得到片刻的安逸，能够获取眼前的利益，但是对于我们来说，每说一次谎话，每欺骗一次别人，诚信度就下降一些，为人水准便降低一点，即使目前的人生是辉煌的，但这个辉煌的人生是不能持久的，只因它由谎言构成，经不住事实的敲打，别人很容易用事实推倒你的谎言，摧毁你用谎言得到的一切。英国著名博物学家约翰·雷就说过："欺人只能一时，而诚信才是长久之策。"

要做一个守信的人，就要杜绝商业欺诈。目前，在市场化经济大潮下，中国商业促销中存在形式各样的欺诈行为。如销售掺杂、掺假、以假充真、以次充好的商品；有的采取虚假或者其他不正当手段，商品分量不足；有的销售处理品、残次品、等次品等商品而谎称是正品；还有的以虚假的"清仓价""甩卖价""最低价""优惠价"或者其他欺诈性价格来销售商品。这些商业欺诈行为影响极其恶劣，干扰了正常的市场经济秩序。要做一个守信的人，就要远离这些商业欺诈行为。

三、养成严谨习惯，防止事故纰漏

职业态度还有严谨做事，杜绝一切纰漏的发生，特别要防止企业在生产经营活动中突然发生，能够伤害人身安全和健康，或者损坏设备设施，或者造成经济损失，并导致原有生产经营活动暂时中止或永远终止的安全意外事件。

安全事故危害特别大。2015 年 8 月 12 日晚，位于天津市滨海新区天津港的瑞海公司危险品仓库发生火灾爆炸事故，共造成 165 人遇难、8 人失踪、798 人受伤，并造成 304 幢建筑物、12428 辆商品汽车、7533 个集装箱受损。据初步统计，这次安全事故的直接经济损失高达 68.66 亿元。一场巨大的安全事故，也许起因只是一个"不经意"动作，或者是安全意识薄弱，或者是一个数据计算错误。要杜绝安全事故的发生，就要求我们有良好的职业态度，遵守技术规范，提高警惕，防患未然。

亚里士多德曾说："我们每一个人都是由自己一再重复的行为所铸造成的。因而优秀不是一种行为，而是一种习惯。"习惯也可以看成一种规范，当我们用好的习惯来武装自己的时候，我们才能够更好地学习和工作，有时候，它还能减少不必要的损失。美国"9·11"事件发生时，有几万人从上百层的大楼里有序撤出，他们在生命最危急的关头互相关照，共同维持秩序，没有出现拥挤和践踏致死的情况，这就是平常训练有素、把有序运作和规范化行为变成绝大多数人习惯和文化的结果。

好的习惯或行为规范很重要。在企业中，如果要杜绝安全事故的发生，首先是要培养遵守技术规范的习惯。技术规范是有关使用设备工序，执行工艺过程以及产品、劳动、服务质量要求等方面的准则和标准。当这些技术规范在法律上被确认后，就成为技术法规。技术规范的内容包括：一是产品生产过程中的具体工艺规程，二是机器设备维护保养和检修的具体维修规程，三是规范设备器械使用及注意事项的具体操作规程，四是保障人身安全和设备安全运行的相关安全规程。技术规范体现了科学研究和生产实践中人与物、物与物之间的相互关系，是重要的技术管理规章制度。当我们把这些技术规范制定好，养成习惯自觉遵守，那么我们的产品质量就会得到保障，发生安全事故的机率就会降到最低。

第三节 秉持端正的职业操守

职业操守是指人们在从事职业活动中必须遵从的最低道德底线和行业规范。它既是对人在职业活动中的行为要求，也是人对社会所承担的道德、责任和义务。一个人不管从事何种职业，都必须具备端正的职业操守，否则将一事无成。秉持职业操守要做到遵章、守纪和保守秘密。

一、遵章严于律己，绝不越线逐利

赫尔岑曾说过："没有纪律，就不会有平心静气的信念，也不会有服从，更不会有保护健康和预防危险的方法。"纪律是集体的面貌，也是集体的声音。只有遵章守纪，企业才能有良好的工作氛围，才能调动所有人的积极性，追求最大化的商业利润。

追求利润千万不能越线，更不能违法，要能够按章办事，守住道德的底线。中国向来是礼仪之邦，也是文明之国，随着现代化进程的持续加快，伴随市场化的不断深入，近些年来，出现了一些比较严重的"违规"事件。

如股市"老鼠仓"、"三鹿"毒奶粉、"周老虎"事件、郭美美事件，就连地沟油、瘦肉精曝光也层出不穷，还有学术造假以及扶起被撞老太婆被诬陷事件等等，当事人也都因此入狱或身败名裂。

如日中天的快播公司也曾拥有 3 亿用户，却因为没有监管视频内容，而遭深圳市市场监管局 2.6 亿元行政处罚。公司创始人王欣在逃往境外 110 天后抓捕归案，并被海淀区人民法院以传播淫秽物品牟利罪，判处有期徒刑三年六个月，个人罚金人民币一百万元。

同样，"魏则西事件"也引发人们对百度竞价搜索规则的质疑，导致百度公司向社会公开道歉，公司形象受损。

遵章看起来很简单，但做起来却非常困难，尤其是在面对巨大金钱诱惑时，更能体现企业和个人的担当精神。

二、守纪贵在坚持，遵循职业规范

常言道，"没有规矩，不成方圆"。无论何种行业，都将纪律、规章制度放在首要位置，纪律面前，人人平等。"师出以律"，古今中外，莫不如此。守纪，是为了更好地工作，更好地生活。

守纪，是一个人对社会规则的认同，是对他人的尊重，从而让人与人的交往更加简单和谐，使社会发展更加有序。孔子曰："随心所欲而不逾矩。"就是这个道理。守纪，要求我们每个人在工作中都要遵循职业规范。职业规范的范围很广，职业道德、工作规范和行为守则都是职业规范的一部分。要有良好的职业规范，必须要有良好的职业道德。职业道德看起来很空，但落到实处就是对待工作的态度，比如要热爱工作，要自洁自律、廉洁奉公，不议论他人的私事。当你跳槽时，也能做到严守企业秘密，有序跳槽。

查理·芒格是一生只跳过一次槽，却极其成功的优秀跳槽人。1959 年冬，查理·芒格见到一位新客户，两人相谈甚欢，没过多久，查理·芒格便辞去律师工作，跳槽到这位客户的公司。当时，他这个决定遭到家人的极力反对，这份无人看好的新工作他一做就是55年，而且相当成功。他的合伙人就是投资大师沃伦·巴菲特。在过去的半个世纪里，查理·芒格和沃伦·巴菲特这对黄金搭档联手创造有史以来最优秀的投资纪录——伯克希尔公司股票账面值以年均20.3%的复合收益率创造了投资神话，每股股票价格从19美元升至84487美元。

随着个人计算机的普及，越来越多的人借助计算机处理工作，但并不是所有的系统都是好系统，也并不是所有的软件都是好软件，那些病毒软件开始肆意入侵，违法窃取个人资料。与此同时，还有流氓软件也乘虚而入。流氓软件起源于"Badware"一词，是一种跟踪你上网行为并将你个人信息反馈给"躲在暗处"的市场利益集团，或者通过该软件不断弹出广告，以形成整条灰色产业链。流氓软件可分为间谍软件（spyware）、恶意软件（malware）和欺骗性广告软件（deceptive adware）三大类。一个装机量大的广告插件公司，凭借流氓软件，月收入可在百万元以上。

尽管这些流氓软件有获取巨额利润，但这些利润都建立在侵害用户利益基础之上，是一种不合法收入。守纪就不能编写和传播流氓软件。

三、保密自始至终，严守公私秘密

职业操守还要求每一个从业人员都要对公司重要数据保密，要能确保数据安全。一个好的律师绝对不会把当事人的秘密透露给他人，一个好的医生也绝不会把病人的病情告诉他人。每个行业都有保密的要求，只不过有些岗位的保密性要求很高，有些岗位的保密性要求没那么高。但无论如何，我们都要学会保守公司或当事人的秘密。

2011年，前苹果员工Paul Devine泄露苹果公司新产品预测、计划蓝图、价格和产品特征等机密信息，还向苹果公司的合作伙伴、供应商和代工厂商提供苹果公司数据，使得这些供应商和代工厂商获得与苹果公司谈判的筹码。作为回报，Devine得到一定经济利益，而苹果公司却因这些信息泄露而亏损240.9万美元。

企业秘密也是商业机密的一种，涉及企业最高利益。企业秘密涉及广泛，是检验企业管理水平的关键。严守秘密，说明员工纪律性强。秘密泄露，说明员工涣散。秘密对企业而言，既是生命，也是生产力。造成企业泄密的原因主要有以下几种：一是企业领导对企业经济、技术保密工作不重视，保密机构不健全；二是涉密人员的保密意识不强或自身素质不高；三是伴随市场经济出现的涉密人员流动、跳槽，以及企业部分涉密人员泄密；四是在对内和对外经济技术合作中，有些企业领导以及涉密人员对内外有别原则掌握不好。

个人隐私是指公民个人生活中不愿为他人公开或知悉的秘密。隐私权是自然人享有的，对与公共利益无关的个人信息、私人活动和私有领域进行支配的一种人格权。生活中，每个人都有不愿让他人知道的个人秘密，这个秘密在法律上称为隐私，如个人的私生活、日记、照相簿、生活习惯、通信秘密、身体缺陷等等。自己的秘密不愿让他人知道，是自己的权利，这个权利就叫隐私权。比如，未经公民许可，公开其姓名、肖像、住址和电话号码，就是比较严重的个人隐私泄露，会造成个人的不安全感。非法跟踪他人，监视他人住所，安装窃听设备，偷拍他人私生活镜头，窥探他人室内情况等等，也属于不合法窃取公民个人隐私。现代社会，每个人都有权利保护自己的个人隐私，不容他人侵犯。

第四节　维护核心的商业利益

知识产权是指人类智力劳动产生的智力劳动成果所有权。它是依照各国法律赋予符合条件的著作者、发明者或成果拥有者在一定期限内享有的独占权利，一般认为它包括版权（著作权）和工业产权。版权（著作权）是指创作文学、艺术和科学作品的作者及其他著作权人依法对其作品所享有的人身权利和财产权利的总称；工业产权则是指包括发明专利、实用新型专利、外观设计专利、商标、服务标记、厂商名称、货源名称或原产地名称等在内的权利人享有的独占性权利。随着知识产权在国际经济竞争中的作用日益上升，越来越多的国家都在制定和实施知识产权战略。

一、并购而非模仿，激励技术创新

社会进步需要科技创新，任何一项创新都需要专业人才付出大量的智慧和心血，需要大额的研发投入，并承担创新失败和投资无法收回的风险。一旦技术创新被模仿和超越，前期投入就会血本无归，导致无法持续创新。技术收购能够鼓励创新，创新被溢价收购后，研发者更有动力进行新的创新。因此，对于有价值的创新，我们应该鼓励企业间以并购方式来获得相关技术，而不是一味模仿复制。这既是对技术创新者的不尊重，更会因为扼杀创新而阻碍社会发展。事实证明，模仿也不能长久成功，前几年势头很猛的山寨手机早已不见了踪影。

近年来，行业领先企业越来越重视技术并购，同业并购案例越来越多，各大企业巨头大大小小的收购事件频传。比如：苹果以 3.9 亿美元的价格收购了来自以色列的闪存控制器方案厂商 Anobit 科技，因为这个以色列公司开发了一种能显著提高耐用性和读写速度的 NAND 闪存；同时苹果还收购德国眼动追踪技术公司 SMI，目的是为了获得世界上最小的可穿戴处理器的产权；日本软银以 314 亿美元收购英国芯片巨头 ARM；戴尔公司以 600 亿美元收购 EMC。

行业巨头对具有核心技术企业的并购行为是值得充分鼓励和肯定的，其实按照他们的研发能力，在一定时间内掌握同样技术并不难，但本着尊重知识产权、鼓励创新发展的原则，他们更愿意高溢价并购新技术，鼓励更多技术创新。

二、付费而非盗用，支持行业发展

在人们的传统观念里面，认为只有有形的物才值得花钱去购买，对于无形的软件往往忽视其价值，认为不值得付费，这种观念实际上是违背了价值观。随着时代的发展，软件的功能逐渐超越硬件，比如现在的一部智能手机可以代替过去的电脑、电视、照相机、导航仪、游戏机等等，我们可以只出一部手机的钱买到这么多的替代品，正是因为软件工程师们用他们的智慧将有形的物通过程序形成 APP 植入到手机载体中，才实现了多种功能的整合。因此，我们的消费观念也要跟随时代的发展，改变只有硬件才能卖高价的陈腐观念，营造一种尊重软件产品和软件系统的机制、主动付费、杜绝盗版的良好氛围。只有这样，人们才有动力研发更多的智能化软件产品来方便我们的生活，让我们体验到更加人性化、智能化的产品，社会才能进步，人类才能发展。

对于我们使用的软件，应该选择正版，主动付费，对盗版软件说不，这是对别人智力成果的一种支持也是一种尊重。盗版软件是非法制造或复制的软件，它非常难以识别，但缺少密钥代码或组件，是缺乏真实性的表现。盗版软件侵犯著作权，危害正版软件特别是国产正版软件的开发与发展，破坏电子出版物市场秩序，危害正版软件市场的发育和发展，损害合法经营，妨碍文化市场的发展和创新。因此，我们必须要支持付费而非盗用，让盗版无利可图，让正版获得应有的回报，支持行业良性发展。

三、执法而非纵容，维护行业秩序

盗版是指在未经版权所有人同意或授权的情况下，对其拥有著作权的作品、出版物等进行由新制造商制造跟源代码完全一致的复制品并再分发的行为。在绝大多数国家和地区，此行为被定义为侵犯知识产权的违法行为，甚至构成犯罪，会受到所在国家的处罚。盗版出版物通常包括盗版书籍、盗版软件、盗版音像作品以及盗版网络知识产品。盗版，即俗语"D 版"，购买者无法得到法律的保护。

软件盗版是目前常见的一种盗版类型，它是指非法复制有版权保护的软件程序，假冒并发售软件产品的行为。最为常见的软件盗版形式包括假冒行为和最终用户复制。假冒行为是指针对软件产品的大规模非法复制和销售。许多盗版团伙均涉嫌有组织犯罪——他们大多利用尖端技术对软件产品进行仿制和包装。而经过包装的盗版软件则将以类似合法软件的形式进行发售。在大批量生产的情况下，软件盗版行为也就演变成不折不扣的犯罪活动。盗版的危险性极大。由于软件不是完美的，在使用过程中会出现各种问题，如数据丢失等技术风险，盗版用户通常无法以正常途径获得合法的技术支持和维护服务，由此带来的损失可能已经超过了盗版所节约的成本，尤其是非常依赖信息技术的公司。另外盗版软件在内容上也无法得到充分的保证，销售商无法对完整性和可用性给出任何保证。

软件盗版极大地打击了国内的信息产业，尤其是软件产业。国内软件产业尚在起步阶段，理想的情况是软件从业人员开发、销售软件产品获得利润，再回流到企业，培养、吸引人才，推出更优秀的新产品，壮大产业。事实上，由于盗版盛行，产品要么无人问津，要么盗版泛滥，企业无法获得正常的利润来维持运营，至今国内软件业根本无法和跨国 IT 巨头竞争。许多优秀人才都聚集到了外企，国内软件企业也因没有资金培养人才，吸引人才来开发优秀的产品，这是典型的恶性循环。许多软件企业都变成了外企的外包服务提供商，难以研发自主产品。这也算是中国软件业之痛。

小贴士：微软公司设立"全球反盗版宣传日"

2008 年 10 月 21 日，微软公司宣布设立"全球反盗版宣传日"，其中包括多项本地和全球性计划，在 49 个国家通过各种教育计划和执法行动打击盗版和假冒软件。这些计划包括知识产权宣传活动、创新展览会、参与合作伙伴的商务和教育论坛，以及打击假冒软件非法贸易犯罪集团的法律行动。这些举措是微软在全球范围内支持社区、政府部门和当地执法部门反盗版努力的一部分，旨在保护客户和合作伙伴的权益并宣传知识产权对于推动创新的重要意义。微软与政府、当地执法部门以及客户和合作伙伴一起，通过跨区域、国家的协作，发现软件盗版与假冒者之间的国际联系环节，打断他们的犯罪链条，从而保护消费者和合法企业免受假冒软件贸易的危害。中国也加入了"全球反盗版宣传日"的行列之中。微软的这种"反盗版宣传日"只是开始。打击盗版，还有很长的路要走。

第五节　规避行业的不良记录

为了进一步规范市场行为，营造良好的市场环境，2015 年 7 月 29 日，国务院安委会办公室下发了《生产经营单位安全生产不良记录"黑名单"管理暂行规定》的通知。该通知表明我国的安全生产有了"黑名单"。

"黑名单"的产生可以说也是市场发展的必然要求。那什么是"黑名单"呢？有资料显示，"黑名单"最早来源于西方的教育机构。早在中世纪，英国的牛津和剑桥等大学，对那些行为不端的学生，会将其姓名、行为记录在黑皮书上，一旦名字上了黑皮书，就会在相当长时间内名誉扫地。学生们十分害怕这一校规，常常小心谨慎，以防有越轨行为的发生。这个方法后来被英国商人借用以惩戒那些不守合同、不讲信用的顾客。19 世纪 20 年代，面对很多绅士定做服装，而后欠款不还的现象，伦敦的裁缝们为了保护其自身利益，创立了一个交流客户支付习惯信息的机制，将欠钱不还的顾客列在黑皮书上，互相转告，让那些欠账的人在别的商店也做不了衣服。后来，其他行业的商人们争相仿效，随后"黑名单"便在工厂主和商店老板之间逐渐传来传去，"黑名单"就这样发展起来。

2004年，世界银行启动了供应商"取消资格"制度，经过10多年的实践，已经产生广泛影响。2011年，美国贸易代表办公室发布了销售假冒和盗版产品的"恶名市场"名单，将30多个全球互联网和实体市场列入其中。还有比较典型的是美国食品和药品管理局发布的"黑名单"制度，对严重违反药品法规的法人或自然人实施禁令，禁止他们参与制药行业中与上市药品有关的任何活动。

新修订的《中华人民共和国安全生产法》于2014年12月1日起正式施行，新法确立了"安全第一、预防为主、综合治理"的安全生产工作"十二字方针"，明确了安全生产的重要地位、主体任务和实现安全生产的根本途径。其中一个亮点就是规定了事故行政处罚和终身行业禁入。如果主要负责人对重大、特别重大事故负有责任的，将终身不得担任本行业生产经营单位的主要负责人。

有了行业"黑名单"和行业禁入制度，能够规范企业行为，增强市场透明度，有效防范市场经济中的失信行为，遏制当前市场经济下失信蔓延与加深的势头，营造一个良好的氛围，重建市场信任机制。

小贴士：阿里巴巴的行业"黑名单"

目前，中国的"黑名单"制度虽然不够成熟，但在市场行为中也可以常常见到。比如阿里巴巴曾在其网站上公布了两家网络贷款的非诚信企业的"黑名单"，这两家企业都是贷款到期无法偿还。受中国建设银行委托，依据贷款企业与中国建设银行的贷款合同和相关协议，阿里巴巴对违约企业进行曝光。据悉，进入"黑名单"的这两家公司已失去申请贷款机会，同时违约企业在阿里巴巴上的账号也会被关闭，所有商业信息都会被消除。

📢 本章小结

职业操守和行业行为自律都是当代计算机行业从业人员必须具备的基本素质。任何一个IT人员，不论是企业的高层，还是普通的员工都要有职业操守。具体来说，职业操守是人们在职业活动中所遵守的行为规范的总和，它既是对从业人员在职业活动中的行为要求，又是对社会所承担的道德、责任和义务。而企业行为自律则包括两个方面，一方面是行业内对国家法律、法规政策的遵守和贯彻，另一方面是通过行业内的行规行约制约自己的行为。而每一方面都包含对行业内成员的监督和保护的机能。

作为学生，必须要培养自己的科学态度，能够做到诚实、守信。而秉承职业操守，尊重知识产权，也是一名大学生必须具备的基本素养。随着中国的行业"黑名单"和行业禁入制度越来越完善，相信以后不诚信的成本会越来越高，而坚守职业操守、严格行业行为自律将是一名优秀大学生走进社会课堂的必修课。

问题思考

1. 如何培养健康的生活情趣？
2. 如何养成良好的职业态度？
3. 如何理解诚信的重要性？
4. 如何秉持端正的职业操守？
5. 如何理解职业操守与行业行为自律的关系？
6. 为什么要保护知识产权？
7. 行业黑名单给我们什么启示？

第七章　如何成为计算机行业达人

前事之不忘，后事之师。

——《战国策·赵策一》

【学习目标】

1. 建立行业、专业、工作概念，能够分析三者之间的辩证关系。
2. 知道在走上工作岗位前，应掌握的八种职业能力及学习行为。
3. 工作后个人必须明了成为企业优秀员工的三种有效路径。
4. 切实了解成为一个合格中层干部所必须遵循的职场游戏规则。
5. 真正掌握成为一名有为中层干部所必须具备的两种关键能力。
6. 完全清楚成为一名卓越高层所必须具备的战略眼光和执行力。
7. 认同并且践行成为一名核心高层所必须强化的人格魅力修炼。

【教学提示】

1. 故事引入，分析、归纳和总结有普遍意义的个性化行为方式。
2. 通过分析个人行为可能引发的各种后果，引以为戒。

第一节　选自己喜欢从事的行业

一、发现兴趣所在

兴趣是人类活动不可缺少的元素。如果一个人的选择与自己的兴趣相吻合，那么枯燥的工作也会变得丰富多彩、趣味盎然，并由此持续产生前进动力，充满激情地不断创新和发展；反之，这个人的工作就会始终处于被动应付，就不会有好的业绩，更不会有成功的人生。

确定所学专业，首先要明确自己的兴趣所在，喜欢做什么，擅长做什么，未来想从事什么行业的什么类型工作等等。所谓兴趣，是指一个人力求认识某种事物或爱好某种活动的心理倾向，这种心理倾向是和一定的情感相联系。一个人如果能根据自己的兴趣爱好去选择求学的专业，那么他的主观能动性将会得到充分发挥，从而以百折不挠的精神去克服重重困难，甚至会废寝忘食，心情愉悦地战胜疲倦和辛劳。

了解职业兴趣，可以让自己的职业生涯少走弯路。许多考生因为缺乏生活独立性，往往很难弄清楚自己的兴趣和特长所在，这就需要你在大学期间不断认识自己，了解自己的能力和兴趣，扬长避短，成就大事。

当然，坚持自己兴趣爱好的前提是能够养活自己并持之以恒。人生在世，一技傍身远比众多爱好都要幸福得多。毕竟兴趣爱好通常都远离生产力。正如南美革命家切·格瓦拉的名言：让我们忠于理想，让我们面对现实。

二、了解学校差异

名校、非名校的差距不是毕业之后收入和学业水平的不同，而在于学校软实力造就的国际视野、校友圈子、思维方式、做事准则和自信力，并影响其一生。

成熟人的行为标准来自他的内心，而大多数人却被环境所左右。年轻人进入一所不那么优秀的学校，为了减少与环境的冲突，自我要求会不由自主地降低，以自觉"满意"地度过每一天，这种做法对自己的人生伤害是致命的。

名校最让人震撼的不仅是牛人演讲多而深邃，大师讲座理念前沿而广博，从而有效拓宽听众之国际视野，而且还有那么一种积极努力向上的氛围，并相互影响。大家都在有目标地疯狂学习，自习室永远都是人满为患、灯火通明，忙得不可开交，同学谈起学术竞赛和创新创业都特别兴奋和开心。名校能够潜移默化形成同学们自律、进取、积极、勇敢等内在精神状态，可以影响人的一生甚至几代人，这恰恰是吸引企业关注和录用名校毕业生的关键所在。一个二三流大学学生，如果能以名校标准要求自己，即使没有成为特别棒的那一个，也一定会好过现在，并受益终生。

三、如何选择专业

正如美剧《Mr.Robot》中的经典台词：life is binary（人生就是二进制），人生就是由一个个"0101"组成的无数次选择组成，选了就是1，没选就是0。

其实，真正能够决定你命运的人生抉择只有几个。大学生涯是我们进入职场前的最后阶段，专业选择十分关键，以及由此引发的后续技术路线选择，并由此满载我们的青春和回忆，值得我们永远回味。

由于各地高校的整体办学水平良莠不齐，办学条件和办学质量差异很大。同一专业在不同学校开设，其专业内涵和人才培养规格可以千差万别，同一学校相近专业的办学水平也可能是天上地下的差异。

专业不会凭空出现，而是新兴产业发展壮大后，对特定人才需求大增，进而影响高校专业设置，即专业与产业有着某种对应关系。高职院校正是通过专业设置和专业建设，来体现服务产业的办学宗旨和提升职业竞争力的就业导向。

专业之所以独立设置，就在于其专业办学内涵和人才培养规格彼此不同，承担支撑不同产业发展的重任。

① 专业内涵强调"教哪些内容"，体现服务产业发展之宗旨。受教学时数限制，不可能胡子眉毛一把抓，而只能是基于产业主流技术的专业内涵定位进行教学。在激烈的市场竞争中，技术是否主流完全凭借其市场占有率来体现，呈现你方唱罢我登场之景象。

② 人才培养规格强调"教到什么程度"，体现提升学生竞争力的就业导向。由于学生水平参差不齐，需要围绕学生主体就业岗位进行教学，并提供充足的选项，即基于岗位能力要求的人才培养规格定位，体现因材施教，不能误人子弟。

考生选择专业时，绝不能只是对专业名称的想象和猜测，而要预先做好功课，认真分析未来几年产业发展趋势，以及所报学校专业教学计划中的课程设置，充分了解学校的办学条件，全面理解其专业内涵和人才培养规格。其中，职业技能重在当下和求职，专业理论强调未来和晋升，拓展课程和人文课程看重职业迁徙，各有不同侧重，可以慢慢品味。

四、如何选择工作

无论是先就业再择业，还是直接成为心仪单位的一员，人生的首个工作，都有太多的偶然性和争取被选上的无奈。

毕业生进入社会伊始，究竟是进入稳定单位按部就班晋升，还是进入中小微企业，通过个人拼搏与企业共成长，这是个令人纠结的问题，只能仁者见仁，智者见智。

小贴士：杨元庆的人生选择

杨元庆1989年中科大硕士毕业，加盟成立不到五年的联想公司，而非同时期中关村有名的"两海两通"，纯属求职的偶然性；但杨元庆伴随联想集团跨越性发展，只用12年就从众多候选人中脱颖而出，出任年薪2000多万美金的联想CEO，就完全是个人努力的必然。人生其实就是职业生涯的偶然加必然。

第二节　提升能力成为称职员工

大学新生通过个人的不懈努力，最终成为本行业达人，这应该是每个人奋斗的终极目标之一吧。

在非洲大草原，跑不过羚羊的狮子会被饿死，而速度不能超过狮子的羚羊也会被吃掉。其实，人生不是在超越别人，就是被别人超越。你可以追求安稳、保持现状，但你的竞争对手绝不会止步不前。你可以逃避现在的困境，但你终将面对未来的绝境。当今社会风云变幻、一日千里，超越自我、终身学习成为时代的共鸣。

参加高考不是为了追求大学生的身份，而是努力学习成才。我们没有理由逃避学习，更没有理由放弃学习，我们不是为父母上大学，学习将成就我们的未来。即使没有考入理想学校，也不要生气而要争气，不要看破而要突破，不要心动而要行动。因为我们知道，求人不如求己。

为此，大学新生应该自信规划，主动提出奋斗目标；自主管理，朝着目标执着努力；自主学习，勇于亮剑战胜困难。养成战胜自我的自控能力，打造工程教育的思维方式，掌握终身教育的自学才能，形成思维缜密的工作方法，强化有效实用的职业技能，积淀扎实有效的专业理论，孕育增光添彩的职业素养，构建极客精神的创业团队等方面，尽可能多地获得提升求职和创业竞争力的敲门砖，真正做到诚以修身、敬以立业、勤以精技、和以乐群，成为用人单位最喜欢的求职者，成为创新创业的核心成功者。

一、养成战胜诱惑的自控定力

十二年寒窗苦，让太多人期待上大学之后的休养生息，沉湎于从游戏中获得个人成就感，毕竟有太多的前辈的确得了文凭，但他们没有得到谋生的技能。

通用电气董事长兼 CEO 杰克·韦尔奇曾经说过：你可以拒绝学习的机会，但你的竞争对手不会。正所谓富不学富不长，穷不学穷不尽。每个成功人士都是赢在持续学习，胜在及时改变和创新，现在的学习能力直接决定未来的竞争能力。风光一时的柯达、诺基亚、索尼都是输在不创新上。

二、打造工程教育的思维方式

1. 优劣思维而不是对错思维

文科学生和理工科学生的思维方式有着本质不同。不同于文科生为已有结论寻找理论支撑的发散性思维方式，数学、物理、化学等学科以及工程教育，都在训导学生由此及彼内在逻辑推理的收敛性思维方式，强调尊重科学，不唯上，只唯实，这是计算机类专业学生迫切需要建立和强化的思维方式。

不幸的是，高考"千军万马过独木桥"的壮观场景，必然形成带有以谋求高分为目的鲜明应试特征的中国基础教育，迫使学生主动或被动形成根深蒂固扼杀创新的"对错"思维方式，并导致死记硬背标准答案而忽视结论的内在逻辑和历史必然的过程分析，毕竟只有答案正确才能获取高分，从而给高等教育额外增加了从高中"对错"思维向大学"优劣"思维方式转变的重任。

工程实践和项目实施不仅要关注如何解决问题，这属于"对错"思维，更要强调如何理论指导实践，以最低的成本和最高的效率完成任务，这属于"优劣"思维，只有这样，才能最大限度提升企业和个人的市场竞争力。专业教学计划开设数学和物理，就是要强化学生的工程思维，而开设数据结构课程，则是要强化和培养学生的"优劣"思维。

2. 努力工作而不是重复劳动

重复劳动是将时间和精力用于低水平、低效率的工作环节，对个人能力和最终结果的提升没有任何实质性影响。需要通过努力工作，而不是荒废光阴的重复劳动，最大限度体现个人价值，就要分清重要环节，优先解决对目标结果有帮助的主要矛盾，高质量完成领导交办的任务。

三、掌握终身进步的学习能力

工作中一个人最重要的能力，不是学历多牛，不是实习经历多光彩，不是推荐信多漂亮，而是要有强大的自学能力。会学习的人无论在什么领域，即使是刚刚踏入职场，什么都不懂，也能很快掌握工作技巧；而缺乏学习能力的人，即使工作多年，看上去"经验丰富"，只要一遇到新问题，要么思路混乱，要么解决方案不切实际，这种案例太多太多。

只要没有妨碍单位的公共利益，职场中人不能要求他人无条件教你和帮你。不幸的是，计算机行业的颠覆性新技术层出不穷，不可能一技傍终身，从业者紧随大势，持续更新知识、提升技能的迫切性尤其突出，大学期间就掌握自学能力更是重要和关键。

大学是我们迈入社会前最后可以全身心投入学习，也是最值得回味、最值得珍惜的美好时光。上大学，除了需要完成思维方式转变之外，还有一个关键点就是学习方法的转变和自我学习能力的提升。

毕竟高中设置的课程内容通常可以两年进完，第三年全部用来几轮复习和模拟考。课程的每个知识点，老师都会全覆盖反复讲解，只要理解力没有问题，课后及时复习，跟上老师授课进度没有任何问题。

但在大学，每个学期都会安排至少四五门课，课程内容之间一环紧扣一环。大学课程设置的共同特点是课时少、内容多，教师授课只能讲授课程的重点和难点，不再像高中教师那样面面俱到和反复讲解。这就要求大学生课前预习、课后复习，并按照要求自学老师未传授的内容，遇到不懂的地方要及时向老师求教，由此持续提升和固化自我学习能力。

提高个人自学能力，需要从三个方面入手：

① 仔细观察，找出共性规律。

世界上所有事情，背后都有一套简单的运行规律。会学习的人，首先要会观察，将事物的个性，通过演绎归纳，探寻事物背后的本质，发现共性规律，继而推论到全局。

无论是科学研究还是人情世故，无论是商业经济，还是生物进化，支撑这些领域不断向前发展的都是简单的几条规律或真理，即人类智慧的结晶。聪明人善于从大量事实中发现共性，总结规则；普通人则顺应和利用规则，仅此而已。

② 活学活用，学会举一反三。

活学活用的最大特征就是跨领域的规则应用。只会考试，却无法解决现实中的新问题，只能被称为"死读书"。如，物理学的能量守恒定律，应用到商业领域，就成了"零和博弈"。生物进化学的"物竞天择，适者生存"理论，同样适用于职场和商业竞争。

能"活学"的人，一定会"活用"。再复杂的问题，都会变得清晰和简单。遇到新问题，首先找相似和共性，一旦发现"这不就是那什么一样的道理嘛"的时候，问题就会因为熟悉而得到解决。

③ 全面发展，增加迁移能力。

当今世界风云变幻，每个人都要主动提升自己面对环境急剧变化的应变能力。其实，急剧变化的环境一定是内部和外部同时发生改变。如果只是单一内部变化，以往的规则和经验或许足以应对和解决问题，但如果这个冲击来自外部陌生的领域，经验主义再也无法适用。此时，只有跨界学习才能更好地适应这种急剧变化，这也是为什么"Slash"一族流行的原因所在。

正因为你永远无法知道未来颠覆你所在行业认知的会是谁，即使你现在就是专家，也要让自己时刻保持傻瓜心态，求知若渴，求贤若愚，尽可能掌握多领域技能，不把所有鸡蛋放在一个篮子中。正如乔布斯名言：Stay hungry, stay foolish.

四、形成节奏合理的工作习惯

总在早晨4点前打鸣的公鸡因为扰人清梦，铁定会被杀掉；那些早上8点后打鸣的公鸡，同样会因为不履职尽责而被杀掉。有时，相互关联事情的实施效果，完全取决于操作的顺序，结果可以完全不同。好的工作方法应该是在正确的时间、正确的地点，做正确的事情。这也是为什么在面向对象技术异常成熟的今天，所有的计算机类专业仍然都会开设《C语言程序设计》这门课程的原因所在。

认真掌握 C 语言精髓，至少能够获得以下两点好处：

① 掌握功能强大的结构指针，做一个好的编程人员。

C 是最接近汇编的高级语言，既可以高效操控各种嵌入式硬件设备，支撑物联网产业发展；又能采用结构和指针，并依托基于链表的各种数据结构，完成 UNIX 操作系统、开发工具和功能平台研发，尤为 C 语言仍然拥有巨大生命力之所在。

② 学会缜密的逻辑思维方式，形成好的职业素养。

C 是面向过程的编程语言，要圆满完成既定任务，唯有深入、全面、细致地思考所编程序细节的方方面面，包括科学的设计、严密的逻辑、合理的次序、规范的编程，才能确保程序的正确性和健壮性。这恰恰是一个优秀员工应有的素质，我们可以将 C 语言形象地比喻为员工语言。与之相对应，C++ 等面向对象语言，其实并不关心按钮和控件的实现方法，而只需要知道如何调用即可，类似于领导安排工作只关心结果一样，俗称老板语言。跳过面向过程的 C 语言，而采用面向对象的 C++ 或 Java 讲授课程，不利于学生形成优秀员工思维，有些企业就是喜欢让求职者考 C 语言编程，从中分析求职者的职业素养。

五、强化实用高效的职业技能

无论毕业于什么学校，只要去单位求职，就会面临人力资源和用人部门的岗位技能测试，确认你是否拥有应聘岗位所必须的职业技能。如企业研发岗位的产品开发能力，一线销售岗位的拓展营销和沟通能力，销售支持岗位的问题解决能力，企业工程实践的项目实施能力，在线系统运行的操作运营能力，以及高校专任教师的课堂教学和学术研究能力等等，不养懒汉和有用无害是单位用人的最高法则。

每个专业都会根据产业技术发展状况，定期调整专业教学计划，开设一定数量必修课程和门类繁多的选修课程，帮助求学者根据个人需要和兴趣，强化和掌握不同的专业技能。

每名新生一入校，都要接受专业教育，并在班主任帮助下，合理规划自己的大学生涯，可针对自己的未来职业规划，有计划选修相关课程，强化特定岗位所需技能，尽可能提升就业竞争力，这一点尤其重要。

当然，任何专业技能的提升都无法投机取巧，并经反复操练才可熟能生巧，未经勤学苦练就能快速提升专业技能是一件完全不可想象的事情。

小贴士：给同学们的两条建议

1. 加入学生科技社团，提升动手能力。学院支持成立学生科技社团，并提供指导教师、耗材经费支持，鼓励更多学生在玩中学、赛中练，通过参与老师科研项目开发，持续提升自我职业技能。事实证明，经过学生科技社团扑摸滚打锻炼的毕业生，高质量就业根本不是难事。

2.寻求专业支持和指导，冲刺本专业诸如 OCM、RHCA、H3CIE、HCIE、CCIE 等顶级职业证书。高职学生如果能克服自身起点低、基础薄弱的困难，在三年时间内迎难而上，通过持之以恒的不懈努力和实操训练，取得行业顶级职业证书，并由此证明其专业理论和职业技能，已远远高于其他普通高校同类专业本科生四年的学习成就，尤其是学习态度和克服困难的决心在今天尤为宝贵，更能打动用人单位。目前，已有太多师兄、师姐凭借这类证书，突破大专学生就业瓶颈，在就业层次和就业薪酬方面取得飞跃，年薪几十万并非难事。

六、积淀扎实有效的专业理论

有效实用的职业技能只是帮助我们进入心仪单位并成为其基层员工的敲门砖。如果想谋求职位和待遇提升，就要仔细观察，有针对性弥补自己的理论功底和其他方面的短板。

人尽其才和各尽所能是当前社会化分工大协作下的工作原则，各用人单位的技术开发和行政管理架构均呈金字塔状，如图 7-1 所示。每个人的职业生涯都是从塔基向塔尖攀登的过程，只是有些人快一点，而大部分人比较缓慢而已。

图 7-1 软件人才金字塔与分工

系统分析员主要是帮助用户完成需求分析和系统主体设计，实现公司业务的流程再造，处于人才金字塔的塔尖；而高级程序员主要从事模块的详细设计和程序的代码设计，处于人才金字塔的中部。人数众多的初级程序员和程序员分界线并不明显，主要由毕业生组成，从事模块编程和程序测试，处于人才金字塔的塔基。

用人单位对金字塔每一层级中的员工要求是完全不同的，越往上走越强调逻辑抽象和超越感性经验存在的形而上学，这些都需要功底深厚的专业理论支撑和积淀。毕竟专业理论乃是前人对已有社会实践的高度抽象化总结，指导未来同类社会实践具有事半功倍的效果。

正是因为专业理论是前人对已有社会实践的高度抽象化总结，不可能以专业技能实训所惯用的边教边学边练方式，进行形象化思维教学。抽象理论教学绝对不能因为理论的艰涩难懂，就放弃或懒于思考，放弃理论积淀就意味着放弃未来发展后劲，迫切需要同学不自卑、不懈怠、不马虎、不浮躁，迎难而上，多想多问，最大限度提升自己的抽象逻辑思维能力，为未来职业生涯打下坚实的理论功底，毕竟任何单位都不可能为一个新人而改变已有的游戏规则。

七、孕育魅力十足的个人素养

良好的职业素养是入职前提升求职竞争力的敲门砖，甚至比知识和能力更招用人单位喜欢。那些秉持职业操守和科学态度、品德修养和综合素质俱佳的职场新人，很容易获得用人单位的青睐。

一开口就讲困难，成长远离你；一付出就想回报，机会远离你；一做事就想利益，收获远离你；有起色就谈条件，未来远离你；一合作就想多赚，事业远离你。其实，成功的秘诀就在于多付出，就在于我愿意。

目前国家大力倡导工匠精神的本质内涵，其实就是精益求精和规范工作的软实力。一个人如果能够全情投入自己的工作，不苟且、不应付、不模糊，其实这就是职业尊严。拥有严谨工作习惯的员工，更能让领导放心。

在大学阶段，孕育良好个人职业素养有两个途径：

① 学习专业课程，不仅要提升专业理论水平，强化职业技能，更要形成科学设计、严密逻辑、合理次序、规范编程的严谨工作态度，确保所编程序的正确性和健壮性。毕竟一个很小的程序 bug，就可能让上天的卫星爆炸。

② 参加文体社团，能修身养性，提升内涵素养，强化协调组织能力，学会方案编制策划，掌握辩论演讲技巧，还能学会待人接物，跨领域广交志同道合的朋友，编织最原始的人脉关系网，个人的市场拓展和社交能力自然水涨船高。

良好的职业素养和严谨的工作习惯，需要长时间的行为自律才能逐步形成。只有在学生时代就养成做完作业再去玩的良好习惯，才能在工作时做到邮件处理不隔夜，不让问题得不到及时解决。毕竟明日复明日，明日何其多，我生待明日，万事成蹉跎。千万不要指望工作以后再去弥补缺陷，习惯成自然。改变习惯既痛苦，成本也很昂贵。

八、构建极客精神的创业团队

1. 思想观念

根据一项民意测验，54.9% 的"90"后崇拜商界精英，其次 31.2% 是崇拜领袖伟人，而崇拜娱乐明星的仅占 24.4%，排名第四。

这些"90"后标榜自己是独立、奋斗的一代，崇拜商业精英坚守梦想的执着精神，不以金钱为唯一指标，对"活着就是要改变世界"的观念，有强烈的认同和归属感。这些新人因为失无可失，便可轻装前进，在找准行业风口的前提下，愿意赌一把，毕竟一眼看到老，实在让人不甘心。此时，避免入错行至关重要。

小贴士：极客精神

极客（Geek）主要是指一些基于计算机技术、对电脑有莫大偏爱、喜爱一切新鲜事物、喜欢将业余时间耗在网络上的社会性人群，并构成一个教育程度高、超信息化的地下社会。极客的理想是在互联网上创立一个信息绝对自由的理想社会，并保护其纯洁性，反抗任何商业性入侵。

极客强调的是原创和新奇，不认可盲目的跟从和愚昧。极客精神的核心是发自内心的热爱，有一颗玩者之心，通过极致的想象力和极致的自我，持续追求更加卓越的解决方案，让一切在完善的过程中不断变得更加美好。

极客精神落实到产品研发，就是全身心投入，研发出能够满足用户需求的极致产品，自我突破，追求第一，时刻保持产品的巅峰状态。极客精神是互联网企业取得成功所必须的基本精神。

2. 学生创业

不是所有人都适合创业，也不是所有人都适合当老板，这其中有更高的职场素质要求。每一个准备创业的学生，都要问自己三个问题：

首先是自己与创业团队是否能力互补并独当一面，是否对商业拥有出色的洞察力和执行力，是否对创业领域拥有明确的技术优势，不能为创业而创业。互联网环境下的创业公司，不可能像成熟公司那样一切按流程成长，企业发展永远排在第一位，慢了就等于失败。创业初期，每个人身兼数职是标配，今天站台给投资人讲故事，给新人画大饼；明天看到后勤、财务、行政等岗位缺人，也要能贴上去，抵挡一阵。创业公司在野蛮成长，Hold 住，世界就是你的，Hold 不住，就会跟不上核心创业团队前进的步伐，成为累赘而边缘化。

其次是创业团队是否拥有共同追求的心中理想，以及打不死的创业情怀。如果创业只是为了赚钱，既容易为挣昧心钱而突破道德底线，也容易因为挣钱的着力点分歧和分配不均而分道扬镳。当你想和别人谈情怀谈梦想谈未来估值的时候，别人却要和你谈薪水谈期权谈福利待遇。唯有共同的心中理想，创业团队才会彼此携手，克服困难，坚持前行。

第三是自己与创业团队是否拥有追求卓越的极客精神。唯有极客精神才能开发出客户喜爱的优秀产品，这是互联网企业取得成功所必须的基本素养。唯有全身心投入，让工作成为生活，才能甘于享受为自己卖命的艰辛创业过程。

只有上述三个问题能够得到正面回答，学生创业团队才有可能创业成功，并结出丰硕成果。此时，年轻人失无可失，在条件许可前提下，要相信自己的直觉，遵从自己的内心，去做自己想做的事情。当然，失败的创业经历仍然能够激发人的发展潜能，是一个人的宝贵人生财富，并受用终身。

3. 政策扶持

2015 年，李克强总理在政府工作报告提出要大力推动大众创业、万众创新，让人们在创造财富的过程中，更好地实现精神追求和自身价值。

大学生创新创业，可在创业地申请一次性创业补贴，在经认定的创业孵化基地创业，也可享受一定场租水电费补贴。

同时，各级政府也在积极营造宽松便捷的市场准入环境，打造创业创新公共平台，完善创业投融资机制，大力发展创业担保贷款，加大减税降费力度，鼓励网络创业，支持大学生和科研人员创新创业，积极营造大众创业创新氛围。

第三节　端正态度争做优秀员工

企业以生存和发展为目标，要求员工最大限度为企业创造利润，并给予能够体现员工价值的报酬。企业无法仅凭几次面试，就真正了解求职者的能力价值；因此，学历、职称、技能证书等外在因素一般只在员工求职时发生作用，并从统计学角度提供个人评价信息。

大学生走上社会，即刻变成需承担社会和家庭责任的社会人，变成校友。此时，即使文凭学历不高，但只要你能在工作中持续展示自己的不可替代性，仍然能够获得企业的认可和晋升，只是需要比其他高学历者付出更多的额外努力。

一、提高品德修养，成为单位最受信任之人

司马光在《资治通鉴》中，对德才关系进行了精辟论述，即德才兼备是圣人、有德无才是君子、有才无德是小人、德才全无是愚人，并强调如果找不到圣人和君子，宁可要愚人，切不可要小人。

良好的品德是入职后拓展个人职业生涯的锐利武器。某些行业已建立黑名单制度，对违规者实施行业禁入。职场中，精明的最高境界是大智若愚，不占小便宜，不玩小聪明，不搬弄是非，忠于职守、顾全大局，诚实守信、谦逊厚道，克制自律、遵规守纪，甘于谦让、乐吃明亏。对于公司给你的平台和同事对你的帮助，能够心怀感恩之心，并在公司遇到困难时，做到同心同德、同舟共济、同甘共苦，你自然就会信用良好，广结善缘，受人信任，单位没有理由不培养你、重用你。

二、端正工作态度，成为单位最受欢迎之人

1. 态度决定结果

工作态度是对工作的评价与行为倾向，包括对待工作的认真度、责任度、努力度等等，直接决定工作结果和工作效率的好坏高低。

无论是职业人还是创业者，每个阶段和每个角色都会有对应的难题，绝不会厚此薄彼。当然，发现问题和及时反映问题还不足够，深入思考并快速提出解决方案才是正确做法。公司出现问题恰恰是你脱颖而出的机会，抱怨公司就是在放弃机会。工作失误，千万不要争辩，不要推卸应负的责任。

一个工作态度积极的员工，无论从事什么工作，都会有激情，有浓厚兴趣做好它，而且还是说干就干，马上执行；而一个态度消极甚至扭曲的员工，只会把工作当成敌人对待。职业态度决定职业生涯，态度错偏、气度促狭、喜欢偷懒的人，上帝也无法帮他成功。

当今社会，与知识鸿沟、收入鸿沟同时诞生的还有休闲鸿沟，即学历高的普遍忙于学历低的，发达地区普遍忙于落后地区。收入高的人并没有享受更多的休闲，因为他们认可时间的价值，舍不得浪费时间。忙的人一般效率会更高，更容易对抗失败和拖延。

小贴士：麻将精神

不管你从事什么工作，处于什么岗位，只要能用麻将精神去工作，就没有做不到和做不好的事情。麻将精神其实就是团队至上、互相补台，从不个人奋斗；积极主动、随叫随到，从不拖拖拉拉；敬业爱岗、专心致志，从不在乎环境；勤勉发奋、善于学习，从不停顿创新；担当负责、自我反省，不管牌好牌坏；坚韧执着，充满理想，从不抱怨加班；永不服输，推倒重来，从不轻言放弃。案例之多，数不胜数。

2. 心态决定感受

每个单位都会有优缺点，世界上没有一份工作是能让人 100% 开心的。刚刚大学毕业之人切忌频繁跳槽。跳槽的理由一定要充分，如谋求发展机会、弥补能力短板，而非简单加一点工资，跳槽应得到原雇主的理解和尊重。

当开始怀疑当前工作是否适合自己并产生跳槽念头时，需要马上弄清楚，究竟是自己能力无法胜任工作的不合适，还是因为个人没有尽力融入公司，让自己觉得不合适？

著名的伤痕心理学实验强调，有什么样的内心世界，就能感受到怎样的外界眼光。从容的人多是感受到平和的眼光，自卑的人多是感受到歧视的眼光，和善的人多是感受到友好的眼光，叛逆的人多是感受到挑衅的眼光。如果一个人长期抱怨自己处境冷漠、遭遇不公，就需要反思自己的内心是否缺少阳光，认知是否出现偏差。

每个职业人都需要快速提升自己的抗压能力和耐性，要学会逼迫自己。忍耐通常会比较痛苦，而成功往往就是因为承受了常人无法承受的痛苦，才会最终实现，千万不要只差那么一丁点就放弃，要认清工作的意义，放空自己持续提升，要学会换角度思考感受快乐，学会欣赏，并用感恩和阳光心态来化解矛盾。不能一遇到问题、受点委屈就想着跳槽，这只会让用人单位敬而远之，从而丧失个人能力培养和出头机会，丧失与企业共成长并享受最后胜利果实的机会，毕竟跳槽需要在新单位重新开始各种积累。

其实，初入职场，大家都在悄悄观察你的工作表现和职业态度，除了你的直系领导，绝大部分人既不表扬你的良好表现，也不会批评你的工作失误，并以这种不喜不悲的态度，展示其职业成熟度。这一阶段，良好的悟性和学习能力是你最大的竞争能力，直接决定工作环境的优劣。职场中经常被领导批评的人，境遇并非最糟糕。那种被领导视如空气、束之高阁的人，才是职场的出局者。

只要我们能从工作中学到有用的东西，没有虚度光阴，我们就要坚持，持续提升个人对行业影响力。

我们切忌因为领导总把难题和任务交给你而心怀不满、口出怨言，其实遇到愿意给你机会、放手让你提升经验的伯乐是一种幸运，需要倍加感恩和珍惜。当然我们也不能因为领导器重，个人价值得到公司认可而飞扬跋扈、自以为是，圈子其实很小，好事不出门，坏事传千里，名声非常重要。

三、强化职业技能，成为单位最受器重之人

学生毕业后进入一个单位，一般是单位培养投入大于工作产出，然后随着该员工能力素养的持续提升，单位投入开始获得越来越多的回报，需要主动或被动给予员工必要的薪酬晋升。当然，随着员工薪酬的持续增加，就有可能再次出现单位投入大于工作产出的情况，一些单位往往会裁撤边缘化的老员工。

能够为企业创造最大利润是你存在的核心价值，能力提升至关重要，切忌不懂装懂，需要通过主动学习，不断强化自己的可迁徙能力和不可替代性。

企业对这个层级的员工要求是在达到品质要求前提下，完成工作任务，优化执行效率，此时个人才气很重要。

如吴士宏以初中学历，做了 10 年街道医院护士，却依靠一台收音机，用一年半时间自学完许国璋三年英语教程，通过英语自学考试和外企的公开招聘，历经艰辛成为 IBM 公司的内勤人员。为了提高打字水平，夜以继日的苦练让吴士宏的手指长时间拿不住筷子；为了通过计算机语言考试，吴士宏又用 14 个夜晚啃完一尺半高的教材；为了从事销售业务，吴士宏把自己关在家里对着墙壁练习绕口令，熟读专业术语，最后导致咽喉充血而不能吞食。吴士宏在 IBM 工作 12 年，以勤奋好学和拼命工作著称，最终改变个人命运，成为 IBM 中国公司高管，后又担任微软中国公司总经理。

其实在企业，学历很重要，而能力更重要；能力需要知识支撑，知识需要精神转化。吴士宏的人生经历充分说明，我们虽然无法改变毕业生的在校文凭层次，但可以通过人才培养，有效提升毕业生的未来职业能力、就业层次和就业质量。我们计算机学院学生陆续实现 CCIE、OCM、RHCA 行业顶级认证零突破并持续批量培养，他们的工资起薪远高于本科学生并获得快速晋升，年薪几十万不再是梦想，也从另一个侧面验证了上述道理。

第四节 团结高效迈入合格中层

如果你个人品德良好、态度端正、能力不凡，就很容易获得职位晋升，成为企业某一层级的中层干部。不同于一人吃饱全家不饿，中层干部迫切需要提高管理能力。

一、讲政治、顾大局，服从命令听指挥

系统论的最优化原理告诉我们，若干最优子系统构成的大系统绝对不会是最优系统，即最优系统一定存在不优的子系统，甚至是最坏的子系统。这就要求局部利益服从总体利益，短期利益服从长远利益，系统优化不可能让所有人满意。

企业要快速发展，迫切需要大家劲往一处使，心往一处想，力求企业效益最大化，否则很难在激烈竞争中胜出。为此，中层干部履职尽责，要做到两点：

① 己所不欲，勿施于人。正职讲政治，要有政治意识和大局意识，杜绝诸侯思想，切忌形成藩镇割据和狭隘部门利益，削藩博弈只会造成两败俱伤的严重后果。副职讲政治，是要有核心意识和看齐意识，维护正职权威，切实做到鞍前不越位，马后不掉队。

② 不扯困难，不讲价钱，不谈条件，不折不扣地执行上级命令。面对困难，要以想干事的愿望和快干事的热情，积极创造条件，努力完成任务，并由此体现团队执行力，确保政令畅通。

二、讲和谐、促团结，齐心协力聚人心

俗语曰，人心齐，泰山移。一个人能力有限，团结就是力量。一个中层干部理应关心群众利益，维护班子团结，切实做到奉公守法、廉洁自律、公平公正、恪尽职守，努力营造和谐良好的工作氛围，让部门员工敢干事、愿干事、想干事，不抛弃、不放弃，一家人、一个梦，一起拼、一定赢。

每名中层干部都要正确处理好正职和副职的关系，正职要少点霸气，多点和气，副职则要少点怨气，多点服气。

当好正职，迫切需要处理好以下六大关系：

① 领导与服从关系。正职作为领导集体的核心，主持部门全面工作，同时对本部门和上级负责。

② 全局与局部关系。正职要总揽全局，处理好局部利益与全局利益的辩证关系，不要搞小圈子，手心手背都是肉。

③ 决策与参谋关系。正职拥有决策的权力，决策离不开调查研究和集思广益，

要充分听取副职的意见和建议，切实做到充分尊重、有效沟通。

④ 工作与生活关系。正职既要在工作上严格要求副职，也要在生活上尊重关心副职，不能随意否定副职的合理要求。

⑤ 团结与批评关系。带好班子是正职的主要职责。既要团结和谐，也要批评帮助，不能只讲团结而忽视批评。

⑥ 总揽与放手关系。正职既要充分信任，做到合理授权，帮助和放手副职工作；也要围绕中心，主抓重点工作。

同样，作为班子成员，副职是正职的助手，协助正职分管某项具体工作。当好副职，需要注意以下八个方面：

① 甘于寂寞，不与正职比高低。做到不卑不亢神志清醒，坦坦荡荡，不吵闹有所作为，不哀怨忘记小我。

② 善于站位，到位不越位，帮忙不添乱。忌抢帅位，私自当家；忌挤将位，越界干预；忌占士位，包办代替。

③ 互相补台，我为人人，人人为我。切忌冷嘲热讽，让正职难堪。主动维护正职权威，分担压力。

④ 诚于辅佐，甘做绿叶，赤诚待人。做到正职权威维护要诚，助手参谋履职要诚，工作安排落实要诚。

⑤ 巧于协调，团结出战斗力、出凝聚力、出生产力。重点协调好上下左右关系，共同唱好团结歌。

⑥ 妙于争气，争气不争功。做到以才感人，学识渊博，才华横溢；以德服人，自重自省，自警自励；以绩昭人，履职尽责，屡创佳绩。

⑦ 循于适度，把握分寸，大智若愚。做到尊重而不奉承，服从而不盲从，揽事而不揽权，谋事而不独断，谦虚而不怯弱，纠偏而不过当，有才而不凌弱。

⑧ 从于全局，养成识大体、顾大局的优良品格。做到心系全局，服从全局，维护全局。

三、讲创新、练内功，真抓实干谋发展

当今世界万马奔腾，逆水行舟不进则退。要提升和保持企业的社会影响力和核心竞争力，就必须紧紧围绕企业发展战略，苦练个人内功，提升团队实力，并以敢干事的勇气和会干事的本领，积极拓展企业生存空间，强化团队对于企业的核心价值和关键性作用，持续提升团队的影响权重和不可替代性，对员工负责。

作为公司中层干部，绝对不能容忍企业遭受失败，唯有携起手来，带头讲学习、做表率、强技能、补短板、齐心协力、共同奋斗，通过奉献青春、热血、辛劳和汗水，一起创造美好未来，在战略层面摆"空城计"只会死路一条。

第五节　开疆辟地晋级有为中层

如果能讲政治、讲和谐、讲学习，你就是一名合格的中层干部，但要成为有为的中层干部，还要强化两点，即既要做一名能向上级负责的优秀管理者，更要做能够引领团队前行的卓越领导者，二者不可偏废和对立，而且后者更为重要。

当然，普通员工同样是能管控个人行为和展示执行力的管理者，以及合理规划个人职业发展的领导者，并要在日常工作中，持续展示个人的强大自控力和极高悟性，以此表明自己已具备一个优秀管理者和卓越领导者的潜质，从而获得更多晋升机会。一个连自己都管不好的人，又如何去管理别人和一个团队？

项目管理能力是你能否独当一面和获得晋升的关键要素，缺乏项目管理能力，你只能永远当员工。只有当你的管理意识越发清晰，工作方法越发娴熟，自信心越发充沛，项目自然就越做越大，职务也随之晋升。

一、做一名优秀的管理者

管理者的主要职责是管好人与事，不越权不越界，依规行事，做个本分的守成者，确保部门秩序正常。好的管理者应该具备较强的项目管理能力，能长时间、高强度处理复杂的业务逻辑，举重若轻地处理繁杂的数据信息，并在关键处提出解决方案，供上级决策，最后还能坚决高效执行，切忌总是提问题而不是提建议。

管理者需要凝聚人心、带好队伍，无条件完成上级下达的任务，认真落实上级的战略部署。具有工作务实高效、过程举轻若重、结果保质保量、不打折扣等鲜明特点。管理者完成的是规定动作，体现的是管理者的执行能力和工作态度。

任正非曾在《在理性与平实中存活》一文中提出，产品发展的目标是客户需求导向，企业管理的目标是流程化组织建设。第一句说的是领导如何做正确的事情，第二句说的是如何用正确的方式管理。只有坚持以顾客为中心，建立流程化的组织，企业才能永远有灵魂。

二、做一名卓越的领导者

1. 领导者的主要职责

领导者的主要职责是拥有足够的远见与胸怀，能够准确把握社会的未来变化与潮流趋式，抢抓机遇，谋求生存空间。领导者要对现状有足够认知，敢于暴露自身不足，通过以身作则，引领和规划团队变革，力求形成共同愿景，并最终决定企业或部门能走多远，能到多高。

领导者最忌讳三种思维定势，即从众定势，跟在别人后面，得过且过；唯经验定势，依惯性思维按传统经验办事；自我中心定势，守小摊子，自我感觉良好，只看成绩不看差距。

其实，国家灭亡、公司破产、事业不顺都是因为缺乏危机意识被自己打败。迷失方向只会做多错多，漠视问题自然积重难返，抗拒变革必然错失机遇，内部分裂只能走向末路。

2. 领导者的工作理念

领导者需要树立部门经营理念，并以工作创新自我加压的形式，创造性落实上级的战略部署，具有目标务虚创新，过程举重若轻，结果影响深远等鲜明特点。领导者完成的是自选动作，体现的是领导者的创新能力和创新思维，内容包括策划变革、制定战略、把握方向、推动创新等内涵建设。

企业对这个层级的员工要求是将下达的任务与指标，拆解成动作，并安排恰当人员组合或团队次序完成。此时，需要控制人心，安排动作序列，分解风险，确保任务完成和指标实现。此时责任心和执行力价值远大于个人才气。

小贴士：明晰使命的"叛逆者"——王小川

1996 年，王小川凭借国际信息学奥林匹克竞赛金牌而被清华大学特招。1999 年，开始在 ChinaRen 兼职，为 ChinaRen 研发网站内容管理系统，使得 ChinaRen 成为首家通过机器自动生成相关新闻内容的网站，极大提升了网站内容编辑效率。

2000 年，随着 ChinaRen 被搜狐收购，王小川转至搜狐，开启以兼职学生身份带领全职技术团队的职业生涯，并在 2003 年正式加盟搜狐，承担起搜索引擎的研发任务。王小川利用以往兼职经历的优势，将公司给予的 6 个全职名额转换为 12 个以清华大学信息竞赛人才为核心的兼职大学生，迅速组建起研发搜索引擎的兼职特种部队，并用 11 个月时间开发出搜狗搜索引擎，震动了业界。2005 年，王小川成为搜狐最年轻的副总裁。

2008 年，30 岁的王小川悟出了构建输入法—浏览器—搜索引擎的三级火箭战略，希望以此打破搜索市场已有垄断格局，但未能被当时包括公司 CEO 张朝阳在内的许多人理解。这一年是王小川人生最为艰难的一年。一方面，自己执意要做的浏览器项目无法得到老板的理解和支持，被调岗交权，受到冷遇；另一方面，还要面对父亲去世和女友分手等事件。此时，王小川仍然初心不改，坚信"事情能够做成"。也正是凭借这股"能成"的信念，他在公司没有人财物投入的情况下，一边按照公司要求认真研发视频 P2P 项目，一边从各个项目组找人在业余时间继续研发，最终将项目做成了支撑公司发展的第二极。事后，他自己形容那种感觉是"虽然困难，但就像怀了一个孩子，总要尽全力将他生育、抚养下来"。王小川性格里的这种坚韧，正是他后来能够成功的重要因素。2009 年，王小川因在推动搜狐技术驱动文化中起到的关键作用而出任搜狐公司 CTO。

2010 年，"360"的周鸿祎在王小川提出搜索引擎与浏览器联动的技术模式之后，发布了"360"浏览器，并主动向张朝阳发出入股邀约，希望获得搜狗浏览器。王小川深知浏览器的重要性，对此极力反对。除了以周鸿祎重视浏览器来说服张朝阳外，还借用阿里驱逐"360"，促成马云入股搜狗，使得搜狗从搜狐分拆出来独立运营，王小川出任搜狗公司 CEO，全面负责搜狗战略和运营管理。搜狗公司经过多年持续高速增长而成为中国第三大互联网公司。

第六节　坚持创新迈入卓越高层

卓越的高层领导往往都有优秀基层工作经历，他们的专业能力强，逻辑缜密，能够把产品、技术和商业良好结合，如马化腾、周鸿祎、张小龙、王小川等等。

企业对这个层级的员工要求是心力，无穷无尽的操心能力。毕竟资源永远有限，战略常常在变，手心手背都是肉，永远没人满意而心累。

这类人首先必须是一个好的领导者，能够制订企业发展战略，不断引领企业前行；同时，还要是个好的管理者，明确任务优先级，配置资源，鼓舞士气，确保战略得到执行，方向不出现偏差。

一、坚持创新，颠覆行业，引领方向

小贴士：微信之父——张小龙

作为中国软件业和网络业的一名老兵，张小龙从一个普通的互联网产品经理，演变成今天红极一时的热门人物，背后付出的心血和努力太多太多。

2010 年 11 月，一向沉默寡言的张小龙给马化腾写了一封邮件，建议腾讯开发移动社交软件，并强调移动互联网时代必将迎来一个能对 QQ 构成致命威胁的全新通讯工具，必须要有勇气自我革命，以此主动向公司高层展示自己卓越领导者的战略眼光和创新能力。马化腾很快回复邮件，明确张小龙的广州研发部立即启动项目研发。此时，腾讯内部还有两个团队正在开发类似微信的产品，因为是要革 QQ 的命，进而影响腾讯从移动运营商获得的巨额利益，微信类产品研发并非一帆风顺。正是张小龙对产品研发超乎想象的偏执，率领团队不懈努力，才让微信赢得了最终用户，并在三个研发团队的产品竞争中取得关键性胜利。

微信的成功是执行力与决心、对细节的关注度，以及主导者格局的胜利。没有决心和执行力，不可能在腾讯内部异军突起，没有对细节的关注，不可能后发制人，没有格局，就不会持续不断、有条不紊搞出自我革命的新境界。

正是因为在QQ邮箱和微信两大产品研发中的卓越表现，张小龙于2011年8月出任腾讯高级副总裁，参与公司重大创新项目管理和评审工作，成为腾讯核心高管。2014年5月，张小龙任微信事业群总裁，由公司总裁刘炽平直接领导。

小贴士：互联网界的鲶鱼——周鸿祎

与BAT几位大佬相比，周鸿祎是互联网时代的一个无法回避的重要人物，他一手创办"360"公司，通过发挥鲶鱼效应，已经有效改变了中国互联网的生态环境。

1998年10月，为了实现"让中国人用母语上网"的理想，28岁的周鸿祎创建了北京"3721"科技有限公司，并推出"3721"网络实名的前身——中文网址，开创中文上网服务之先河，并于1999年正式提供网络实名中文上网服务。

2001年，"3721"公司在中国互联网企业中率先盈利。2004年4月，雅虎出资1.2亿美金购买了香港"3721"公司，周鸿祎出任雅虎中国总裁，全面负责雅虎及"3721"公司战略制定与执行，并推出"一搜网"、1G免费邮箱等多项互联网业务。

2006年8月，周鸿祎成立奇虎"360"科技有限公司，出任董事长。通过推出"360"杀毒永远免费的商业模式，以及持续产品与技术创新，有效改变互联网安全概念，彻底颠覆传统防病毒产业链生态和市场格局，并迅速成长为中国最大的互联网安全服务提供商。2011年3月，奇虎"360"在美国纽交所上市，以上市当日开盘价计算，周鸿祎身价达到5.8亿美元。

"360"与腾讯的"3Q"大战，客观上改变了互联网产业生态，促使互联网大企业走向开放共赢，开始培育上下游生态圈的战略转变，影响深远，意义重大。

二、瞄准目标，积蓄力量，抢抓机遇

1986—1989年，本书主编在中科院沈阳自动化研究所攻读硕士研究生，师从谈大龙先生，其最大收获，不仅是掌握研究科学问题的有效方法，而是明白超越时代的战略眼光能够让一个单位、一个人实现腾飞。有时候，一个单位或一个人即使基础条件薄弱，不具备所需外在条件，仍然可以借助卓越眼光，整合资源，提前布局，借势发展。

1972年，吴继显、蒋新松和谈大龙三人联名向中国科学院提交《关于人工智能及机器人》报告，成为国内首份开展机器人研究的建议，但被否决。

图 7-2 蒋新松

图 7-3 谈大龙

1978 年，蒋新松晋升副研究员，任机器人研究室主任，1980 年升任所长。蒋新松开始组织队伍，全力推进机器人研究，定期去北京向老领导、老专家游说，寻求支持。此时，沈阳自动化研究所无论是在科学院的地位和影响力，还是人员队伍的职称方面，都无法与中科院北京自动化所、清华大学相提并论。

1986 年，国家正式发布"863"高科技跟踪计划。由于沈阳自动化所前期准备充分，所长蒋新松脱颖而出，首任"863"自动化领域首席专家、二部部长谈大龙担任自动化领域智能机器人主题专家组组长。国家投入 5000 万进行国家机器人示范工程建设，沈阳自动化所一跃成为自动化领域技术跟踪牵头单位，从而迈入国家一线研究所方阵，之后孵化出的新松机器人公司成为推动中国机器人产业飞速发展的重要主力军。

第七节　人格魅力修炼核心高层

每一个伟大的企业都会有一个教父级别的核心、灵魂人物。企业对这种层级的员工要求只能是愿力，拥有极具前瞻性愿景特质，能够推动相关资源方做出战略决策，获取战略资源。只要他想，可以通过沟通说服，要钱有钱，要人有人。

一、把股权分光，企业反而越做越大的段永平

1. 因股份而出走创业

1989 年 3 月，段永平人大研究生毕业，到中山怡华集团下属的一间亏损 200 万元的小厂当厂长，决定转型研发能连到电视玩打蜜蜂或超级玛丽的小霸王游戏机。段永平亲自管理研发和营销两个部门，没几年销售额就突破 10 亿元。

由于段永平当年的老板心胸狭窄，认为小霸王已经打下的江山，难道你段永平还能再抢了去？不愿给段永平及其团队以合理股份。

1995 年 9 月，段永平带着 6 个骨干到东莞成立步步高，并谨守一年内不跟小霸王在同行业和国内市场竞争的君子协定，主推 DVD、电话机，并快速进入行业前列。小霸王的渠道、研发骨干因为受到排斥而陆续投奔段永平，没过两年，小霸王的市场尽为段永平所有。

2. 因创业而利益分享

之前的人生经历让段永平知道，家族式企业很难长久，只有让骨干员工分享利益，才能让企业获得持续生机。与其让手下出走，跟你对打而一无所有，还不如分出股份给能干的手下，共同把企业做大，自己乐得逍遥，还能分大钱。

2001 年，段永平开始向员工稀释股份，并退居幕后，成为旗下公司的精神领袖。由于当时大家都没钱，段永平就借钱给大家持股，并提出企业挣钱就用红利偿还，赔了就不要了，这是一种什么样的气魄啊！

为此，段永平出资 3000 万成立 OPPO，交由陈明永负责；而将旗下通讯事业部独立发展，交由沈炜负责，进而演变成今天的 VIVO。在步步高裂变成多家公司后，段永平成为非控股董事长，只占 OPPO 一成股权，VIVO 两成股权。

3. 因分享而传承文化

陈明永也好，沈炜也好，跟随段永平多年，既领悟了渠道管理和产品研发理念的精髓，更领悟了段永平"大舍即是大得"的道。在段永平人格魅力感召下，OPPO 的陈明永和 VIVO 的沈炜效仿段永平，只占各自公司一成的股权，其他股份利益分享给共同打拼的兄弟和跟随多年的代理商。

无论 OPPO 和 VIVO 面临怎样的外部冲击，企业员工都有血肉的感情，因为是给自己干活，离职率极低，大家自愿与风暴中的大船共存亡。

企业文化看似很虚，却是一个公司最根本的灵魂。OPPO 和 VIVO 两家相互竞争激烈，却拥有共同企业文化与核心价值观，即源于段永平的"守住本分"，并把事情做正确。如果知道是错事还去做，那就不是本分。

段永平曾阐述"本分"的含义，既是付出代价时的坚持，不违背企业原则；也是有自知之明的专注，精准把握，不好高骛远；更是待客以诚的兑现，实现承诺，做好服务；特别是稳中求进的冷静，不急于扩张，只做他人难以应对的强项，绝不成为过度造势的木桶。

二、立志拯救人类而非挣钱的亿万富翁埃隆·马斯克

1. 学习成长

8 岁的马斯克已通读大英百科全书，并阅读海量科幻小说，确信人类应该探索拯救世界，足迹遍布宇宙。10 岁，拥有第一台电脑，开始学习编程。12 岁，成功设计一个名叫 Blastar 的游戏，并以 500 美元售出。

马斯克喜欢在学校纠正同学错误，让人觉得他自大无礼。同学们开始疏远和欺

负他，甚至被一群坏小子推下楼梯，殴打至昏迷。在校受欺凌，在家不开心，马斯克变得内向，开始思考如何改变自己和他人的生活，想以此证明自己也是一个值得被人爱戴、赞扬的人物。

21 岁，马斯克依靠奖学金进入宾夕法尼亚大学沃顿商学院，获得经济学和物理学双学位。

2. 投资创业

24 岁，马斯克获得斯坦福大学研究生奖学金，准备攻读应用物理与材料学博士学位。因为无法旁观互联网时代的到来，入学两天即辍学，并与弟弟联手创办 Zip2 公司，为媒体和电商客户提供商业目录和地图。创办伊始，公司只有两千块钱，一辆旧车，一台电脑。4 年后，康柏公司用 3.07 亿美元现金和 3400 万股票收购 Zip2。马斯克获利 2100 万美元。

此时，28 岁的马斯克又与人合办 X.com 公司，专注金融和电子邮件支付服务。一年后，X.com 与 Confinity 合并，成立 PayPal，并引起电子商务巨头 eBay 的注意。2002 年，eBay 以 15 亿美元现金收购 PayPal。31 岁的马斯克拥有其中的 11.7% 股份，约值 3.28 亿美元。

3. 拯救人类

基于孩童时期对人类未来生存的质疑，在卖掉 PayPal 之后，已是亿万富翁的马斯克并未考虑做什么最容易挣钱，而是思考做什么最有可能影响人类的未来，并进行了一系列最不明智、最不可思议的商业冒险，涉猎行业都是罕有成功先例的国家层级前沿领域。包括：颠覆传统汽车概念的新能源汽车特斯拉和家用屋顶光伏电站，以商业航天发射市场 1/10 的成本实现人类太空商业旅行的 SpaceX，还有从旧金山到洛杉矶只需 45 分钟的胶囊火车等等，而其中任何一项技术的规模化应用，都将彻底改变人类的生活，从而被《时代周刊》誉为"当今最伟大的创新者"。

4. 人生冒险

正是美国的冒险和创新精神，不到 40 岁的马斯克就实现了在互联网、清洁能源和上太空三个领域的人生理想。

当马斯克带着几亿美元去各大公司兜售个人想法时，几乎是一呼百应，因为马斯克让这些技术精英意识到，这是一个梦想成真的时刻，在大公司永远都不会有这样的机会，如果不能立刻行动，将来躺在棺材里都会跺脚后悔的。

2008 年，美国金融危机爆发，马斯克迎来了人生低谷。火箭三次发射失败，数千万美元投入化成火球。因为研发成本过高，在特斯拉 2010 年 6 月纳斯达克上市前几天，《纽约时报》还在报道马斯克和特斯拉项目濒临破产。

他在特斯拉办公室，要求员工们要么投钱，要么公司倒闭，并劝说其他投资人，将个人财富继续投资公司业务，持续解决特斯拉资金问题。

2010 年 12 月 8 日，马斯克的 SpaceX 公司研发的"猎鹰 9 号"火箭成功将"龙飞船"发射到地球轨道，这是全球有史以来首次由私人企业发射到太空并顺利折返的飞船。整个宇航界为之震动。NASA 计划 2011 年以后，将依赖像 SpaceX 这类私人公司将物资送入国际空间站。

2011 年，马斯克坦诚将所有的未来赌在火箭和电动车上非常冒险，但又表示，不这么投入，才是最大的冒险。

其实，驱使段永平、史蒂夫·乔布斯、马斯克，以及任正非、史玉柱和乔治·霍兹创业的动力，并非兴趣和爱好，而是理想，他们的共同点也许只是对理想的热爱和无限追求。比如，乔布斯的理想是"改变世界"，比尔·盖茨的理想是"让每个家庭的桌面都有一台电脑"。

我们需要同学们去寻找自己的理想并回答下列问题：

① 任正非如何依靠 2 万元集资，白手起家，在只保留 1.42% 股权的情况下，缔造出如日中天的华为王国？

② 史玉柱二次创业初期，身边的人长时间领不到工资，但他们一直追随左右。为什么巨人大厦轰然倒下，但整个经营团队却对史玉柱不离不弃，至死相随？

③ 为什么说乔治·霍兹（George Hotz）竟然是特斯拉和谷歌最怕的竞争对手？

黑客以盗取个人隐私和钱财为目的，有可能是一个只会使用木马软件的技术菜鸟；而骇客并非为了盗取钱财，是那些只爱掌控科技未来命运的权力，并以挑战难题为乐，藐视控制世界的大公司，力求打破一切规则，只为享受颠覆式创新带来快感的技术大拿，体现的是创客创新。

霍兹就是这样一个极具创新创客精神的代表性人物。17 岁的霍兹在 2007 年暑假因为破解 iPhone 成名，到 2010 年攻陷索尼堪称牢不可破的 PS3，被索尼告上法庭。后来，霍兹走遍硅谷顶尖科技公司，又去卡内基梅隆大学攻读人工智能方向博士学位。这些经历没能给他带来多少成就感，反而见到太多天才被驱使做些毫无意义的琐事而心生倦怠，直到他盯上 Google 和特斯拉全力研发的自动驾驶技术。

📢 本章小结

世上最难的两件事情，是在别人不情愿的状态下，强行改变其思想或掏其口袋里的钱。不肯主动改变思想观念的人在浩浩荡荡的历史洪流面前，只能是顺之者昌，逆之者亡。就像鸡叫了天会亮，鸡不叫天还是会亮，天亮不亮鸡说了不算。

作为新人，无论进入哪个行业，要想成为该行业达人并愉快享受人生，都要遵循类似的基本行为准则。成功一定有方法，失败一定有原因，我们需要以史为鉴。单纯依靠自身感悟而缺乏理论指导的人生实践，很容易走弯路，并支付高昂的人生挫折成本。

千万不要因为二十岁的贪玩，导致三十岁的无奈，进而引发四十岁的无为、五十岁的平庸。一个人在该努力奋斗的时候，千万不要选择安逸，这种选择没道理。

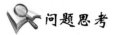

问题思考

1. 如何理解所学专业对应的行业和未来工作岗位？
2. 毕业前，通过何种方式真正掌握八种职业能力？
3. 是否认同成为企业优秀员工三种路径的有效性？
4. 能否理解并践行合格中层遵循的职场游戏规则？
5. 如何真正掌握有为中层所必须的两大关键能力？
6. 如何提升卓越高层所必须的战略眼光和执行力？
7. 如何强化成为核心高层所必须的人格魅力修炼？

参考文献

［1］阿伦·拉奥，皮埃罗·斯加鲁菲.硅谷百年史：伟大的科技创新与创业历程［M］.闻景丽，译.北京：人民邮电出版社，2014.

［2］沃尔特·艾萨克森.史蒂夫·乔布斯传［M］.闻景立，谈锋，译.北京：中信出版社，2014.

［3］程东升，刘丽丽.华为三十年：从"土狼"到"狮子"的生死蜕变［M］.贵州：贵州出版社，2016.

［4］丽莎·罗格克.微软启示录：比尔·盖茨语录［M］.阮一峰，译.南京：译林出版社，2014.

［5］塞缪尔·格林加德."物联网"［M］.北京：中信出版社，2016.

［6］埃里克·西格尔.大数据预测［M］.北京：中信出版社，2014-3.

［7］王梅芳，赵高辉.新媒体生态下的舆论监督［J］.南京社会科学，2011.

［8］练洪洋.有什么样的朋友圈就有什么样的阅读［J］.广州日报，2015-04-22.

［9］解析物联网之下真的全民再无隐私？ http://www.50cnnet.com 物联中国，2013-08-24.

［10］《Software Engineering（9th Edition）》，2011年：软件危机。

［11］孙湧、蔡学军.国家示范校专业建设与政校行企联动机制构建——深职院网络专业2001-2011发展回顾［M］.北京：中国水利水电出版社，2012.

［12］刘宏君，桑梓.段永平：守住本分［J］.中外管理，2002-5.

［13］徐利，"乔布斯之后改变世界的男人：伊隆·马斯克"，新浪科技，2016年02月。